高等院校基础教育"十三五"规划教材

主　编：马良玉
副主编：崔云飞 董秀云 熊溪

U0390299

大学计算机基础

Windows 10+
WPS Office 2019

微课版

人民邮电出版社
北　京

图书在版编目（CIP）数据

大学计算机基础：Windows 10+WPS Office 2019：微课版 / 马良玉主编. -- 北京：人民邮电出版社，2021.2（2024.7重印）
高等院校基础教育"十三五"规划教材
ISBN 978-7-115-55923-4

Ⅰ. ①大… Ⅱ. ①马… Ⅲ. ①Windows操作系统－高等职业教育－教材②办公自动化－应用软件－高等学校－教材 Ⅳ. ①TP316.7②TP317.1

中国版本图书馆CIP数据核字(2021)第021743号

内 容 提 要

本书全面系统地介绍了计算机的基础知识和基本操作。全书共 10 章，主要包括计算机的发展与新技术、计算机信息技术与系统基础、计算机操作系统基础、WPS 文字办公软件、WPS 表格办公软件、WPS 演示办公软件、计算机网络基础、网页设计与制作、数据库技术基础、Python 程序设计基础等内容。

本书参考了全国计算机等级考试一级 WPS Office 的考试大纲要求，采用"基础讲解+案例操作"的方式来锻炼学生的计算机操作能力，培养学生的信息素养。书中基础知识讲解内容翔实，且每章都安排了扩展阅读，补充介绍一些相关的知识，最后还安排了习题，以便学生对所学知识进行练习和巩固。

本书适合作为普通高等学校"大学计算机基础"课程的教材或参考书，也可作为计算机培训班的教材，还可作为学生参加全国计算机等级考试一级 WPS Office 考试的参考书。

- ♦ 主　　编　马良玉
　　副 主 编　崔云飞　董秀云　熊 溪
　　责任编辑　刘海溧
　　责任印制　王 郁　马振武
- ♦ 人民邮电出版社出版发行　　北京市丰台区成寿寺路 11 号
　　邮编　100164　　电子邮件　315@ptpress.com.cn
　　网址　https://www.ptpress.com.cn
　　固安县铭成印刷有限公司印刷
- ♦ 开本：787×1092　1/16
　　印张：17　　　　　　　　　2021 年 2 月第 1 版
　　字数：410 千字　　　　　　2024 年 7 月河北第 10 次印刷

定价：49.80 元

读者服务热线：(010)81055256　印装质量热线：(010)81055316
反盗版热线：(010)81055315
广告经营许可证：京东市监广登字 20170147 号

前　言
PREFACE

随着经济和科技的不断发展，计算机在人们的工作和生活中发挥着越来越重要的作用，甚至成为一种必不可少的工具。如今，计算机技术已广泛应用于军事、科研、经济和文化等领域，其作用和意义已超出科学和技术层面，达到了社会文化层面。另外，随着现代信息化的普及，计算机技术在数据库技术和程序设计方面的应用也脱颖而出，越来越多的岗位开始要求员工掌握这门技术。因此，运用计算机进行全面的信息处理已经成为每位大学生必备的基本能力。

"大学计算机基础"作为一门普通高等学校的公共基础必修课程，具有重要的学习意义和价值。从目前大多数学校的课程开展情况来看，学生学习这门课程普遍感到比较枯燥。本书在写作时综合考虑了目前大学计算机基础教育的实际情况和计算机技术的发展状况，结合全国计算机等级考试一级WPS Office的考试大纲要求，本着"学用结合"的原则，采用"基础讲解+案例操作"来进行知识的讲解，从而激发学生的学习兴趣。

 **本书内容**

本书紧密结合计算机的主流应用，讲解了以下8方面内容。

- 计算机基础知识（第1~3章）。该部分主要讲解计算机的发展、计算思维、计算机新技术、计算机的基本概念、计算机的数据与编码、计算机硬件系统、计算机软件系统、计算机操作系统、Windows 10操作系统、其他操作系统等知识。

- WPS文字办公软件（第4章）。该部分主要讲解在WPS文字中编辑文字、设置文字格式、制作表格、页面布局及文档打印等知识，然后通过一个综合案例贯穿讲解WPS文字的使用方法。

- WPS表格办公软件（第5章）。该部分主要讲解在WPS表格中输入与编辑数据、设置表格格式、使用公式与函数、管理表格数据、使用图表等知识，然后通过一个综合案例贯穿讲解WPS表格的使用方法。

- WPS演示办公软件（第6章）。该部分主要讲解在WPS演示中编辑与设置演示文稿、设置幻灯片动画效果、放映演示文稿等知识，然后通过一个综合案例贯穿讲解WPS演示的使用方法。

- 计算机网络基础（第7章）。该部分主要讲解计算机网络概述、局域网、Internet基础、Internet应用、信息安全等知识。

- 网页设计与制作（第8章）。该部分主要讲解网页设计基础、制作基本网页、使用DIV+CSS统一网页风格、使用表单、网站测试与发布等知识，然后通过一个综合案例贯穿讲解网页设计与制作的方法。

前言

- 数据库技术基础（第9章）。该部分主要讲解数据库概述、关系数据库、MySQL数据库概述、使用SQL语言进行数据库操作、使用SQL语言进行表的操作、使用SQL语言进行表的数据操作等知识，然后通过一个综合案例贯穿讲解数据库的相关操作。

- Python程序设计基础（第10章）。该部分主要讲解程序设计概述、Python基础、表达式与运算符、控制流程、函数、异常处理等知识，然后通过一个综合案例讲解Python的具体应用。

本书特色

本书具有以下特色。

- 讲解深入浅出，实用性强。本书在注重系统性和科学性的基础上，突出了实用性及可操作性，对重点概念和操作技能进行详细讲解，语言流畅，深入浅出，符合计算机基础教学规律，并满足社会人才培养的要求。

- 操作性强，提供综合案例。本书在讲解中穿插详细的操作步骤，同时在操作章节提供了综合案例，学生可以边学边练，以提高软件操作水平。

- 计算机基础知识全面，能够为学生后续学习奠定基础。本书除了介绍计算机的发展与组成、Windows 10操作系统和WPS Office 2019软件，还对网络基础、网页设计基础、数据库技术基础和Python程序设计基础等专业基础知识进行了介绍，使学生能够对计算机基础技术有一个较为全面的认识和了解，同时为后续学习奠定基础。

- 配有微课视频。本书大部分操作内容已录制成视频，并在书中相应内容旁边提供了二维码，学生可以随时扫码观看，轻松掌握相关知识。

本书配套资源

本书提供微课视频、实例素材、效果文件、习题参考答案、PPT课件、教学教案和题库练习软件等丰富的教学资源，有需要的读者可以登录人邮教育社区（www.ryjiaoyu.com）搜索书名并进行下载使用。

本书由马良玉担任主编，由崔云飞、董秀云、熊溪担任副主编，编写人员及分工如下：崔云飞编写第1~3章，董秀云编写第4~6章，熊溪编写第7、9章，马良玉编写第8、10章。

编　者
2020年11月

目 录
CONTENTS

CONTENTS

CHAPTER

第 1 章
计算机的发展与新技术

计算机是20世纪人类伟大的发明之一，它的出现使人类迅速进入信息社会，也使计算机科学与技术成为20世纪发展最为迅速的一门学科。并且，随着计算机网络的发展，计算机技术也发生着巨大的变化，这些变化不仅给IT界带来了重大影响，也对社会的发展起到了积极的促进作用。

学习目标

● 了解计算机的发展。
● 了解计算思维的相关知识。
● 了解计算机新技术的相关知识。

1.1 计算机的发展

计算机的发展十分迅速，自1946年第一台电子数字计算机诞生至今，计算机的应用已经渗透到社会的各个领域，对人类社会发展产生了深刻的影响。了解计算机的发展将有助于我们更加全面地认识计算机。

1.1.1 早期的计算工具

按时间的先后顺序来讲，早期的计算工具有4种：小石头、算筹、算盘、计算尺。

计算工具是用来计算数的，数的历史早于人类的语言和文字历史，人们早期便有大、小、多、少等量的概念，需要度量时，就用手指数数，于是出现了手指计数。手指计数有两个作用：一是导致十进制的出现，数到10就用一块石头代替；二是进行手指计算。但手指计数的缺陷是手会被占用，因此，人们采用小石头代替手指来进行计算，小石头是最早的计算工具。

随着人类社会的不断发展，计数和计算变得更为复杂，使用小石头计算需要很多石头，人们想用一种方法代替小石头，以使计算更方便。到了春秋战国时期，计算有了进步，人们开始用小木棍代替小石头，便形成了算筹。算筹被分为横式和竖式两种，横式的算筹代表1，竖式的算筹代表5。

随着人类社会的发展和进步，算筹使已不能适应社会的发展。由于算筹中的小木棍易丢、易散，所以到了唐宋时期，人们将珠子串在竹签上使其固定起来，于是出现了算盘。算盘是在算筹的基础上发展起来的，是当时世界上领先的计算工具。

在1620—1630年间，西方资本主义经济萌芽，航海业的发展对天文和历法提出了新的要求，即制作精密的航海仪器和天文率表，而这两种东西又需要很复杂的计算才能实现，因此，为了解决复杂的计算问题，人们发明了计算尺。计算尺分为直算尺和圆算尺两种，直算尺是英国的甘特于1620—1626年间发明的，圆算尺是英国的奥特瑞德于1630年发明的。

1.1.2 计算机的发展历程

根据计算机所采用的物理器件，可以将计算机的发展分为3个阶段，即机械计算机和机电计算机发展时期、电子计算机发展的探索奠基期、电子计算机的蓬勃发展时期。

1. 机械计算机和机电计算机发展时期

机械计算机是由一些机械部件（如齿轮、杆、轴等）构成的计算机。机械计算机的发展历程中有5位代表人物，分别是达芬奇、什卡尔、帕斯卡、莱布尼茨和巴贝奇。达芬奇曾经设计了加法器，但最终未能实现。德国人什卡尔在1623年发明了计算器，但遗憾的是，快研制成功的时候毁于大火。帕斯卡于1642年发明了加法器，利用一个有10个齿的齿轮表示1位数字，几个齿轮并排起来表示一个数，通过齿轮与齿轮之间的关系来表示数的进位，这是世界上第一个研制成功的加法器。莱布尼茨是德国的数学家、哲学家，在1674年发明了能直接进行乘法运算的乘法器。以前数学用表是人工手动计算的，巴贝奇想用机器来计算，以避免人工计算的错误。

1822年，在政府的支持下巴贝奇开始研制差分机，在研制完成1/7时，政府停止了支持，但巴贝奇并未放弃，继续发明了更高级的分析机。分析机主要有3个特点：一是用卡片上的程序来控制分析机的工作；二是包含计算单元和记忆单元；三是可根据中间结果的正负号进行不同的处理。分析机已经具备了现代计算机的核心部件和主要思想，遗憾的是，当时的工艺满足不了分析机的要求，最终未能研制成功，后来人们称巴贝奇为"计算机之父"。

机电计算机的发展历程较短，主要代表人物有楚泽和艾肯。1938年，楚泽设计出一台纯机械结构的计算机Z-1，采用了二进制；1939年，楚泽设计了Z-2计算机，用继电器改进Z-1；1941年，楚泽研制出Z-3计算机；1944年，楚泽研制出Z-4计算机。艾肯于1937年发现了巴贝奇的差分机，在IBM公司的资助下，1944年艾肯研制出马克1号计算机，1947年研制出马克2号计算机（仍然采用的是继电器），1949年研制出马克3号计算机（部分采用电子元件），1952年研制出马克4号计算机（它是全电子元件的计算机）。

2. 电子计算机发展的探索奠基期

电子计算机就是以电子管、晶体管、集成电路等电子元件为主要部件的计算机。这一时期的主要事件如下。

● **技术基础的建立**：1883年，美国发明家爱迪生发现了热电子效应。1904年，英国电气工程师弗莱明发明了真空二极管。1906年，美国发明家德弗雷斯发明了真空三极管。1906年后，具有各种性能的多极真空管、复合真空管相继被发明。

- **理论基础的建立**：1847年，英国数学家布尔发表了《逻辑的数学分析》，建立了"布尔代数"，并创造一套符号系统。1936年，英国数学家图灵发表的《论数字计算在决断难题中的应用》一文中提出了被称为"图灵机"的抽象计算机模型，为现代计算机的逻辑工作方式奠定了基础。
- **Colossus计算机的发明**：1936年，图灵研制出译码计算机。1943年，弗劳尔斯设计出更先进的译码计算机"巨人"（Colossus），用了1 500个电子管。
- **ABC计算机的发明**：1940年，阿塔纳索夫和贝利研制成功有300个电子管、能做加法和减法运算的计算机ABC，这是有史以来第一台以电子管为元件的有记忆功能的数字计算机。
- **ENIAC计算机的诞生**：电子数字积分计算机（Electronic Numerical Integrator And Computer，ENIAC）继ABC计算机之后的第二台电子计算机和第一台通用计算机。诞生于1946年2月14日。ENIAC计算机重约30吨，占地170m²，采用了18 000多个电子管、1 500多个继电器、70 000多个电阻和10 000多个电容，每小时耗电量为150kW。ENIAC每秒可完成5 000次加法或400次乘法计算，它还能进行平方和立方运算，可计算正弦和余弦等三角函数的值及一些更复杂的运算。ENIAC有两个问题：一是内部信息采用十进制表示，导致硬件线路复杂，工作状态不稳定；二是通过开关连线方式控制计算机工作，十分麻烦。
- **EDVAC方案的提出**：针对ENIAC的不足和缺陷，冯·诺依曼提出了离散变量自动电子计算机（Electronic Discrete Variable Automatic Computer，EDVAC）方案。EDVAC方案做了两项重大改进：第一，机内数制由原来的十进制改为二进制；第二，采用"存储程序"方式控制计算机的运行过程。冯·诺依曼的设计思想，奠定了现代计算机的体系结构。现代计算机仍然采用这种设计思想，人们将冯·诺依曼称为"现代电子计算机之父"。

3. 电子计算机的蓬勃发展时期

从世界上第一台电子计算机诞生后，计算机技术成为发展较快的技术之一。电子计算机的蓬勃发展时期经历了多年时间，共发展了4代计算机，如表1-1所示。

表1-1　电子计算机发展的4个阶段

阶段	划分年代	采用的元器件	运算速度（每秒指令数）	主要特点	应用领域
第一代计算机	1946—1957年	电子管	几千条	主存储器采用汞延迟线、磁鼓，软件方面采用机器语言和汇编语言，体积庞大、耗电量大、运行速度低、可靠性较差、内存容量小，但为以后的计算机发展奠定了基础	国防及科学研究工作

续表

阶段	划分年代	采用的元器件	运算速度（每秒指令数）	主要特点	应用领域
第二代计算机	1958—1964 年	晶体管	几万至几十万条	主存储器采用磁芯，开始使用高级程序及操作系统，运算速度提高、体积减小	工程设计、数据处理
第三代计算机	1965—1970 年	中小规模集成电路	几十万至几百万条	主存储器采用半导体存储器，软件方面有了分时操作系统及结构化、规模化程序设计方法，集成度高、功能增强、价格下降	工业控制、数据处理
第四代计算机	1971 年至今	大规模、超大规模集成电路	上千万至万亿条	计算机走向微型化，性能大幅度提高，软件越来越丰富，为网络化创造了条件。同时计算机逐渐走向人工智能化，并采用多媒体技术，具有听、说、读、写等功能	工业、生活等各个方面

1.1.3　计算机的分类

计算机的分类方法有很多种。

按计算机的用途可将计算机分为专用计算机和通用计算机两种。其中，专用计算机是指为满足应某种特殊需要而设计的计算机，如计算导弹弹道的计算机。因为这类计算机强化了计算机的某些特定功能，忽略了一些次要功能，所以有高速度、高效率、使用面窄和专机专用的特点。通用计算机广泛适用于一般科学运算、学术研究、工程设计和数据处理等领域，具有功能多、配置全、用途广和通用性强等特点。目前市场上销售的计算机大多属于通用计算机。

按计算机的性能、规模和处理能力，可以将计算机分为巨型机、大型机、中型机、小型机和微型机5类，具体介绍如下。

1. 巨型机

巨型机也称超级计算机或高性能计算机，如图1-1所示。巨型机是速度最快、处理能力最强的计算机，是为满足少数部门的特殊需要而设计的。巨型机多用于国家高科技领域和尖端技术研究，是一个国家科研实力的体现。现有的巨型机运算速度大多可以达到每秒1万亿次以上。

2. 大型机

大型机也称大型主机，如图1-2所示。大型机的特点是运算速度快、存储量大和通用性强，主要针对计算量大、信息流通量大、通信需求大的用户，如银行、政府部门和大型企业等。目前，生产大型主机的公司主要有IBM、DEC和富士通等。

图1-1 巨型机   图1-2 大型机

3. 中型机

中型机的性能低于大型机，高于小型机，其特点是处理能力强，能同时执行数万用户的指令，常作为服务器用于中小型企业和公司。

4. 小型机

小型机是指采用精简指令集处理器，性能和价格介于微型机和大型机之间的一种高性能64位计算机。小型机的特点是结构简单、可靠性高和维护费用低，它常用于中小型企业。随着微型计算机的飞速发展，小型机被微型机取代的趋势已非常明显。

5. 微型机

微型计算机简称微机，它是应用最普遍的机型。微型机价格便宜、功能齐全，被广泛应用于机关、学校、企业、事业单位和家庭中。微型机按结构和性能可以划分为单片机、单板机、个人计算机（Personal Computer，PC）、工作站和服务器等。其中个人计算机又可分为台式计算机和便携式计算机（如笔记本电脑）两类，图1-3所示为台式计算机，图1-4所示为便携式计算机。

图1-3 台式计算机   图1-4 便携式计算机

1.1.4 计算机的应用领域

在计算机诞生的初期，计算机主要应用于科研和军事等领域，负责大型的高科技研发活动。近年，随着社会的发展和科技的进步，计算机的性能不断提升，在社会的各个领域都得到了广泛的应用。计算机的应用领域可以概括为以下7个方面。

- **科学计算**：科学计算即通常所说的数值计算，是指利用计算机来完成科学研究和工程设计中提出的数学问题的计算。计算机不仅能进行数值运算，还可以解答微积分方程及不等式。由于计算机运算速度较快，以往人工难以完成甚至无法完成的数值计算，计算机都可以完成，如气象资料分析和卫星轨道的测算等。目前，基于互联网的云计算甚至可以达到每秒10万亿次的超强运算速度。

- **数据处理和信息管理**：数据处理和信息管理是指使用计算机来完成大量数据的分析、加工和处理等工作。这些数据不仅包括"数"，还包括文字、图像和声音等形式的数据。现代计算机运算速度快、存储容量大，因此在数据处理和信息加工方面的应用十分广泛，如企业的财务管理、事务管理、资料和人事档案的文字处理等。计算机在数据处理和信息管理方面的应用，为实现办公自动化和管理自动化创造了有利条件。

- **过程控制**：过程控制也称实时控制，是利用计算机对生产过程进行自动监测以及自动控制设备工作状态的一种控制方式，被广泛应用于各种工业环境中，可以取代人在危险、有害的环境中作业。计算机作业不受疲劳等因素的影响，可完成大量有高精度和高速度要求的操作，节省大量的人力、物力，大大提高了经济效益。图1-5所示为采用计算机进行过程控制的电子自动储物柜。

- **人工智能**：人工智能（Artificial Intelligence，AI）是指设计智能的计算机系统，让计算机具有人才具有的智能特性，模拟人类的智能活动，如"学习""识别图形和声音""推理过程""适应环境"等。目前，人工智能主要应用于智能机器人、机器翻译、医疗诊断、故障诊断、案件侦破和经营管理等方面。

- **计算机辅助工程**：计算机辅助工程指利用计算机协助人们完成各种设计工作。计算机辅助是目前正在迅速发展并不断取得成果的重要应用领域，主要包括计算机辅助设计（Computer Aided Design，CAD）、计算机辅助制造（Computer Aided Manufacturing，CAM）、计算机辅助工程（Computer Aided Engineering，CAE）、计算机辅助教学（Computer Aided Instruction，CAI）和计算机辅助测试（Computer Aided Testing，CAT）等，图1-6所示为计算机辅助设计案例。

- **网络通信**：网络通信是计算机技术与现代通信技术相结合的产物。网络通信是指利用计算机网络实现信息的传递功能。随着Internet技术的快速发展，人们通过计算机网络可以在不同地区和国家间进行数据的传递，并可进行各种商务活动，图1-7所示为计算机网络通信案例。

- **多媒体技术**：多媒体技术（Multimedia Technology）是指通过计算机对文字、数据、图形、图像、动画和声音等多种媒体信息进行综合处理和管理，使用户可以通过多种感官与计算机进行实时信息交互的技术。多媒体技术拓宽了计算机的应用领域，使计算机被广泛应用于教育、广告宣传、视频会议、服务业和文化娱乐业等领域。图1-8所示为计算机多媒体技术应用于教学领域和广告宣传的案例。

图1-5　电子自动储物柜

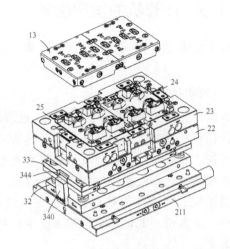

图1-6　计算机辅助设计

图1-7　计算机网络通信

图1-8　计算机多媒体技术的应用

1.1.5 计算机的发展展望

下面主要通过计算机的发展趋势和研制中的新型计算机两部分内容，来讲解计算机的发展展望。

1. 计算机的发展趋势

计算机的发展趋势主要包括4个方向：巨型化、微型化、网络化和智能化。

- **巨型化**：巨型化是指计算机的计算速度更快、存储容量更大、功能更强大、可靠性更高。巨型化计算机的应用范围主要包括天文、天气预报、军事、生物仿真等，这些领域需进行大量的数据处理和运算，需要性能强劲的计算机才能完成。

- **微型化**：随着超大规模集成电路的进一步发展，个人计算机将更加微型化。膝上型、书本型、笔记本型、掌上型等微型化计算机不断涌现，并受到越来越多用户的喜爱。

- **网络化**：随着计算机的普及，计算机网络也逐步深入人们工作和生活的各个部分。通过计算机网络可以连接地球上分散的计算机，然后共享各种分散的计算机资源。现在计算机网络是人们工作和生活中不可或缺的事物，计算机网络化可以让人们足不出户就能获得大量的信息，方便人们与世界各地的亲友通信，人们还可进行网上贸易等。

- **智能化**：早期的计算机只能按照人的意愿和指令去处理数据，而智能化的计算机能够代替人的脑力劳动，具有类似人的智能，如能听懂人类的语言、能看懂各种图形、可以自己学习等，计算机可以自主进行知识处理，从而代替人的部分工作。未来的智能化计算机将会代替甚至超越人类某些方面的脑力劳动。

2. 研制中的新型计算机

新型计算机主要体现在新的原理、新的元器件两方面。目前，研制中的新型计算机主要包括DNA生物计算机、光计算机、量子计算机、超导计算机、纳米计算机5种。

- **DNA 生物计算机**：以DNA作为基本的运算单元，通过控制DNA分子间的生化反应来完成运算的计算机。DNA计算机具有体积小、存储量大、运算快、能耗低、并行性等优点。

- **光计算机**：以光作为载体来进行信息处理的计算机。光计算机具有3个优点：光器件的带宽非常大，传输和处理的信息量极大；信息传输中畸变和失真小，信息运算速度高；光传输和转换时，能量消耗极低。目前，我国已经研究出新型可扩展的光计算机。

- **量子计算机**：遵循物理学的量子规律来进行多数计算和逻辑计算，并进行信息处理的计算机。量子计算机具有运算速度快、存储量大、能耗低的优点。

- **超导计算机**：利用超导技术生产的计算机。其开关速度达到几微微秒，运算速度比一般的电子计算机更快，且能耗更低。目前，我国已经开发出世界上运算速度最快的计算机。

- **纳米计算机**：将纳米技术运用到计算机领域所研制出的一种新型计算机。采用纳米技术生产的芯片，成本低、耗能少、性能高、体积小、反应速度快。因此，纳米计算机可以应用到微型机器人中。

1.2 计算思维

计算思维是运用计算机科学的基础概念进行问题求解、系统设计以及人类行为理解等涵盖计算机科学的一系列思维活动。

1.2.1 科学与计算科学

科学是如实反映客观事物固有规律的系统知识，是获取知识的过程，而非知识本身。科学的涵盖范畴非常广泛，按研究对象的不同可分为自然科学、社会科学和思维科学等。

计算科学（Computing Scientific，CS）又称科学计算，指利用计算机重现、预测和发现客观世界运动规律与演化特征的全过程。计算科学是为解决科学和工程中的数学问题而产生的，主要利用计算机来进行数值计算。随着社会的发展，在现代科学和工程技术领域中，常常有大量且复杂的数学计算问题，这些问题通常不能用一般的计算工具解决，而需要利用计算机来处理。

计算科学主要包括建立数学模型、求解和计算机实现3个阶段。其中，建立数学模型是指依据有关学科理论对所研究的对象确定一系列数量关系，即数学公式或方程式；求解是把问题分化，然后寻找求解方法；计算机实现是指通过用计算机编制程序、调试、运算和分析结果等来完成计算。计算科学需要物理、数学与计算机等方面人才相互合作，需要多学科交叉融合，才能做好。

1.2.2 思维与科学思维

思维，顾名思义就是人用头脑进行逻辑推演的属性、能力和过程。最初的思维是人脑利用语言对事物进行概括和间接进行反应的全过程。思维以感知为基础，但又超越感知的界限。

科学思维也叫科学逻辑，就是在科学活动中，对感性认识材料进行加工处理的方式与方法的理论体系，是对各种思维方法的有机整合，是人类实践活动的产物。

科学思维有以下3个基本原则。

● **逻辑性原则**：在逻辑上要求严密，达到归纳和演绎的统一。

● **方法论原则**：在方法上要求严谨，达到分析和综合的统一。

● **历史性原则**：在体系上要求一致，到达历史与现实的统一。

科学思维有3种思维方式：实证思维、逻辑思维和计算思维。

1. 实证思维

实证思维就是运用观察、测量等一系列实验手段来揭示事物本质与规律的认识过程。实证思维起源于物理学研究，代表人物有开普勒、伽利略、牛顿。开普勒是现代科学中第一个有意识地将自然观察总结成规律并表述出来的人。伽利略建立了现代实证的科学体系，强调通过观察和实验获取自然规律的法则。牛顿把观察、归纳和推论完美地结合起来，形成了现代科学大厦的框架。实证思维有以下3个特征。

● **自洽性**：思维结论在逻辑上不能自相矛盾。

●**合理性**：思维结论既能合理解释以往出现的现象，又能合理解释未来发生的现象。

●**检验性**：思维结论能经得起不同的人重复检验。

2. 逻辑思维

逻辑思维就是运用概念、判断、推理等思维方式揭示事物本质与规律的认识过程。逻辑思维起源于古希腊时期，集大成者是苏格拉底、柏拉图、亚里士多德，他们基本构建了逻辑学的体系。逻辑思维又经过众多数学家的推进，如莱布尼茨、布尔、希尔伯特、哥德尔，形成了现代逻辑学体系。逻辑思维有以下3个特征。

●**同一律**：在同一个思维过程中，一个对象必须始终保持同一个含义，不能随便改变。

●**矛盾律**：在同一个思维过程中，一个结论必须始终保持一致，不能自相矛盾。

●**排中律**：在同一个思维过程中，两个相互矛盾的结论只能一真一假，不能都真，也不能都假。

3. 计算思维

计算思维是与人类思维活动同步发展的思维模式，计算思维的明确和建立，经历了较长的时期。计算思维是一直存在的科学思维方式，计算机的出现和应用促进了计算思维的发展和应用。计算思维的发展和以下5位人物有关。

●**笛卡儿**：笛卡儿发明了解析几何，他曾设想把现实问题转化为数学问题，把数学问题转化为代数问题，把代数问题转化为代数方程求解问题，这些都体现了计算思维的思想。

●**莱布尼茨**：莱布尼茨提出了数理逻辑的思想，他希望构造一种逻辑演算，使逻辑判断能够用计算来解决，这也体现了计算思维的思想。

●**希尔伯特**：希尔伯特在《几何基础》一书中提出了从公理化走向机械化的思想。希尔伯特计划将数学知识纳入严格的公理体系，并着力在公理化基础上，寻找机械化判断命题是否成立的方法，这体现了计算思维的思想。

●**戴克斯特拉**：戴克斯特拉是荷兰的计算机科学家，曾获得过1972年的图灵奖。他曾提出："我们所使用的工具影响着我们的思维方式和思维习惯，从而也将深刻地影响我们的思维能力。"这一观点也体现了计算思维的思想。

●**周以真**：周以真是卡内基梅隆大学教授，2006年，周以真发表了《计算思维》一文，给出了计算思维的定义，论述了计算思维的特性，确立了计算思维的概念。2010年，周以真教授又指出计算思维是与形式化问题及其解决方案相关的思维过程，其解决问题的表示形式应该能有效地被信息处理代理执行。

实证思维、逻辑思维和计算思维之间存在紧密联系，具体如下。

●**目标一致**：实证思维、逻辑思维和计算思维的共同目标，都是用来揭示事物本质与规律。

●**手段不同**：实证思维注重的是验证，逻辑思维注重的是推理，计算思维注重的是自动求解。

●**互补结合**：现今的科学研究，仅用一种思维方式根本无法完成科学研究，需相互配合。

1.2.3 计算思维的定义

计算思维是科学思维的一种，计算思维是运用计算机科学的基本概念去求解问题、设计系统和理解人类行为等涵盖计算机科学范畴的一系列思维活动。

例如，当我们必须求解一个特定的问题时，首先会提出：该问题的解决难度如何？该问题的最佳解决方案是什么？而计算机科学则可以根据扎实的理论基础来准确地回答这些问题。

计算思维是一种递归思维。其过程是先将代码翻译成数据，然后又将数据翻译成代码。计算思维具有抽象和自动化的特征。抽象就是对要解决的问题，分离问题所涉及的其他特性，提取出其中的关系、空间形式和内部逻辑，并用简明的数学语言描述出来。自动化就是对要解决的问题，在抽象的基础上，找到一个可行的算法，使计算机能够运行相应的程序，解决该问题。

1.2.4 计算思维的应用

由于计算机科学的发展，计算思维得到明确的定义和解释，从而使计算思维本身得到了非常深入的研究和发展，也推进了计算机科学的发展。计算思维在现代社会中的应用非常广泛，这里主要介绍以下3方面的应用。

- 生物学：计算思维已经渗透到生物信息学的研究中。例如，从各种生物的DNA数据中发现DNA序列自身规律和DNA序列进化规律，能帮助人们从分子层面认识生命的本质及其进化规律。
- 化学：计算思维已经深入化学研究的各个方面，有了计算思维的支撑，绘制化学结构和反应方程式、分析相应的属性数据、系统命名和光谱数据等能够快速实现。
- 艺术：计算思维在艺术方面的应用主要体现在绘画、音乐、舞蹈、影视、广告、书法模拟、服装设计、图案设计及电子出版物等领域。

1.2.5 二进制思维

二进制是一种计数方式，具体参考第2章第2小节的讲解。它与十进制、十六进制等相似，只是一种数学计数方式。其主要优点在于符号简单。在计算机飞速发展的当下，由于二进制在计算机中的广泛使用，从而形成了一种独特的文化体系，即二进制思维方式。

二进制计数用0和1进行表示，在人类的社会生活中，对于语句的判断方式用真或假来完成。如果用0表示假，用1表示真，然后定义"与""或"的运算关系，那么，也能用数学来描述逻辑，或也能用数字严格地描述语言文字。

由此可见，二进制思维是一种逻辑思维，且是一个简单的思维逻辑，即不是0就是1，不是真就是假，不是开就是关。

从二进制的计数方式到二进制思维方式，二者没有本质上的联系，二进制思维是二进制计数方式的拓展。

1.3 计算机新技术

随着计算机网络的发展，计算机技术也在日新月异地发生着变化，不断涌现的计算机新技术不仅给计算机领域带来重大影响，还大大促进了社会的发展。

1.3.1 云计算与高性能计算

随着计算机科学的发展，对网络和计算的要求越来越高，因此，一系列的计算技术应运而生。

1. 云计算

云计算是国家战略性新兴产业，是基于互联网的服务的增加、使用和交付模式的计算方式。云计算通常涉及通过互联网来提供动态易扩展且经常是虚拟化的资源，是传统计算机和网络技术发展融合的产物。

云计算技术是硬件技术和网络技术发展到一定阶段出现的新的技术模型，是对实现云计算模式所需的所有技术的总称。分布式计算技术、虚拟化技术、网络技术、服务器技术、数据中心技术、云计算平台技术、分布式存储技术等都属于云计算技术的范畴，同时云计算技术还包括新出现的Hadoop、HPCC、Storm、Spark等技术。云计算技术意味着计算能力也可作为一种商品通过互联网进行流通。

云计算技术中主要包括3种角色，分别为资源的整合运营者、资源的使用者和终端客户。资源的整合运营者负责资源的整合输出，资源的使用者负责将资源转变为满足客户需求的应用，而终端客户则是资源的最终消费者。

云计算技术作为一项应用范围广、对产业影响深的技术，正逐步向信息产业等各种产业渗透，产业的结构模式、技术模式和产品销售模式等都会随着云计算技术的发展而产生变化，进而影响人们的工作和生活。

（1）云计算的发展

21世纪，云计算作为一个新的技术趋势已经得到了快速的发展。云计算的崛起无疑将改变IT产业，也将深刻改变人们工作和公司经营的方式，它将允许数字技术渗透到经济和社会的每一个角落。云计算的发展基本上可以分为以下4个阶段。

- **理论完善阶段**：1984年，Sun公司的联合创始人约翰·盖奇（John Gage）提出"网络就是计算机"，用于描述分布式计算技术带来的新世界，今天的云计算正在将这一理念变成现实；1997年，南加州大学教授拉姆纳特·K.切拉帕（Ramnath K.Chellappa）提出云计算的第一个学术定义；1999年，马克·安德森创建LoudCloud，这是第一个商业化的基础设施即服务（Infrastructure as a Service，IaaS）平台；1999年3月，Salesforce成立，成为最早出现的云服务；2005年，亚马逊宣布推出Amazon Web Services云计算平台。

- **准备阶段**：IT企业、电信运营商、互联网企业等纷纷推出云服务，云服务形成。2008年10月，微软发布其公共云计算平台——Windows Azure Platform，由此拉开了微软的云计算大幕。2008年12月，高德纳（Gartner）披露10大数据中心突破性技术，虚拟化和云计算上榜。

- **成长阶段**：云服务功能日趋完善，种类日趋多样，传统企业开始通过自身能力采用扩展、收购等模式，投入云服务之中。2009年4月，VMware推出业界首款云操作系统VMware vSphere 4。2009年7月，我国首个企业"云计算"平台诞生（中化企业云计算平台）。2009年11月，中国移动云计算平台"大云"计划启动。

- **高速发展阶段**：通过深度竞争，逐渐形成主流平台产品和标准；产品功能比较健全，市场格局相对稳定；云服务进入成熟阶段。2014年，阿里云启动"云合计划"；2015年，华为在北京正式对外宣布"企业云"战略；2016年，腾讯云战略升级，并宣布"云出海计划"。

（2）云计算的特点

传统计算模式向云计算模式转变如同单台发电模式向集中供电模式转变，云计算是将计算任务分布在由大量计算机构成的资源池上，使用户能够按需获取计算力、存储空间和信息服务。与传统的资源提供方式相比，云计算主要具有以下特点。

- **超大规模**："云"具有超大的规模，谷歌云计算已经拥有100多万台服务器，亚马逊、IBM、微软等的"云"均拥有几十万台服务器。"云"能赋予用户前所未有的计算能力。

- **高可扩展性**：云计算是一种资源低效的分散使用到资源高效的集约化使用。分散在不同计算机上的资源，其利用率非常低，通常会造成资源的极大浪费，而将资源集中起来后，资源的利用效率会大大提升。而资源的集中化和资源需求的不断提高，也对资源池的可扩展性提出了要求，因此，云计算系统必须具备优秀的资源扩展能力才能方便新资源的加入，从而有效应对不断增长的资源需求。

- **按需服务**：对用户而言，云计算系统最大的好处是可以适应自身对资源不断变化的需求，云计算系统按需向用户提供资源，用户只需为自己实际消费的资源量进行付费，而不必自己购买和维护大量固定的硬件资源。这不仅为用户节约了成本，还可促使应用软件的开发者创造出更多有趣和实用的应用。同时，按需服务让用户在服务选择上具有更大的空间，用户可通过支付不同的费用来获取不同层次的服务。

- **虚拟化**：云计算技术是利用软件来实现硬件资源的虚拟化管理、调度及应用的，支持用户在任意位置使用各种终端获取应用服务。通过"云"这个庞大的资源池，用户可以方便地使用网络资源、计算资源、数据库资源、硬件资源、存储资源等，大大降低了维护成本，提高了资源的利用率。

- **通用性**：云计算不针对特定的应用，在"云"的支撑下可以构造出千变万化的应用，同一个"云"可以同时支撑不同的应用运行。

- **高可靠性**：在云计算技术中，用户数据存储在服务器端，应用程序在服务器端运行，计算由服务器端处理，数据被复制到多个服务器节点上，当某一个节点任务失败时，即可在该节点进行终止，再启动另一个程序或节点，保证应用和计算正常进行。

- **成本极低**："云"的自动化集中式管理使大量企业无须负担日益高昂的数据中心管理成本，"云"的通用性使资源的利用率较之传统系统大幅提升，因此，用户可以充分享受"云"的低成本优势。

- **潜在的危险性**：云计算服务除了提供计算服务，还提供存储服务。对选择云计算服务的政府机构、商业机构而言，这就存在数据（信息）被泄露的危险，因此，政府机构、商业机构（特别是银行这类持有敏感数据的商业机构）在选择云计算服务时必须保持足够的警惕性。

（3）云计算的应用

随着云计算技术产品、解决方案的不断成熟，云计算技术的应用领域也不断扩展，衍生出了云制造、教育云、环保云、物流云、云安全、云存储、云游戏、移动云计算等各种功能，对医药医疗领域、制造领域、金融与能源领域、电子政务领域、教育科研领域的影响巨大，也为电子邮箱、数据存储、虚拟办公等方面提供了非常大的便利。云计算中有5种关键技术，分别是虚拟化技术、编程模式、海量数据分布存储技术、海量数据管理技术、云计算平台管理技术。下面介绍常见的6种云计算应用。

- **云安全**：云安全是云计算技术的重要分支，在反病毒领域获得了广泛应用。云安全技术可以通过网状的大量客户端对网络中软件的异常行为进行监测，获取互联网中木马和恶意程序的最新信息，自动分析和处理信息，并将解决方案发送到每一个客户端。云安全融合了并行处理、网格计算、未知病毒行为判断等新兴技术和概念，理论上可以把病毒的传播范围控制在一定区域内，且整个云安全网络对病毒的上报和查杀速度非常快，在反病毒领域中意义重大，但所涉及的安全问题也非常广泛，对最终用户而言，云安全技术在用户身份安全、共享业务安全和用户数据安全等方面的问题需要被格外关注。

- **云存储**：云存储是一种新兴的网络存储技术，可将储存资源放到云上供用户存取。云存储通过集群应用、网络技术或分布式文件系统等功能将网络中大量不同类型的存储设备集合起来协同工作，共同对外提供数据存储和业务访问功能。通过云存储，用户可以在任何时间、任何地点，将任何可联网的装置连接到云上存取数据。在使用云存储功能时，用户只需要为实际使用的存储容量付费，不用额外安装物理存储设备，减少了IT和托管成本。同时，存储维护工作转移至服务提供商，在人力物力上也降低了成本。但云存储也可能存在一些问题，例如，如果用户在云存储中保存重要数据，则数据安全可能存在潜在隐患，其可靠性和可用性取决于广域网的可用性和服务提供商的预防措施等级。对于一些具有特定记录保留需求的用户，在采用云存储的过程中还需进一步了解和掌握云存储。

- **云游戏**：云游戏是一种以云计算技术为基础的在线游戏技术，云游戏模式中的所有游戏都在服务器端运行，并通过网络将渲染后的游戏画面压缩传送给用户。云游戏技术主要包括云端完成游戏运行与画面渲染的云计算技术，以及玩家终端与云端间的流媒体传输技术。对游戏运营商而言，只需花费服务器升级的成本，而不需要不断投入巨额的新主机研发费用；对游戏用户而言，用户的游戏终端无须拥有强大的图形运算与数据处理能力等，只需要拥有流媒体播放能力与获取玩家输入指令并发送给云端服务器的能力即可。

- **云医疗**：云医疗是指在云计算等新技术的基础上，结合医疗技术，使用云计算来创建医疗健康服务云平台，实现医疗资源的共享和医疗范围的扩大。云医疗将云计算技术与医疗技术相结合，提高了医疗机构的效率，大大方便了居民就医。例如，医院的预约挂号、电子病历、医保等。除此之外，云医疗还具有数据安全、信息共享、动态扩展、布局全国等优势。

● **云金融**：云金融是指利用云计算的模型，将信息、金融和服务等功能分散到互联网"云"中，旨在为银行、保险和基金等金融机构提供互联网处理和运行服务，同时共享互联网资源，从而解决现有问题并且达到高效率、低成本的目的。例如，阿里金融、苏宁金融等金融云服务。图1-9所示为阿里巴巴推出的阿里金融云服务网页。

● **云教育**：云教育是教育信息化的一种发展趋势。具体来讲，云教育可以将所需要的任何教育硬件资源虚拟化，然后将其上传到互联网中，向教育机构、学生和老师提供方便快捷的平台。例如，慕课就是云教育的一种应用。图1-10所示为人民邮电出版社的云教育平台。

图1-9　阿里金融云服务网页

图1-10　人民邮电出版社的云教育平台

2. 高性能计算

高性能计算（High Performance Computing，HPC），通常指使用很多处理器的单个机器，或某一集群中组织的多台计算机的计算系统和环境。HPC系统的类型繁多，从标准计算机的大型集群，到高度专用的硬件类型等范围不同。基于集群的HPC系统大多采用高性能网络互连。基本的网络拓扑和组织可以使用一个简单的总线拓扑，在性能很高的环境中，由于网状网络系统在主机之间提供较短的潜伏期，因此，可改善总体网络性能和传输速率。

高性能计算机的价格通常在10万元以上，与微机和低档PC服务器相比，高性能计算机具有性能和功能方面的优势。高性能计算机也分高、中、低档，中档市场发展最快。从应用与市场角度来划分，中高档可分为两种，一种叫超级计算机，主要用于科学工程计算和专门的设计，如Cray T3E；另一种叫超级服务器，可用来帮助计算、事务处理等，如我国的曙光2000。

高性能计算机在政府部门、科研等领域的广泛应用，对增强一个国家的科技竞争力具有不可替代的作用。高性能计算机的发展趋势主要表现在网络化、体系结构主流化、开放和标准化、应用多样化等方面。网络化是高性能计算机最重要的发展趋势，高性能计算机的主要用途是作为网络计算环境中的主机。在未来，越来越多的应用是在网络环境下的应用，会出现数以十亿计的客户端设备，所有重要的数据及应用都会放在高性能服务器上，这是一个重要的发展趋势。

1.3.2 人工智能与机器学习

人工智能是计算机科学的一个分支，它试图了解智能的实质，并生产出一种新的能以人类智能相似的方式做出反应的智能机器。人工智能研究的领域比较广泛，包括机器人、语言识别、图像识别以及自然语言处理等。而机器学习则是人工智能的核心，是使计算机具有智能的根本途径。

1. 人工智能的定义

人工智能AI也叫作机器智能，是指由人工制造的系统所表现出来的智能，可以概括为研究智能程序的一门科学。人工智能的主要目标在于研究用机器来模仿和执行人脑的某些智力功能，探究相关理论、研发相应技术，如判断、推理、识别、感知、理解、思考、规划、学习等思维活动。人工智能技术已经渗透到人们日常生活的各个方面，涉及的行业也很多，包括游戏、新闻媒体、金融，并运用于各种领先的研究领域，如量子科学。人工智能并不是可望而不可及的，Windows 10的Cortana、百度的度秘、苹果的Siri等智能助理和智能聊天类应用，都属于人工智能的范畴，甚至一些简单的、带有固定模式的资讯类新闻，也是由人工智能来完成的。

2. 人工智能的发展

1956年夏季，以麦卡赛、明斯基、罗切斯特和申农等为首的一批年轻科学家一起聚会，共同研究和探讨用机器模拟智能的一系列有关问题，并首次提出了"人工智能"这一术语，它标志着"人工智能"这门新兴学科的正式诞生。

从1956年正式提出人工智能学科算起，60多年来，这门科学取得了长足的发展，并成为一门广泛的交叉和前沿科学。总的说来，人工智能的目的就是让计算机这台机器能够像人一样去思考。当计算机出现后，人类才开始真正有了一个可以模拟人类思维的工具。

如今，全世界几乎所有大学的计算机系都在研究"人工智能"这门学科。例如，1997年5月，IBM公司研制的深蓝（DEEP BLUE）计算机战胜了国际象棋选手卡斯帕洛夫（Kasprov）。在某些方面，计算机还以其高速和准确的特点，帮助人完成其他原本只属于人类的工作。人工智能始终是计算机科学的前沿学科，计算机的编程语言和计算机软件都因为人工智能的发展而得以发展。

3. 人工智能的实际运用

曾经人工智能只在一些科幻影片中出现，但随着科学的不断发展，人工智能已经得到了不同程度的应用，如在线客服、自动驾驶、智慧生活、智慧医疗等，如图1-11所示。

图1-11　人工智能的实际运用

（1）在线客服

在线客服是一种以网站为媒介即时沟通的通信技术。聊天机器人必须善于理解自然语言，当然，与人沟通和与计算机沟通是截然不同的，因此，这项技术十分依赖自然语言处理技术，一旦这些机器人能够理解不同的语言表达方式所包含的实际目的，那么在很大程度上可以代替人工服务了。

（2）自动驾驶

自动驾驶是现在逐渐发展成熟的一项智能应用。自动驾驶一旦实现，将会有以下改变。

● **汽车本身的形态会发生变化**：一辆不需要方向盘、不需要司机的汽车，可以被设计成前所未有的样子。

● **未来的道路将发生改变**：未来道路也会按照自动驾驶汽车的要求来重新进行设计，专用于自动驾驶的车道可以变得更窄，交通信号可以更容易被自动驾驶汽车识别。

● **完全意义上的共享汽车将成为现实**：大多数的汽车可以用共享经济的模式，随叫随到。因为不需要司机，这些车辆可以保证24小时随时待命，可以在任何时间、任何地点提供高质量的租用服务。

（3）智慧生活

目前的机器翻译水平，已经可以做到基本表达原文语意，不影响理解与沟通。但假以时日，不断提高翻译准确度的人工智能系统，很有可能悄然越过业余翻译员和职业翻译员之间的技术鸿沟，一跃成为翻译大师。

到那时，不只是手机会和人进行智能对话，家庭里的每一件家用电器，都能够拥有足够强大的对话功能，为人们提供更加方便的服务。

（4）智慧医疗

智慧医疗是最近兴起的专有医疗名词，通过打造健康档案区域医疗信息平台，利用先进的物联网技术，实现患者与医务人员、医疗机构、医疗设备之间的互动，从而逐步达到信息化。

大数据和基于大数据的人工智能，为医生辅助诊断疾病提供了最好的支持。将来医疗行业将融入更多的人工智能、传感技术等高科技，使医疗服务走向真正意义的智能化。在AI的帮助下，我们看到的不会是医生失业，而是同样数量的医生可以服务几倍、数十倍甚至更多的人群。

人工智能可以分为弱人工智能、强人工智能、超人工智能3个级别。其中，弱人工智能应用得非常广泛，如手机的自动拦截骚扰电话、邮箱的自动过滤等都属于弱人工智能。强人工智能和弱人工智能的区别在于，强人工智能有自己的思考方式，能够进行推理然后制订并执行计划，并且拥有一定的学习能力，能够在实践中不断进步。超人工智能指在几乎所有领域都比人类大脑聪明的人工智能，包括科学创新、通识和社交技能等。

4. 机器学习

机器学习是一门多领域交叉的学科，涉及概率论、统计学、逼近论、凸分析、算法复杂度理论、哲学等多门学科。机器学习就是专门研究计算机如何模拟或实现人类的学习行为，以获取新的知识或技能，重新组织已有的知识结构并不断改善自身的性能。

机器学习的方法种类繁多，根据学习策略的不同，可以将机器学习分为模拟人脑的机器学习和直接采用数学方法的机器学习。

- **模拟人脑的机器学习**：模拟人脑的机器学习又可分为符号学习和神经网络学习，符号学习是模拟人脑的宏观心理学习的过程，以认知心理学为基础，以符号输入为方法，用推理过程进行检索，主要学习概念和规则，如记忆学习等；神经网络学习则是模拟人脑的微观生理学习的过程，以脑和神经为基础，人工神经网络为模型，输入的是数值数据，以这些数据运算为方法，用迭代过程在系数向量空间中搜索，主要学习函数，如拓扑结构学习。

- **直接采用数学方法的机器学习**：直接采用数学方法的机器学习主要有统计机器学习，它基于对数据的初步认识和对学习目的的分析，选择合适的数学模型，拟定好参数，输入样本数据，然后根据一定的策略，运用合适的学习算法对模型进行训练，最后，用训练好的模型对数据进行分析预测，因此，统计机器学习由模型、策略和算法3要素组成。

1.3.3　5G 与物联网技术

5G与物联网技术都是互联网高速发展下的产物，这些技术的发展，带动了相关行业的技术发展。

1. 5G 移动互联网

移动互联网（Mobile Internet，MI）是一种通过智能移动终端，采用移动无线通信方式获取业务和服务的新兴业务，包含终端、软件和应用3个层面。作为互联网的重要组成部分，移动互联网还处在发展阶段，但其快速发展的临界点已经出现。在互联网网络基础设施完善以及移动寻址等技术的推动下，移动互联网将迎来发展高潮。例如，移动互联网超越PC互联网，引领发展新潮流；移动互联网和传统行业融合，催生新的应用模式；终端的支持是业务推广的生命线，随着移动互联网业务逐渐升温，移动终端解决方案也不断增多；移动互联网业务的新特点为商业模式创新提供了空间。

移动互联网的演进历程是移动通信和互联网等技术汇聚、融合的过程，其中，不断演进的移动通信技术是其持续且快速发展的主要推手。移动通信技术经历了从1G时代发展到5G万物互联的时代。

- **1G**：1986年，第一代移动通信系统（1G）被推出，其采用模拟信号传输，即将电磁波进行频率调制后，将语音信号转换到载波电磁波上，载有信息的电磁波成功发送到空间后，由接收设备接收，并从载波电磁波上还原语音信息，完成一次通话。1G时代被广泛应用的两个标准是AMPS和TACS。1G的特点：抗干扰性能差，由于简单使用频分多址（Frequency Division Multiple Access，FDMA）技术，使频率复用度和系统容量较低，并且容易串号或盗号。

● **2G**：2G采用的是数字调制技术。随着系统容量的增加，2G时代的手机可以上网了，虽然数据传输的速度很慢（每秒9.6～14.4kbit），但文字信息的传输也由此开始。2G时代是全球移动通信系统（Global System for Mobile Communications，GSM）和码分多址（Code Division Multiple Access，CDMA）的时代。2G的特点：传输速率低、网络稳定性差、维护成本高。

● **3G**：3G依然采用数字数据传输，但通过开辟新的电磁波频谱、制定新的通信标准，3G的传输速率大大提高，达到了每秒384kbit。由于采用更宽的频带，传输的稳定性也大大提高。符合3G的3大国际标准是时分同步码分多址（Time Division-Synchronous Code Division Multiple Access，TD-SCDMA）、宽带码分多址（Wideband Code Division Multiple Access，W-CDMA）、CDMA2000。

● **4G**：4G是在3G基础上发展起来的，是采用了更加先进的通信协议的第四代移动通信网络。4G网络作为新一代通信技术，在传输速率上有非常大的提升，理论上网速度是3G的50倍，因此，使用4G网络观看高清电影非常流畅，传输数据非常快。

● **5G**：随着移动通信系统带宽和能力的增加，移动网络的速率从2G时代的每秒10kbit左右，发展到4G时代的每秒1Gbit左右。而5G将不同于传统的移动通信，它不仅是拥有更高速率、更大带宽、更强能力的技术，而且是一个多业务、多技术融合的网络，更是面向业务应用和用户体验的智能网络，最终打造以用户为中心的信息生态系统。

2. 物联网的定义

物联网（Internet of Things）起源于传媒领域，是信息科学技术产业的第三次革命。物联网将现实世界数字化，应用范围十分广泛。物联网是互联网、传统电信网等信息的承载体，它是让所有能行使独立功能的普通物体实现互联互通的网络。简单地说，物联网就是把所有能行使独立功能的物品，通过信息传感设备与互联网连接起来，进行信息交换，以实现智能化识别和管理。

在物联网上，每个人都可以应用电子标签连接真实的物体。通过物联网可以用中心计算机对机器、设备、人员进行集中管理和控制，也可以对家庭设备、汽车进行遥控，以及搜索位置、防止物品被盗等，通过收集这些小数据，最后聚集成大数据，从而实现物和物相连。

3. 物联网的关键技术

物联网目前的发展情况非常好，特别是在智慧城市、工业、交通以及安防等领域，都取得了不错的成就。要推动物联网产业更好地发展，必须从低功耗、高效率、安全性等方面出发，以下5项关键技术的应用就变得尤为重要。

● **射频识别技术**：射频识别（Radio Frequency Identification，RFID）技术是一种通信

技术，它可通过无线电信号识别特定目标并读写相关数据。它相当于物联网的"嘴巴"，负责让物体说话。RFID射频识别技术主要的表现形式是RFID标签，具有抗干扰性强（不受恶劣环境的影响）、数据容量大（可扩充到10KB）、安全性高（所有标签数据都有密码加密）、识别速度快（一般情况下<100ms即可完成识别）等优点，主要工作频率有低频、高频和超高频。目前，在许多方面都有应用该技术，如仓库物资/物流信息的追踪、医疗信息追踪等。其技术难点在于如何选择最佳工作频率和机密性的保护等，特别是超高频频段的技术不够成熟，相关产品价格昂贵，稳定性不高。

- **传感器技术**：传感器技术能感受规定的被测量，如电压、电流，并按照一定的规律转换成可用的输出信号。它相当于物联网的"耳朵"，负责接收物体"说话"的内容，如应用于空调制冷剂液位的精确控制等。其技术难点在于恶劣环境的考验，当受到自然环境中温度等因素的影响时，会引起传感器零点漂移和灵敏度的变化。
- **云计算技术**：它提供动态的可伸缩的虚拟化的资源计算模式，具有十分强大的计算能力。同时它还具有超强的存储能力，相当于物联网的"大脑"，具有计算和存储能力。我们经常使用的百度搜索功能就是云计算技术的应用之一。
- **无线网络技术**：当物体与物体"交流"的时候，就需要高速、可进行大批量数据传输的无线网络，无线网络的速度决定了设备连接的速度和稳定性。目前，5G时代已经来临，5G的峰值理论传输速率可达每秒10GB以上。5G作为第五代移动通信技术，将把移动市场推到一个全新的高度，而物联网的发展也将因其得到更大的突破。
- **人工智能技术**：人工智能与物联网密不可分，物联网负责将物体连接起来，而人工智能负责将连接起来的物体进行学习，进而使物体实现智能化。

4. 物联网的应用

物联网蓝图逐步变成了现实，在很多场合都有物联网的影子。下面将对物联网的应用领域进行简单的介绍，包括物流、交通、安防、医疗、建筑、能源环保、家居、零售等。

- **智慧物流**：智慧物流是指以物联网、人工智能、大数据等信息技术为支撑，在物流的运输、仓储、配送等各个环节实现系统感知、全面分析和处理等功能。涉及物联网的应用主要体现在3个方面，即仓储、运输监测和快递终端，通过物联网技术实现对货物的监测以及对运输车辆的监测，包括货物车辆的位置和状态货物温湿度、油耗及车速等。
- **智能交通**：智能交通是物联网的一种重要体现形式，利用信息技术将人、车和路紧密地结合起来，改善交通运输环境、保障交通安全并提高资源利用率。涉及物联网的应用包括智能公交车、智慧停车、共享单车、车联网、充电桩监测以及智能红绿灯等。
- **智能安防**：传统安防对人员的依赖性比较大，非常耗费人力，而智能安防能够通过设备实现智能判断。目前，智能安防最核心的部分是智能安防系统，该系统对拍摄的图像进行传输与存储，并对其进行分析与处理。一个完整的智能安防系统主要包括3大部分，即门禁、报警和监控，行业应用中主要以视频监控为主。

- **智能医疗**：在智能医疗领域，新技术的应用必须以人为中心。而物联网技术是数据获取的主要途径，能有效地帮助医院实现对人和物的智能化管理。对人的智能化管理指的是通过传感器对人的生理状态（如心跳频率、血压高低等）进行监测，将获取的数据记录到电子健康文件中，方便个人或医生查阅；通过RFID技术能对医疗设备、物品进行监控与管理，实现医疗设备、用品可视化，主要表现为数字化医院。

- **智慧建筑**：建筑是城市的基石，技术的进步促进了建筑的智能化发展，以物联网等新技术为主的智慧建筑也越来越受到人们的关注。当前的智慧建筑主要体现在节能方面，将设备进行感知、传输并实现远程监控，在节约能源的同时还减少了楼宇人员的维护工作。

- **智慧能源环保**：智慧能源环保属于智慧城市的一部分，其涉及物联网的应用主要集中在水能、电能、燃气、路灯等方面，如智能水电表实现远程抄表。将物联网技术应用于传统的水、电、光能设备，并进行联网，通过监测，不仅提升了能源的利用效率，而且减少了能源的损耗。

- **智能家居**：智能家居是指使用不同的方法和设备，来提高人们的生活能力，使家庭变得更舒适和高效。物联网应用于智能家居领域，能够对家居类产品的位置、状态、变化进行监测，分析其变化特征。智能家居的发展主要分为单品连接、物物联动和平台集成3个阶段。其发展的方向首先是连接智能家居单品，随后走向不同单品之间的联动，最后向智能家居系统平台发展。当前，各个智能家居类企业正处于从单品连接向物物联动的过渡阶段。

- **智能零售**：行业内将零售按照距离，分为了远场零售、中场零售、近场零售3种，三者分别以电商、超市和自动售货机为代表。物联网技术可以用于近场和中场零售，且主要应用于近场零售，即无人便利店和自动（无人）售货机。智能零售，通过将传统的售货机和便利店进行数字化升级和改造，打造成无人零售模式。通过数据分析，充分运用门店内的客流和活动，为用户提供更好的服务。

计算机领域的新技术有很多，除上述所讲外，同学们还可自己去查阅大数据、互联网+及多媒体技术等新技术。

1.4 扩展阅读

趣味实验：用试纸检验毒水瓶。

有1 000瓶水，其中一瓶是有毒的，一种特制试纸只要沾到带毒的水，24h内就会变色，问：至少需要多少张试纸才能在24h内检验出哪瓶水有毒？怎样检验？

看下面的求解过程。

第1步，将1 000瓶水逐瓶编号，编号从0到999，假设编号为997的水有毒。仅用十进制编号，很难看出如何求解。怎么做呢？可以用二进制求解该题。

第2步，做一个变换，将每瓶水的编号由十进制转换为二进制。1位二进制数只能表示0或1（最大编号为2^1-1），2位二进制数能表示0～3（最大编号为2^2-1），以此类推，10位二进制数能表示0～1 023（最大编号为$2^{10}-1$）。因此，若要表示999这个编号，则需要10位二进制数。由此，是否可想到需要10张试纸就可在24h内检验出哪瓶水有毒呢？

答案是10张。问题接着来了：应该怎样让试纸沾水，才能用10张试纸的颜色，从1 000瓶水中判断出哪一瓶有毒呢？注意：试纸沾到有毒的水，可能很快变色，但也可能在接近24h时才变色，因此，不能一张一张地试验，那样时间不够。如表1-2所示，对试剂瓶和试纸进行编号。

表1-2　试剂瓶及试纸编号

试剂瓶编号 ＼ 试纸编号	10	9	8	7	6	5	4	3	2	1
1	0	0	0	0	0	0	0	0	0	1
2	0	0	0	0	0	0	0	0	1	0
⋮	⋮	⋮	⋮	⋮	⋮	⋮	⋮	⋮	⋮	⋮
333	0	1	0	1	0	0	1	1	0	1
⋮	⋮	⋮	⋮	⋮	⋮	⋮	⋮	⋮	⋮	⋮
511	0	1	1	1	1	1	1	1	1	1
⋮	⋮	⋮	⋮	⋮	⋮	⋮	⋮	⋮	⋮	⋮
996	1	1	1	1	1	0	0	1	0	0
⋮	⋮	⋮	⋮	⋮	⋮	⋮	⋮	⋮	⋮	⋮
1 000	1	1	1	1	1	0	1	0	0	0

第3步，每一瓶水的编号都是10位二进制数，记为$B_9B_8B_7B_6B_5B_4B_3B_2B_1B_0$（其中$B$仅为0或1，$i=0,\cdots,9$），10张试纸分别编号为$M_9,M_8,M_7,M_6,M_5,M_4,M_3,M_2,M_1,M_0$。制订规则如下：编号为$B_9B_8B_7B_6B_5B_4B_3B_2B_1B_0$的一瓶水，如果$B_i$位为1，则让$M_i$试纸沾上该瓶水；如果$B_i$位为0，则不让$M_i$试纸沾上该瓶水。

第4步，1 000瓶水，均按上述规则进行处理。待试纸沾水后，静等24h，然后看哪张试纸变色了。如M_i试纸变色了，则$M_i=1$，否则$M_i=0$。将M_i连起来看，依题，$M_9M_8M_7M_6M_5M_4M_3M_2M_1M_0=1111100101$，就得出了有毒试剂瓶的二进制编号，再还原为十进制编号，便可知道997号瓶的水有毒。

1.5 习题

一、选择题

1. 下列不属于云计算特点的是（　　　）。

    A. 高可扩展性   B. 按需服务   C. 高可靠性   D. 非网络化

2. 按计算机的用途可将其分为（　　　）。

    A. 专用计算机   B. 巨型机   C. 大型机   D. 微型机

3. 下列选项中，不属于对人工智能实际运用的是（　　　）。

    A. 在线客服   B. 手动驾驶   C. 智慧生活   D. 智慧医疗

4. 下列选项中不属于早期计算工具的是（　　　）。

    A. 小石头   B. 算盘   C. 算筹   D. 计算器

5. 电子计算机就是以电子管、晶体管、集成电路等电子元件为主要部件的计算机，探索奠基期主要的事件不包括（　　　）。

    A. 1906年后，具有各种性能的多极真空管、复合真空管相继被发明

    B. 1936年，"图灵机"的抽象计算机模型出现

    C. 1940年，阿塔纳索夫和贝利成功研制计算机ABC

    D. 1952年研制出马克4号计算机

6. 下列选项中不属于按计算机的性能、规模和处理能力进行分类的是（　　　）。

    A. 通用计算机   B. 微型机   C. 小型机   D. 大型机

7. 下列选项中不属于计算机协助人们完成各种设计工作的有（　　　）。

    A. 计算机辅助设计   B. 计算机辅助制造

    C. 计算机辅助工程   D. 人工智能

二、简答题

1. 电子计算机蓬勃发展时期经历了哪几个阶段？各个阶段的特点分别是什么？主要应用于什么领域？

2. 随着社会的发展和科技的进步，计算机的性能不断上升，简述计算机在各个领域中的具体应用。

3. 简述计算思维的定义。

三、思考题

1. 请思考计算思维与科学思维之间的关系。

2. 请思考云计算在目前的应用案例。

3. 请思考人工智能在未来生活中的应用。

第1章
习题参考答案

第2章
计算机信息技术与系统基础

　　由于计算机能够按照指令对各种数据和信息进行自动加工和处理，因此掌握以计算机为核心的信息技术的一般应用已成为各行业对从业人员的基本素质要求。要学好计算机技术，就需要了解计算机系统，它由硬件系统和软件系统组成。硬件是计算机赖以工作的实体，相当于人的躯体，软件是计算机的精髓，相当于人的思想和灵魂，它们共同协作运行应用程序并处理各种实际问题。

学习目标
- 了解计算机的基本概念。
- 掌握计算机的数据与编码方式。
- 熟悉计算机硬件系统组成。
- 熟悉计算机软件系统组成。

2.1　计算机的基本概念

　　在了解了计算机的发展后，下面将对计算机的定义、特点、性能指标、工作模式、结构、工作原理等知识进行讲解。

2.1.1　计算机的定义与特点

　　随着科学技术的发展，计算机已被广泛应用于各个领域，在人们的生活和工作中起着重要的作用。那么，什么是计算机？计算机有哪些特点呢？

1. 计算机的定义

　　从广义上讲，计算机是能够辅助或自动计算的工具。早期的计算工具属于辅助计算的工具，机械计算机、机电计算机和电子计算机属于自动计算的工具。从狭义上讲，计算机是指现代电子数字计算机，是一种用于高速计算的电子计算机器，可以进行数值计算，也可进行逻辑计算，基本部件由电子器件构成，内部能存储二进制信息，按照内部存储的程序运行，自动、高速处理海量数据。

2. 计算机的特点

计算机之所以具有如此强大的功能，是由它的特点所决定的。计算机主要有以下6个特点。

- **运算速度快**：计算机的运算速度是指计算机在单位时间内执行指令的条数，一般以每秒能执行多少条指令来描述。早期的计算机由于技术的原因，工作效率较低，而随着集成电路技术的发展，计算机的运算速度得到飞速提升，目前世界上已经有运算速度超过每秒亿亿次的超级计算机。
- **计算精度高**：计算机的运算精度取决于采用机器码的字长（二进制码），即常说的8位、16位、32位和64位等。机器码的字长越长，有效位数就越多，精度也就越高。如果将10位十进制数转换成机器码，便可以轻而易举地实现几百亿分之一的精度。
- **逻辑判断准确**：除了计算功能，计算机还具备数据分析和逻辑判断能力，高级计算机还具有推理、诊断和联想等模拟人类思维的能力。因此，计算机俗称"电脑"。而具有准确、可靠的逻辑判断能力是计算机能够实现自动化信息处理的重要保证。
- **存储能力强大**：计算机具有许多存储记忆载体，可以将运行的数据、指令程序和运算的结果存储起来，供计算机本身或用户使用，还可即时输出文字、图像、声音和视频等各种信息。例如，要在一个大型图书馆使用人工查阅的方法查找书目可能会比较复杂，而采用计算机管理后，所有的图书目录及索引都被存储在计算机中，这时查找一本图书只需要几秒。
- **自动化程度高**：计算机内具有运算单元、控制单元、存储单元和输入/输出单元。计算机可以按照编写的程序（一组指令）实现工作自动化，不需要人的干预，而且可以反复执行。例如，企业生产车间及流水线管理中的各种自动化生产设备，正是因为植入了计算机控制系统，生产自动化才成为可能。
- **具有网络与通信功能**：通过计算机网络技术可以将不同城市、不同国家的计算机连在一起，从而形成一个计算机网，在网上的所有计算机用户都可以共享资料和交流信息。计算机的网络与通信功能改变了人类的交流方式和信息获取方式。

2.1.2 计算机的性能指标

计算机的性能不同，其计算功能也不相同，计算机的性能指标就是衡量一台计算机功能强弱的指标，通常有以下5个指标。

- **字长**：计算机在同一时间内能处理的一组二进制数称为计算机的"字"，而这组二进制数的位数就是"字长"，其单位为"位"。字长直接体现了一台计算机的数的表示范围和计算精度，在其他指标相同时，字长越大，计算机处理数据的速度就越快。
- **速度**：微型计算机的速度用每秒能执行的指令条数来衡量，单位为MIPS（Million Instructions Per Second，每秒百万条指令）；大型计算机的速度用每秒能执行的浮点运算次数来衡量，单位为MFLOPS（Million Floating-point Operations per Second，每秒百万次浮点运算）。
- **存储容量**：计算机的存储容量包括内存容量和外存容量。存储容量的单位是字节

（byte），1字节是8个二进制位。内存容量指内存储器能够存储数据的总字节数，内存容量的大小体现了计算机工作时存储程序和数据能力的大小，容量越大，性能越高。外存储器容量指外存储器所能存储数据的总字节数。外存容量的大小体现了计算机长期存储程序和数据能力的大小，容量越大，可存储的信息越多。

- **外部设备的配置**：计算机的外部设备是指主机外的大部分硬件设备，简称外设。外部设备的主要功能是输入/输出数据。计算机所配置的外部设备的多少和好坏，也是衡量计算机综合性能的重要指标。

- **软件的配置**：软件就是计算机所运行的程序及其相关的数据和文档。计算机所配置软件的多少，决定了计算机能完成哪些工作，它也是衡量计算机综合性能的重要指标。

2.1.3　计算机的工作模式

计算机的工作模式也称为计算模式，指计算机应用系统中数据和应用程序的分布方式。计算模式主要有单机模式和网络模式两种。

- **单机模式**：以单台计算机构成的应用模式。在计算机网络没有出现前，计算机的工作模式都是单机模式。

- **网络模式**：多台计算机连成计算机网络，多台计算机互相分工合作，完成应用系统的功能。在计算机网络中，计算机被分为两大类：一是向其他计算机提供各种服务（主要有数据库服务、打印服务等）的计算机，称为服务器；二是享受服务器提供服务的计算机，称为客户机。网络模式有客户机/服务器（Client/Server，C/S）模式和浏览器/服务器（Browser/Server，B/S）模式两种类型。C/S模式中，应用系统的数据存放在服务器（数据库服务器系统、文件服务器）中，应用系统的程序通常存放在每一台客户机上。客户机上的应用程序对数据进行采集和初次处理，再将数据传送到服务器端。用户必须使用客户端应用程序才能对数据进行操作。B/S模式是在C/S模式的基础上发展而来的，由原来的2层结构（客户机/服务器）变成3层结构（浏览器/Web服务器/数据库服务器）。B/S模式的系统以服务器为核心，程序处理和数据存储基本上都在服务器端完成，用户无须安装专门的客户端软件，只需要一个浏览器软件即可，大大方便了系统的部署。

2.1.4　计算机的结构和工作原理

要更深入地了解计算机，首先需要了解计算机的结构和工作原理。

1. 计算机的结构

计算机的结构就是计算机各功能部件之间的相互连接关系。计算机的结构是不断发展与完善的，其经历了3个发展阶段：以运算器为核心的结构、以存储器为核心的结构和以总线为核心的结构。

- **以运算器为核心的结构**：以运算器为核心的结构如图2-1所示，运算器是整个系统的核心，控制器、存储器、输入设备和输出设备都与运算器相连。这种结构具有两个特点：输入/输出都要经过运算器；运算器承载过多的负载，利用率低。

● **以存储器为核心的结构**：以存储器为核心的结构如图2-2所示，存储器是整个系统的核心，运算器、控制器、输入设备和输出设备都与存储器相连。这种结构具有两个特点：输入/输出不经过运算器；各部件各司其职，CPU利用率高。

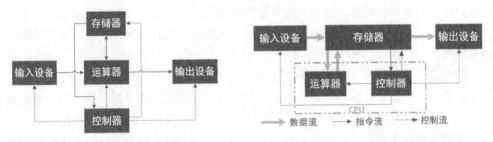

图2-1　以运算器为核心的结构　　　　图2-2　以存储器为核心的结构

● **以总线为核心的结构**：总线（Bus）是计算机各种功能部件之间传送信息的公共通信干线，它是由导线组成的传输线束。总线传送4类信息：数据、指令、地址和控制信息。计算机的总线有3种：数据总线、地址总线和控制总线。CPU读写内存时，必须指定内存单元的地址，该地址信息就是内存单元的地址。总线结构有4个特点：①各部件都与总线相连接，或通过接口与总线相连接；②总线结构便于模块化结构设计，简化系统设计；③总线结构便于系统的扩充和升级；④总线结构便于故障的诊断和维修。

2. 计算机的工作原理

计算机的工作原理是"存储程序"原理，是冯·诺依曼在EDVAC方案中提出的。计算机的工作原理包括两方面：一是将编写好的程序和原始的数据存储在计算机的存储器中，即"存储程序"；二是计算机按照存储的程序逐条取出指令加以分析，并执行指令所规定的操作，即"程序控制"。指令是由CPU中的控制器执行的，控制器执行一条指令包括取指令、分析指令、执行指令3个周期。

控制器根据程序计数器的内容（即指令在内存中的地址），把指令从内存中取出，保存到控制器的指令寄存器中，然后程序计数器的内容自动加"1"形成下一条指令的地址。控制器将指令寄存器中的指令送到指令译码器，指令译码器翻译出该指令对应的操作，把操作控制信号传输给操作控制器。

2.2　计算机的数据与编码

利用计算机技术可以采集、存储和处理各种用户信息，也可将这些用户信息转换成用户可以识别的文字、声音或音视频进行输出。那么，这些信息在计算机内部是如何表示的呢？又该如何对信息进行量化呢？

2.2.1　信息与数据

数据，泛指对客观事物进行记录并可以进行鉴别的符号，是对客观事物的性质、状态以及相互关系等进行记录的物理符号或符号组合。它是可识别的、抽象的符号。在计算机科学领域中，数据则代表所有能被输入计算机中并能被计算机程序处理的符号，是具有一定意义的数字、字母、符号和模拟量等。由于计算机存储和处理的对象十分广泛，因此，这些对象的数据也越来越复杂。

信息，通常指音信、消息、通信系统传输和处理的对象，在通信和控制系统中，信息是一种普遍联系的形式。而在电子科学家、计算机科学家眼中，信息则是电子线路中传输的以信号作为载体的内容。

信息与数据既相互联系，又相互区别。数据是信息的表现形式和载体，可以是符号、文字、数字、语音、图像、视频等。而信息是数据的内涵，信息是基于数据得出的，是对数据做出的解释。数据和信息不可分离，信息需要数据来进行生动且具体的表达。数据是物理性的，而信息是逻辑性和观念性的，它可以对数据进行加工处理，然后得到对决策产生影响的数据；数据是信息的表现形式，信息是数据存在的意义。数据是信息的表达、载体，信息是数据的内涵，它们是形与质的关系。数据本身没有意义，只有被对象接受获取后才成为信息，被接受获取前，都是数据。例如，单独一个数据"星期一"没有什么实际意义，但将其描述为"明天刚好星期一"时，这个数据就成了一条有意义的信息。

2.2.2　计算机中的数据

计算机中处理的数据可分为数值数据和非数值数据（如字母、汉字和图形等）两大类，无论什么类型的数据，在计算机内部都是以二进制代码的形式存储和运算的。计算机在与外部交流时会采用人们熟悉和便于阅读的形式表示，如十进制数据、文字表达和图形显示等，这中间的转换由计算机系统来完成。

在计算机中的信息都是用二进制进行表示的，在二进制中进行数的编码时，可以将数分为定点数和浮点数。

小数点位置固定的数叫定点数，整型数和纯小数通常用定点数表示，称为定点整数和定点纯小数。

小数点位置浮动的数叫浮点数。对于既有整数部分，又有小数部分的数，一般用浮点数表示。

例如，134、4685、0.1952、0.0025等是定点数；而429.314、38.96、2836.652等是浮点数。

微课
定点数与浮点数

定点数常用的编码方案有原码、反码、补码3种。

● **原码**：正数，符号位为0，数据部分不变；负数，符号位为1，数据部分不变；0既可以看成正数，也可以看成负数。示例如下。

[+1]=00000001

[−1]=10000001

● **反码**：在原码的基础上，正数不变。负数符号位不变，数据部分求反（0变1，1变0）。0既可以看成正的，也可以看成负的。反码有两个特点：一是0有两种表示方法；二是在进行反码加法运算时，符号位可以作为数值参与运算，但运算后，某些情况下需要调整符号位。示例如下。

[+1]=[00000001]原=[00000001]反

[−1]=[10000001]原=[11111110]反

●补码：正数不变；负数在反码的基础上，末位加1。示例如下。

[+1]=[00000001]原=[00000001]反=[00000001]补

[−1]=[10000001]原=[11111110]反=[11111111]补

2.2.3 进位计数制

数制是指用一组固定的符号和统一的规则来表示数值的方法。按照进位方式计数的数制称为进位计数制。在日常生活中，人们习惯用的进位计数制是十进制，而计算机则使用二进制。除此以外，还有八进制和十六进制等。顾名思义，二进制就是逢二进一的数值表示方法，以此类推，十进制就是逢十进一，八进制就是逢八进一，十六进制就是逢十六进一。

进位计数制中每个数码的数值大小不仅取决于数码本身，还取决于该数码在数中的位置，如十进制数828.41，整数部分的第1个数码"8"处于百位，表示800，第2个数码"2"处于十位，表示20，第3个数码"8"处于个位，表示8，小数点后第1个数码"4"处于十分位，表示0.4，小数点后第2个数码"1"处于百分位，表示0.01。也就是说，同一数码处在不同位置所代表的数值是不同的。数码在一个数中的位置称为数制的数位，数制中数码的个数称为数制的基数，十进制数有0、1、2、3、4、5、6、7、8、9共10个数码，其基数为10。每个数位上的数码符号代表的数值等于该数位上的数码乘以一个固定值，该固定值称为数制的位权数，数码所在的数位不同，其位权数也有所不同。

无论在何种进位计数制中，数值都可写成按位权展开的形式，如十进制数123.45可写成

$$123.45=1\times100+2\times10+3\times1+4\times0.1+5\times0.01$$
$$=1\times10^2+2\times10^1+3\times10^0+4\times10^{-1}+1\times10^{-2}。$$

二进制数110.11=$1\times2^2+1\times2^1+0\times2^0+1\times2^{-1}+1\times2^{-2}$。

八进制数5.67=$5\times8^0+6\times8^{-1}+7\times8^{-2}$。

上式为将数值按位权展开的表达式，其中10^i称为十进制数的位权数，其基数为10，使用不同的基数，便可得到不同的进位计数制。设R表示基数，则称为R进制，使用R个基本的数码，R^i就是位权，其加法运算规则是"逢R进一"，则任意一个R进制数D均可以展开表示为

$$(D)_R=\sum_{i=-m}^{n-1} K_i\times R^i。$$

上式中的K_i为第i位的系数，可以为$0,1,2,\cdots,R-1$中的任何一个数，R^i表示第i位的位权。

表2-1所示为计算机中常用的4种进位计数制。

表2-1 计算机中常用的4种进位计数制

进位计数制	基数	基本符号（采用的数码）	位权	形式表示
二进制	2	0,1	2^i	B
八进制	8	0,1,2,3,4,5,6,7	8^i	O
十进制	10	0,1,2,3,4,5,6,7,8,9	10^i	D
十六进制	16	0,1,2,3,4,5,6,7,8,9,A,B,C,D,E,F	16^i	H

微课
数值展开式

在计算机中，为了区分不同进制的数，可以用括号加数制基数下标的方式来表示不同数制的数。例如，$(492)_{10}$表示十进制数，$(1001.1)_2$表示二进制数，$(4A9E)_{16}$表示十六进制数；也可以用带有字母的形式分别将其表示为$(492)_D$、$(1001.1)_B$和$(4A9E)_H$。在程序设计中，常在数字后直接加英文字母后缀来区别不同进制数，如492D、1001.1B等。

2.2.4 不同数制之间的相互转换

数制之间是可以相互转换的，下面将具体介绍4种常用数制之间的转换方法。

1. R进制数转换成十进制数

将二进制数、八进制数和十六进制数转换成十进制数时，只需用该数制的各位数乘以各自对应的位权数，然后将乘积相加。用按位权展开的方法即可得到对应的结果。

【例2-1】将二进制数10110转换成十进制数。

先将二进制数10110按位权展开，然后将乘积相加，转换过程如下所示。

$$(10110)_2 = (1\times2^4+0\times2^3+1\times2^2+1\times2^1+0\times2^0)_{10}$$
$$= (16+4+2)_{10}$$
$$= (22)_{10}$$

【例2-2】将八进制数123转换成十进制数。

先将八进制数123按位权展开，然后将乘积相加，转换过程如下所示。

$$(123)_8 = (1\times8^2+2\times8^1+3\times8^0)_{10}$$
$$= (64+16+3)_{10}$$
$$= (83)_{10}$$

【例2-3】将十六进制数123转换成十进制数。

先将十六进制数123按位权展开，然后将乘积相加，转换过程如下所示。

$$(123)_{16} = (1\times16^2+2\times16^1+3\times16^0)_{10}$$
$$= (256+32+3)_{10}$$
$$= (291)_{10}$$

2. 十进制数转换成R进制数

将十进制数转换成二进制数、八进制数和十六进制数时，可将数值分成整数部分和小数部分分别转换，然后再拼接起来。

例如，将十进制数转换成二进制数时，整数部分和小数部分分别转换。整数部分采用"除2取余倒读"法，即将该十进制数除以2，得到一个商和余数K_0，再将商除以2，又得到一个新的商和余数K_1；如此反复，直到商为0时得到余数K_{n-1}。然后将得到的各余数，以最后余数为最高位、最初余数为最低位依次排列，即$K_{n-1}\cdots K_1K_0$，这就是该十进制数对应的二进制整数部分。

微课
十进制数转换成
R进制数

小数部分采用"乘2取整正读"法，即将十进制的小数乘以2，取乘积中的整数部分作为相应二进制小数点后最高位K_{-1}，取乘积中的小数部分反复乘以2，逐次得到K_{-2}, K_{-3}, $\cdots$, K_{-m}，直到乘积的小数部分为0或位数达到所需的精确度要求为止，然后把每次乘积所得的整数部分由上而下

（即从小数点自左往右）依次排列起来（$K_{-1}, K_{-2}, \cdots, K_{-m}$），即为所求的二进制数的小数部分。

同理，将十进制数转换成八进制数时，整数部分除8取余，小数部分乘8取整。将十进制数转换成十六进制数时，整数部分除16取余，小数部分乘16取整。

特别提醒 在进行小数部分的转换时，有些十进制小数不能转换为有限位的二进制小数，此时只能用近似值表示。例如，$(0.57)_{10}$ 不能用有限位二进制表示，如果要求保留5位小数，则得到 $(0.57)_{10} \approx (0.10010)_2$。

【例2-4】 将十进制数225.625转换成二进制数。

用除2取余法进行整数部分转换，再用乘2取整法进行小数部分转换，转换过程如下所示。

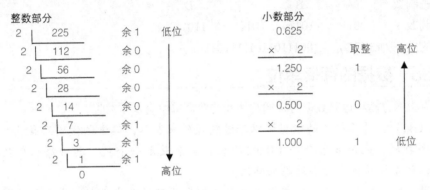

$(225.625)_{10} = (11100001.101)_2$

3. 二进制数转换成八进制数、十六进制数

二进制数转换成八进制数所采用的转换原则是"3位分一组"，即以小数点为界，整数部分从右向左每3位为一组，若最后一组不足3位，则在最高位前面添0补足3位，然后将每组中的二进制数按权相加得到对应的八进制数；小数部分从左向右每3位分为一组，最后一组不足3位时，尾部用0补足3位，然后按照顺序写出每组二进制数对应的八进制数即可。

微课
二进制数转换成八进制数、十六进制数

【例2-5】 将二进制数1101001.101转换成八进制数，转换过程如下所示。

二进制数	001	101	001	.	101
八进制数	1	5	1	.	5

得到的结果为 $(1101001.101)_2 = (151.5)_8$。

二进制数转换成十六进制数采用的转换原则与上面的类似，采用的转换原则是"4位分一组"，即以小数点为界，整数部分从右向左、小数部分从左向右每4位一组，不足4位用0补齐即可。

【例2-6】 将二进制数101110011000111011转换成十六进制数，转换过程如下所示。

二进制数	0010	1110	0110	0011	1011
十六进制数	2	E	6	3	B

得到的结果为 $(101110011000111011)_2 = (2E63B)_{16}$。

4. 八进制数、十六进制数转换成二进制数

八进制数转换成二进制数的转换原则是"一分为三"，即从八进制数的低位开始，将每一

位上的八进制数写成对应的3位二进制数。如有小数部分，则从小数点开始，按上述方法分别向左右两边进行转换。

【例2-7】将八进制数162.4转换成二进制数，转换过程如下所示。

八进制数   1   6   2   .   4

二进制数   001   110   010 . 100

得到的结果为$(162.4)_8 = (001110010.100)_2$。

十六进制数转换成二进制数的转换原则是"一分为四"，即把每一位上的十六进制数写成对应的4位二进制数即可。

【例2-8】将十六进制数3B7D转换成二进制数，转换过程如下所示。

十六进制数   3   B   7   D

二进制数   0011   1011   0111   1101

得到的结果为$(3B7D)_{16} = (0011101101111101)_2$。

2.2.5　数据的存储单位

在计算机内存储和运算数据时，通常涉及的数据单位有以下3种。

- 位（bit）：计算机中的数据都以二进制代码来表示，二进制代码只有"0"和"1"两个数码，采用多个数码（0和1的组合）来表示一个数。其中每一个数码称为一位，位是计算机中最小的数据单位。
- 字节（byte）：字节是计算机中信息组织和存储的基本单位，也是计算机体系结构的基本单位。在对二进制数据进行存储时，以8位二进制代码为一个单元存放在一起，称为1字节，即1byte =8bit。在计算机中，通常用B（字节）、KB（千字节）、MB（兆字节）、GB（吉字节）或TB（太字节）为单位来表示存储器（如内存、硬盘和U盘等）的存储容量或文件的大小。所谓存储容量，是指存储器中能够容纳的字节数。存储单位B、KB、MB、GB和TB之间的换算关系如下。

  1KB=1024B=2^{10}B。

  1MB=1024KB=2^{20}B。

  1GB=1024MB=2^{30}B。

  1TB=1024GB=2^{40}B。
- 字长：人们将计算机一次能够并行处理的二进制代码的位数，称为字长。字长是衡量计算机性能的一个重要指标，字长越长，数据所包含的位数越多，计算机的数据处理速度越快。计算机的字长通常是字节的整倍数，如8位、16位、32位、64位和128位等。

2.2.6　二进制数的运算

计算机内部采用二进制数表示数据，主要原因是技术实现简单、易于转换。二进制数的运算规则简单，方便进行逻辑代数分析和设计计算机的逻辑电路等。下面将对二进制的算术运算和逻辑运算进行简要介绍。

1．二进制的算术运算

二进制的算术运算也就是通常所说的四则运算，包括加、减、乘、除，运

微课
二进制的算术运算

算比较简单，具体运算规则如下。

- **加法运算**：按"逢二进一"法，向高位进位，运算规则为0+0=0、0+1=1、1+0=1、1+1=10。例如，$(10011.01)_2 + (100011.11)_2 = (110111.00)_2$。
- **减法运算**：减法实质上是加上一个负数，主要应用于补码运算，运算规则为0-0=0、1-0=1、0-1=1（向高位借位，结果本位为1）、1-1=0。例如，$(110011)_2 - (001101)_2 = (100110)_2$。
- **乘法运算**：乘法运算与常见的十进制数对应的运算规则类似，运算规则为0×0=0、1×0=0、0×1=0、1×1=1。例如，$(1110)_2 \times (1101)_2 = (10110110)_2$。
- **除法运算**：除法运算也与十进制数对应的运算规则类似，运算规则为0÷1=0、1÷1=1，而0÷0和1÷0是无意义的。例如，$(1101.1)_2 \div (110)_2 = (10.01)_2$。

2. 二进制的逻辑运算

计算机采用的二进制数1和0可以代表逻辑运算中的"真"与"假"、"是"与"否"和"有"与"无"。二进制的逻辑运算包括"与""或""非""异或"4种，具体介绍如下。

- **"与"运算**："与"运算又被称为逻辑乘，通常用符号"×"、"∧"或"·"来表示。其运算规则为0∧0=0、0∧1=0、1∧0=0、1∧1=1。通过上述运算规则可以看出，当两个参与运算的数中有一个数为0时，结果也为0，此时是没有意义的。只有当两数的数值都为1时，结果为1，即所有的条件都符合时，逻辑结果才为肯定值。
- **"或"运算**："或"运算又被称为逻辑加，通常用符号"+"或"∨"来表示。其运算规则为0∨0=0、0∨1=1、1∨0=1、1∨1=1。该运算规则表明，只要有一个数为1，则运算结果就是1。例如，假定某一个公益组织规定加入该组织的成员可以是女性或慈善家，那么只要其中任意一个条件符合即可加入该组织。
- **"非"运算**："非"运算又被称为逻辑否运算，通常通过在逻辑变量上加上画线来表示，如变量为A，则其"非"运算结果用$\overline{A}$表示。运算规则：$\overline{0}=1$，$\overline{1}=0$。例如，假定A变量表示男性，则$\overline{A}$就表示非男性。
- **"异或"运算**："异或"运算通常用符号"⊕"来表示，其运算规则为0⊕0=0、0⊕1=1、1⊕0=1、1⊕1=0。该运算规则表明，当逻辑运算中变量的值不同时，结果为1；当变量的值相同时，结果为0。

2.2.7 字符的编码

编码就是利用计算机中的0和1两个数码的不同长度表示不同信息的一种约定方式。由于计算机是以二进制形式存储和处理数据的，因此只能识别二进制编码信息。数字、字母、符号、汉字、语音和图形等非数值信息都要用特定规则进行二进制编码才能进入计算机。西文与中文字符由于形式不同，使用的编码也不同。

1. 十进制数字的编码

计算机内毫无例外地都使用二进制数进行运算，但通常采用八进制或十六进制的形式读写。但日常生活中，人们最熟悉的数制是十进制，因此，人们专门规定了一种二进制码，称为BCD码，是一种以二进制表示的十进制码。其中8421码是常用的一种编码方法，利用二进制数的展开表达式形式，即各位的位权由高位到低位分别为8、4、2、1，方便编码和解码的运算。若用BCD码表示十进制数6532，可以直接写出结果：0110 0101 0011 0010。

2. 西文字符的编码

计算机对字符进行编码，通常采用ASCII和Unicode两种编码。

- ● ASCII：美国信息交换标准代码（American Standard Code for Information Interchange，ASCII）是基于拉丁字母的一套编码系统，主要用于显示现代英语和其他西欧语言，它被国际标准化组织指定为国际标准（ISO 646标准）。标准ASCII使用7位二进制数来表示所有的大写和小写字母、数字0~9、标点符号，以及在美式英语中使用的特殊控制字符，共有$2^7=128$个不同的编码值，可以表示128个不同字符的编码。其中，低4位编码$b_3b_2b_1b_0$用作行编码，高3位$b_6b_5b_4$用作列编码。128个不同字符的编码中，95个编码对应计算机键盘上的符号或其他可显示或打印的字符，另外33个编码被用作控制码，用于控制计算机某些外部设备的工作特性和某些计算机软件的运行情况。例如，字母A的编码为二进制数1000001，对应十进制数65或十六进制数41。ASCII表如表2-2所示。

表2-2　ASCII表

$b_4b_3b_2b_1$ ＼ $b_7b_6b_5$	000	001	010	011	100	101	110	111
0000	NUL	DLE	SP	0	@	P	`	p
0001	SOH	DC1	!	1	A	Q	a	q
0010	STX	DC2	"	2	B	R	b	r
0011	ETX	DC3	#	3	C	S	c	s
0100	EOT	DV4	$	4	D	T	d	t
0101	ENQ	NAK	%	5	E	U	e	u
0110	ACK	SYN	&	6	F	V	f	v
0111	BEL	ETB	'	7	G	W	g	w
1000	BS	CAN	(	8	H	X	h	x
1001	HT	EM	)	9	I	Y	i	y
1010	LF	SUB	*	:	J	Z	j	z
1011	VT	ESC	+	;	K	[	k	{
1100	FF	FS	,	<	L	\	l		
1101	CR	GS	-	=	M	]	m	}
1110	SO	RS	.	>	N	^	n	~
1111	SI	US	/	?	O	_	o	DEL

- ● Unicode：统一码（Unicode）也是一种国际标准编码，采用两字节编码，能够表示世界上所有的书写语言中可能用于计算机通信的文字和其他符号。目前，Unicode在网络、Windows操作系统和大型软件中均有应用。

3. 汉字的编码

在计算机中，汉字信息的传播和交换必须通过统一的编码，才不会造成混乱和差错。因此，计算机中处理的汉字是包含在国家或国际组织制定的汉字字符集中的汉字，常用的汉字字符集包括GB 2312、GB 18030、GBK和CJK编码等。为了使每个汉字有一个统一的代码，我国颁布了汉字编码的国家标准,即《信息交换用汉字编码字符集》(GB 2312—1980)。这个字符集是目前国内所有汉字系统的统一标准。

汉字的编码方式主要有以下4种。

- **输入码**:输入码也称外码,是为了将汉字输入计算机而设计的代码,包括音码、形码和音形码等。
- **区位码**:将GB 2312字符集放置在一个94行(每一行称为"区")、94列(每一列称为"位")的方阵中,将方阵中的每个汉字所对应的区号和位号组合起来就得到了该汉字的区位码。区位码用4位数字编码,前两位叫作区码,后两位叫作位码,如汉字"中"的区位码为5448。
- **国标码**:国标码采用两字节表示一个汉字,将汉字区位码中的十进制区号和位号分别转换成十六进制数,再分别加上20H,就可以得到该汉字的国际码。例如,"中"字的区位码为5448,区码54对应的十六进制数为36H,加上20H,即为56H;而位码48对应的十六进制数为30H,加上20H,即为50H。因此,"中"字的国标码为5650H。
- **机内码**:在计算机内部进行存储与处理所使用的代码,称为机内码。对汉字系统来说,汉字机内码规定在汉字国标码的基础上,每字节的最高位置为1,每字节的低7位为汉字信息。将国标码的两字节编码分别加上80H(即10000000B),便可以得到机内码,如汉字"中"的机内码为D6D0H。

2.3 计算机硬件系统

计算机硬件是指计算机中看得见、摸得着的一些实体设备。从外观上看,微型计算机主要由主机、显示器、鼠标、键盘等部分组成。在主机背面有许多插孔和接口,用于接通电源和连接键盘、鼠标等输入设备;而主机箱内则包含CPU、主板、内存储器和硬盘等硬件。图2-3所示为微型计算机的外观组成及主机内部的主要硬件。

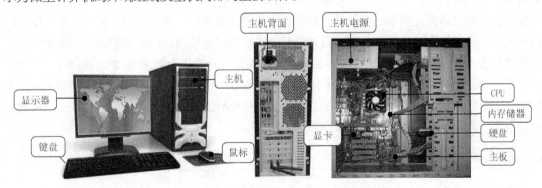

图2-3 微型计算机的外观组成及主机内部的主要硬件

2.3.1 微处理器

微处理器是由一片或少数几片大规模集成电路组成的中央处理器,简称CPU,这些电路执行控制部件和算术逻辑部件的功能。微处理器中不仅有运算器、控制器，还有寄存器与高速缓冲存储器，其结构是，一个CPU可包含几个甚至几十个内部寄存器，包括数据寄存库、地址寄存器和状态寄存器等。进行算术逻辑运算的运算器以加法器为核心，能根据二进制法则进行补码的加法运算，可传送、移位和比较数据。控制器由程序计数器、指令译码器、指令寄存器与定时控制逻辑电路组成，可分析和执行指令，统一指挥微机各部分按时序进行协调操作。新型的处理器中集成了超高速缓冲存储器，它的工作速度和运算器的速度相同。CPU既是计算机的指令中枢，又是系统的最高执行单位，主要负责指令的执行。CPU作为计算机系统的核心组件，在计算机系统中占有举足轻重的地位，也是影响计算机系统运算速度的重要因素。图2-4所示为计算机的微处理器。

图2-4　微处理器

目前，市场上主要销售的CPU产品有Intel、AMD、威盛（VIA）和龙芯（Loongson）。奔腾双核、赛扬双核和闪龙系列（单核心、双核心）属于比较低端的处理器，仅能满足上网、办公、看电影等需求。酷睿i5、i7和速龙系列（双核心、四核心）属于中端处理器，不仅能支持上网、办公、看电影等，还能承载大型网络游戏的运行。酷睿i9和Ryzen 9系列（四核心、六核心）属于高端处理器，不仅能支持常用的网络应用，还能以最佳效果运行大型游戏。

2.3.2　内存储器

计算机中的存储器包括内存储器和外存储器两种。其中，内存储器也叫主存储器，简称内存。内存是计算机中用来临时存放数据的地方，也是CPU处理数据的中转站，内存的容量和存取速度直接影响CPU处理数据的速度，图2-5所示为内存条。内存主要由内存芯片、电路板和金手指等部分组成。

图2-5　内存条

从工作原理上说，内存一般采用半导体存储单元，包括随机存储器（Random Access Memory，RAM）、只读存储器（Read Only Memory，ROM）和高速缓冲存储器（Cache）。平常所说的内存通常是指随机存储器，它既可以从中读取数据，也可以写入数据，当计算机电源关闭时，存于其中的数据会丢失。只读存储器的信息只能读出，一般不能写入，即使停电，这些数据也不会丢失，如BIOS ROM。高速缓冲存储器在计算机中通常指CPU的缓存。

按工作性能分类，内存主要有DDR2、DDR3和DDR4这3种，目前市场上的主流内存为DDR4，其数据传输能力比DDR3强大，能够达到3 600MHz，其内存容量一般为1GB～16GB。一般而言，内存容量越大越有利于系统的运行。

2.3.3　主板

主板（Main Board）也称为"主机板"或"系统板（System Board）"，从外观上看，主板是一块方形的电路板，如图2-6所示，其上布满了各种电子元器件、插座、插槽和各种外部接口，它可以为计算机的所有部件提供插槽和接口，并通过其中的线路统一协调所有部件的工作。

随着主板制板技术的发展，主板已经能够集成很多计算机硬件，如CPU、显卡、声卡、网卡、BIOS芯片和南北桥芯片等，这些硬件都可以以芯片的形式集成到主板上。其中，BIOS芯片是一块矩形的存储器，里面存有与该主板搭配的基本输入/输出系统程序，能够让主板识别各种硬件，还可以设置引导系统的设备和调整CPU外频等，如图2-7所示。南北桥芯片通常由南桥芯片和北桥芯片组成，南桥芯片主要负责硬盘等存储设备和PCI总线之间的数据流通，北桥芯片主要负责处理CPU、内存储器和显卡三者间的数据交流。

图2-6　主板

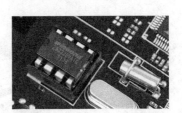

图2-7　主板上的BIOS芯片

2.3.4　总线

总线（Bus）是计算机各种功能部件之间传送信息的公共通信干线，主机的各个部件通过总线相连接，外部设备通过相应的接口电路与总线相连接，从而形成了计算机硬件系统，因此，总线被形象地比喻为"高速公路"。按照为计算机传输的信息类型，总线可以分为数据总线、地址总线和控制总线，分别用来传输数据、数据地址和控制信号。

- **数据总线**：数据总线用于在CPU与RAM之间来回传送需处理、存储的数据。
- **地址总线**：地址总线上传送的是CPU向存储器、I/O接口设备发出的地址信息。
- **控制总线**：控制总线用来传送控制信息，这些控制信息包括CPU对内存储器和输入/输出接口的读写信号、输入/输出接口对CPU提出的中断请求等信号，以及CPU对输入/输出接口的回答与响应信号、输入/输出接口的各种工作状态信号和其他各种功能控制信号。

目前，常见的总线标准有ISA总线、PCI总线和EISA总线等。

2.3.5　外存储器

外存储器简称外存，是指除计算机内存及CPU缓存以外的存储器，此类存储器一般断电后仍然能保存数据，常见的外存储器有硬盘和可移动存储设备（如U盘）等。

- **硬盘**：硬盘是计算机中最大的存储设备，通常用于存放永久性的数据和程序。硬盘的内部结构比较复杂，主要由主轴电机、盘片、磁头和传动臂等部件组成。在硬盘中，通常将磁性物质附着在盘片上，并将盘片安装在主轴电机上，当硬盘开始工作时，主轴电机将带动盘片一起转动，盘片表面的磁头将在电路和传动臂的控制下移动，并将指定位置的数据读取出来，或将数据存储到指定的位置。硬盘容量是硬盘的主要性能指标之一，包括总容量、单片容量和盘片数3个参数。其中，总容量是表示硬盘能够存储多少数据的一项重要指标，通常以GB、TB为单位，目前主流的硬盘容量从500GB以上到10TB以下不等。此外，硬盘的分类通常是按照其接口的类型进行划分的，硬盘主要有ATA和SATA两种。需要注意的是，这里所说的硬盘是指机械硬盘，如图2-8所示，机械硬盘也是使用较广和较普通的硬盘类型之一。另外，还有一种目前非常热门的硬盘类型——固态硬盘（Solid State Drives，SSD），简称固盘，是用固态电子存储芯片阵列制成的硬盘，如图2-9所示。

- **可移动存储设备**：可移动存储设备包括移动USB盘（简称U盘，如图2-10所示）和移动硬盘等，这类设备即插即用，容量也能满足人们的需求，是计算机必不可少的附属配件。

图2-8　机械硬盘　　　　图2-9　固态硬盘　　　　图2-10　U盘

2.3.6　输入设备

输入设备是向计算机输入数据和信息的设备，是用户和计算机系统之间进行信息交换的主要装置，用于将数据、文本和图形等转换为计算机能够识别的二进制代码并将其输入计算机，键盘、鼠标、摄像头、扫描仪、光笔、手写输入板、游戏杆和语音输入装置等都属于输入设备。下面介绍常用的3种输入设备。

- **鼠标**：鼠标是计算机的主要输入设备之一，因为其外形与老鼠类似，所以被称为"鼠标"，如图2-11所示。根据鼠标按键的数量可以将鼠标分为三键鼠标和两键鼠标；根据鼠标的工作原理可以将其分为机械鼠标和光电鼠标。另外，还有无线鼠标和轨迹球鼠标等。
- **键盘**：键盘是计算机的另一种主要输入设备，是用户和计算机进行交流的工具，用户可以通过键盘直接向计算机输入各种字符和命令，简化计算机的操作。不同厂商生产出的键盘型号不同，目前常用的键盘有107个键位，如图2-12所示。
- **扫描仪**：扫描仪是利用光电技术和数字处理技术，以扫描的方式将图形或图像信息转换为数字信号的设备，其主要功能是对文字和图像进行扫描与输入。

图2-11　鼠标　　　　　　　　　　图2-12　键盘

2.3.7　输出设备

输出设备是计算机硬件系统的终端设备，用于将各种计算结果的数据或信息转换成用户能够识别的数字、字符、图像和声音等形式。常见的输出设备有显示器、打印机、绘图仪、影像输出系统、语音输出系统和磁记录设备等。下面介绍常用的5种输出设备。

● 显示器：显示器是计算机的主要输出设备，其作用是将显卡输出的信号（模拟信号或数字信号）以肉眼可见的形式展示出来。目前主要有两种显示器：一种是液晶显示器（Liquid Crystal Display，LCD），如图2-13所示；另一种是阴极射线管（Cathode Ray Tube，CRT）显示器，如图2-14所示。LCD是目前市场上的主流显示器，具有无辐射危害、屏幕不会闪烁、工作电压低、功耗小、重量轻和体积小等优点，但LCD的画面颜色逼真度不及CRT显示器。显示器的常见尺寸有17英寸（1英寸=2.54cm）、19英寸、20英寸、22英寸、24英寸、26英寸、29英寸等。

图2-13　LCD　　　　　　　　图2-14　CRT显示器

● 打印机：打印机也是一种常见的输出设备，在办公中经常会用到，其主要功能是对文字和图像进行打印输出。现在主要使用的打印机有单针式点阵击打式打印机、激光打印机、喷墨打印机。单针式点阵击打式打印机是通过电磁铁高速击打24根打印针，让色带上的墨汁转印到打印纸上，其特点是速度较慢且噪声大，如图2-15所示。激光打印机是通过激光产生静电吸附效应，利用硒鼓将碳粉转印到打印纸上，如图2-16所示，具有速度快、噪声小、分辨率高的特点。喷墨打印机的各项指标在前两种打印机之间，如图2-17所示。

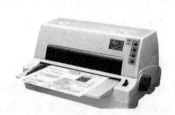  

图2-15　单针式点阵击打式打印机　　　图2-16　激光打印机　　　图2-17　喷墨打印机

● 音箱：音箱在音频设备中的作用类似于显示器，可直接连接声卡的音频输出接口，并将声卡传输的音频信号输出为人们可以听到的声音。需要注意的是，音箱是整个音响系统的终端，只负责声音输出，音响则通常是指声音产生和输出的一整套系统，音箱是音响的一部分。

● 耳机：耳机是一种音频设备，它接收媒体播放器或接收器发出的信号，利用贴近耳朵的扬声器将其转化成人可以听到的音波。

● 投影仪：投影仪又称投影机，是一种可以将图像或视频投射到幕布上的设备。投影仪可以通过特定的接口与计算机相连接并播放相应的视频信号，是一种负责输出的计算机周边设备。

2.4 计算机软件系统

如果说计算机硬件系统是计算机的骨架，那么软件系统就是计算机的血液，组装完一台计算机后，还需要为计算机安装相应的软件。

2.4.1 计算机软件的定义

计算机软件（Computer Software）简称软件，是指计算机系统中的程序及其文档。程序是对计算任务的处理对象和处理规则的描述，是按照一定顺序执行的、能够完成某一任务的指令集合，而文档则是为了便于人们了解程序所需的说明性资料。

计算机之所以能够按照用户的要求运行，是因为计算机采用了程序设计语言（计算机语言），该语言是人与计算机之间沟通时需要使用的语言，用于编写计算机程序。计算机可通过该程序控制其工作流程，从而完成特定的设计任务。可以说，程序设计语言是计算机软件的基础和重要组成部分。

计算机软件总体分为系统软件和应用软件两大类。

2.4.2 系统软件

系统软件是指控制和协调计算机及其外部设备，支持应用软件开发和运行的系统。其主要功能是调度、监控和维护计算机系统，同时负责管理计算机系统中各种独立的硬件，协调它们的工作。系统软件是应用软件运行的基础，所有应用软件都是在系统软件上运行的。

系统软件主要分为操作系统、语言处理程序、数据库管理系统和系统辅助处理程序等，具体介绍如下。

- **操作系统**：操作系统（Operating System，OS）是计算机系统的指挥调度中心，它可以为各种程序提供运行环境。常见的操作系统有Windows和Linux等，如第3章讲解的Windows 10就是一种操作系统。

- **语言处理程序**：语言处理程序是为用户设计的编程服务软件，用来编译、解释和处理各程序所使用的计算机语言，是人与计算机相互交流的一种工具，包括机器语言、汇编语言和高级语言3种。由于计算机只能直接识别和执行机器语言，因此要在计算机上运行高级语言程序就必须配备程序语言翻译程序，程序语言翻译程序本身是一组程序，不同的高级语言都有相应的程序语言翻译程序。

- **数据库管理系统**：数据库管理系统（Database Management System，DBMS）是一种操作和管理数据库的大型软件，它是位于用户和操作系统之间的数据管理软件，也是用于建立、使用和维护数据库的管理软件。数据库管理系统可以组织不同性质的数据，以便能够有效地查询、检索和管理这些数据。常用的数据库管理系统有SQL Server、Oracle和Access等。

- **系统辅助处理程序**：系统辅助处理程序也称为软件研制开发工具或支撑软件，主要有编辑程序、调试程序等，这些程序的作用是维护计算机的正常运行，如Windows操作系统中自带的磁盘整理程序等。

2.4.3 应用软件

应用软件是指一些具有特定功能的软件，即为解决各种实际问题而编制的程序，包括各种程序设计语言，以及用各种程序设计语言编制的应用程序。计算机中的应用软件种类繁多，这些软件能够帮助用户完成特定的任务，如要编辑一篇文章可以使用WPS文字办公软件，要制作一份报表可以使用WPS表格办公软件，这些软件都属于应用软件。常见的应用软件种类有办公软件、图形处理与设计软件、图文浏览软件、翻译与学习软件、多媒体播放和处理软件、网站开发软件、程序设计软件、磁盘分区软件、数据备份与恢复软件、网络通信软件等。

2.5 扩展阅读

本章主要讲解了计算机的基本概念、计算机的数据与编码、计算机硬件系统、计算机软件系统等内容。下面将扩展介绍计算机的基础操作工具——鼠标和键盘的相关知识。

1. 鼠标的基本操作

操作系统进入图形化时代后，鼠标就成了计算机必不可少的输入设备之一。用户启动计算机后，首先使用的便是鼠标，因此，鼠标的基本操作是初学者必须掌握的技能。

（1）手握鼠标的方法

鼠标左边的按键被称为鼠标左键，鼠标右边的按键被称为鼠标右键，鼠标中间可以滚动的按键被称为鼠标中键或鼠标滚轮。右手握鼠标的正确方法：食指和中指自然放置在鼠标的左键和右键上，拇指横向放于鼠标左侧，无名指和小指放在鼠标的右侧，拇指与无名指及小指轻轻握住鼠标，手掌心轻轻贴住鼠标后部，手腕自然垂放在桌面上，食指控制鼠标左键，中指控制鼠标右键和滚轮，如图2-18所示。当需要使用鼠标滚动页面时，用中指滚动鼠标的滚轮即可。左手握鼠标的方法与右手握鼠标的方法类似，但使用时需进行设置。

图2-18 握鼠标的方法（右手）

（2）鼠标的5种基本操作

鼠标的基本操作包括移动定位、单击、拖曳、右击和双击5种，具体介绍如下（这里以右手使用鼠标为例，左手操作类似）。

- **移动定位**：移动定位鼠标的方法是握住鼠标，在光滑的桌面或鼠标垫上随意移动，此时在显示屏上的鼠标指针会同步移动，将鼠标指针移到桌面上的某一对象上停留片刻，就是定位操作，被定位的对象通常会出现相应的提示信息。
- **单击**：单击的方法是先移动鼠标，将鼠标指针指向某个对象，然后用食指按下鼠标左键后快速松开，鼠标左键将自动弹起还原。单击操作常用于选择对象，被选择的对象呈高亮显示。
- **拖曳**：拖曳是指将鼠标指针指向某个对象后，按住鼠标左键不放，然后移动鼠标，把指定对象从屏幕的一个位置拖到另一个位置，最后释放鼠标左键，这个过程也被称为"拖曳"。拖曳操作常用于移动对象。
- **右击**：右击是指单击鼠标右键，即用中指单击一下鼠标右键，松开按键后鼠标右键将自动弹起还原。右击操作常用于打开与对象相关的快捷菜单。

● **双击**：双击是指用食指快速、连续地单击鼠标左键两次，双击操作常用于启动某个程序、执行某个任务、打开某个窗口或文件夹。

2. 键盘的使用

键盘是计算机的重要输入设备之一，用户必须掌握各个按键的作用和指法，才能达到快速输入的目的。

（1）认识键盘的结构

以常用的107键键盘为例，键盘按照各键功能的不同可以分为主键盘区、编辑键区、小键盘区、状态指示灯区和功能键区5个部分，如图2-19所示。

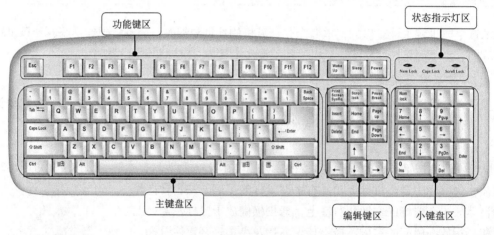

图2-19 键盘的5个部分

● **主键盘区**：主键盘区用于输入文字和符号，包括字母键、数字键、符号键、控制键和Windows功能键，共5排61个键。其中，字母键【A】～【Z】用于输入26个英文字母；数字键【0】～【9】用于输入相应的数字和符号。每个数字键由上下两种字符组成，因此又称双字符键。单独按这些键，将输入下档字符，即数字；如果按住【Shift】键不放再按该键，将输入上档字符，即特殊符号；符号键中除了【～】键和【、】键位于主键区的左上角，其余都位于主键盘区的右侧。与数字键一样，每个符号键也由上下两种不同的符号组成。各控制键和Windows功能键的作用如表2-3所示。

表2-3 控制键和Windows功能键的作用

按键	作用
【Tab】键	Tab 是英文 "Table" 的缩写，【Tab】键也称为制表定位键。每按一次该键，光标向右移动 8 个字符，该键常用于文字处理中的对齐操作
【Caps Lock】键	又称大写字母锁定键，系统默认状态下输入的英文字母为小写，按下该键后输入的字母为大写，再次按下该键可取消大写锁定状态
【Shift】键	主键盘区左右各有一个，功能相同，主要用于输入上档字符，以及输入字母键的大写英文字符。例如，按住【Shift】键不放再按【A】键，可以输入大写字母 "A"

续表

按键	作用
【Ctrl】键和【Alt】键	在主键盘区左下角和右下角各有一个，常与其他键组合使用，在不同的应用软件中，其作用也不同
【Space】键	又称空格键，位于主键盘区的下方，其上面无刻记符号，每按一次该键，将在光标当前位置上产生一个空字符，同时光标向右移动一个位置
【Back Space】键	退格键。每按一次该键，可使光标向左移动一个位置，若光标位置左边有字符，将删除该字符
【Enter】键	回车键。它有两个作用：一是确认并执行输入的命令；二是在输入文字时按此键，光标移至下一行行首
Windows 功能键	主键盘左下角的键面上刻有 Windows 窗口图案，称为"开始菜单"键，在 Windows 操作系统中，按下该键后将弹出"开始"菜单；主键盘右下角 Windows 功能键右侧的键称为"快捷菜单"键，按该键后会弹出相应的快捷菜单，其功能相当于单击鼠标右键

- **编辑键区**：编辑键区主要用于在编辑过程中控制光标，按【Print Screen SysRq】键，将当前屏幕复制到剪贴板，再在其他程序或文件中按【Ctrl+V】组合键可粘贴图片；按【Insert】键，在插入和改写之间转换；按【Delete】键，每按一次该键，将删除光标位置后的一个字符；按【←】、【→】、【↑】、【↓】键，光标将向箭头方向移动一个字符，只移动光标，不移动文字；按【Scroll Lock】键，使屏幕停止滚动，直到再次按下该键为止；按【Pause Break】键，使屏幕显示暂停，按【Enter】键后屏幕继续显示；按【Page Up】键，可以翻到上一页；按【Page Down】键，可以翻到下一页；按【Home】键，使光标快速移至当前行的行首，而按【End】键则移至行尾。
- **小键盘区**：小键盘区主要用于快速输入数字及移动光标。当要使用小键盘区输入数字时，应先按小键盘区左上角的【Num Lock】键，此时状态指示灯区第1个指示灯亮，表示此时为数字状态，然后即可输入数字。
- **状态指示灯区**：状态指示灯区主要用来提示小键盘工作状态、大小写状态及滚屏锁定键的状态。
- **功能键区**：功能键区位于键盘的顶端，其中【Esc】键用于取消已输入的命令或字符串，在一些应用软件中常起到退出的作用；【F1】~【F12】键称为功能键，在不同的软件中，各个键的功能有所不同，一般在程序窗口中按【F1】键可以获取该程序的帮助信息；【Power】、【Sleep】、【Wake Up】键分别用来控制电源、转入睡眠状态和唤醒睡眠状态。

（2）键盘的操作

正确的打字姿势：身体坐正，双手自然放在键盘上，腰部挺直，上身微前倾；双脚的脚尖和脚跟自然地放在地面上，大腿自然平直；座椅的高度与计算机键盘、显示器的高度相适应，一般以双手自然垂放在键盘上时肘关节略高于手腕为宜；显示器的高度则以操作者坐下后，其目光水平线处于屏幕上的2/3处为优。准备打字时，将左手的食指放在【F】键上，右手的食指放在【J】键上，这两个键下方各有一个突起的小横杠，用于左右手食指的定位，其他手指（除拇指外）按顺序分别放在相邻的6个基准键位上，双手的大拇指放在空格键上，如图2-20所示。8个基准键位是指主键盘区第2排按键中的【A】、【S】、【D】、【F】、【J】、【K】、【L】、【;】8个键。

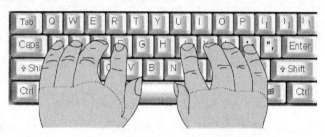

图2-20　准备打字时手指在键盘上的位置

打字时键盘的指法分区：除大拇指外，其余8个手指各有一定的活动范围，把字符键划分成8个区域，每个手指负责输入该区域的字符，如图2-21所示。

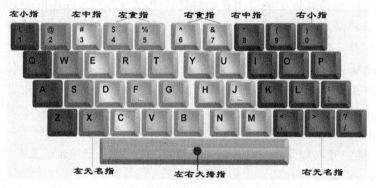

图2-21　键盘的指法分区

2.6　习题

一、选择题

1. 计算机的硬件系统主要包括运算器、控制器、存储器、输出设备和（　　）。

    A. 键盘　　　　　　　B. 鼠标　　　　　　　C. 输入设备　　　　　D. 显示器

2. 计算机的总线是计算机各部件间传递信息的公共通道，它分为（　　）。

    A. 数据总线和控制总线　　　　　　　　B. 数据总线、控制总线和地址总线

    C. 地址总线和数据总线　　　　　　　　D. 地址总线和控制总线

3. 1KB的准确数值是（　　）。

    A. 1 024byte　　B. 1 000byte　　C. 1 024bit　　D. 1 024MB

4. 在关于数制的转换中，下列叙述正确的是（　　）。

A. 采用不同的数制表示同一个数时，基数（R）越大，使用的位数越少

B. 采用不同的数制表示同一个数时，基数（R）越大，使用的位数越多

C. 不同数制采用的数码是各不相同的，没有一个数码是一样的

D. 进位计数制中每个数码的数值仅取决于数码本身

5. 十进制数55转换成二进制数等于（　　　）。

  A. 111111   B. 110111   C. 111001   D. 111011

6. 与二进制数101101等值的十六进制数是（　　　）。

  A. 2D   B. 2C   C. 1D   D. B4

7. 二进制数111+1等于（　　　）。

  A. $(10000)_2$ B. $(100)_2$ C. $(1111)_2$ D. $(1000)_2$

8. 一个汉字的机内码与它的国标码之间的差是（　　　）。

  A. 2020H   B. 4040H   C. 8080H   D. AOAOH

9. 下列叙述中，错误的是（　　　）。

  A. 内存储器一般由ROM、RAM和高速缓冲存储器（Cache）组成

  B. RAM中存储的数据一旦断电就全部丢失

  C. CPU可以直接存取硬盘中的数据

  D. 存储在ROM中的数据断电后不会丢失

10. 能直接与CPU交换信息的存储器是（　　　）。

  A. 硬盘存储器   B. 光盘驱动器

  C. 内存储器   D. 软盘存储器

11. 英文缩写ROM的中文译名是（　　　）。

  A. 高速缓冲存储器   B. 只读存储器

  C. 随机存取存储器   D. 光盘

12. 下列设备组中，全部属于外部设备的一组是（　　　）。

  A. 打印机、移动硬盘、鼠标   B. CPU、键盘、显示器

  C. SRAM内存条、光盘驱动器、扫描仪 D. U盘、内存储器、硬盘

13. 下列软件中，属于应用软件的是（　　　）。

  A. Windows 10   B. WPS 2019

  C. UNIX   D. Linux

14. 下列关于软件的叙述中，错误的是（　　　）。

  A. 计算机软件系统由程序和相应的文档资料组成

  B. Windows操作系统是系统软件

  C. WPS 2019是应用软件

  D. 使用高级程序设计语言编写的程序，要转换成计算机中的可执行程序，必须经过编译

二、简答题

1. 简述计算机硬件系统由哪些部分组成。

2. 简述常见的计算机软件系统有哪些。

3. 简述计算机的工作模式和原理。

三、计算题

1. $(10110110)_2$= (   )$_{10}$
             = (   )$_8$
             = (   )$_{16}$

2. $(10010110)_2$= (   )$_{10}$
             = (   )$_8$
             = (   )$_{16}$

3. $(725)_{10}$= (   )$_2$
           = (   )$_8$
           = (   )$_{16}$

4. $(831)_{10}$= (   )$_2$
           = (   )$_8$
           = (   )$_{16}$

5. $(135)_8$= (   )$_2$
           = (   )$_{10}$
           = (   )$_{16}$

第2章
习题参考答案

CHAPTER 3

第**3**章
计算机操作系统基础

操作系统是计算机软件进行工作的平台。Windows 10是由微软公司开发的一款为计算机的操作带来了变革性升级的操作系统，也是当前主流的计算机操作系统之一，它具有操作简单、启动速度快、安全和连接方便等特点。

📡 学习目标

- 了解计算机操作系统的相关知识。
- 掌握Windows 10操作系统的相关知识。
- 了解其他操作系统的相关知识。

3.1 计算机操作系统

在学习Windows 10操作系统前，需要先了解操作系统的基本概念、基本功能与分类。

3.1.1 操作系统的基本概念

操作系统（Operating System，OS）是一种系统软件，用于管理计算机系统的硬件与软件资源，控制程序的运行，改善人机工作界面，为其他应用软件提供支持等，使计算机系统中的所有资源能最大限度地发挥作用，并为用户提供方便、有效和友善的服务界面。操作系统是一个庞大的管理控制程序，它直接运行在计算机硬件上，是最基本的系统软件，也是计算机系统软件的核心，同时还是靠近计算机硬件的第一层软件，其地位如图3-1所示。

计算机硬件（裸机）　　操作系统（Windows 10）　　应用软件（浏览器等）　　用户

图3-1　操作系统的地位

3.1.2 操作系统的基本功能

通过前面介绍的操作系统概念可以看出，操作系统的功能是通过控制和管理计算机的硬件资源和软件资源，提高计算机的利用率，方便用户使用。具体来说，操作系统具有以下6大基本功能。

- **进程与处理机管理**：操作系统处理机管理模块用于确定处理机的分配策略，实施对进程或线程的调度和管理。进程与处理机管理包括调度（作业调度、进程调度）、进程控制、进程同步和进程通信等内容。进程具有以下特点。

进程是程序执行起来的动态行为，所以它是有生命周期的。

进程需要使用CPU、存储器、输入/输出设备等系统资源，因此受到其他进程的制约和影响。

一个程序多次执行，可以产生多个不同的进程，一个进程也可以对应多个程序。

- **存储管理**：存储管理的实质是对存储空间的管理，即内存的管理。操作系统的存储管理负责将内存单元分配给需要内存的程序以便让它执行，在程序执行结束后再将程序占用的内存单元收回以便再使用。此外，存储管理还要保证各用户进程之间互不影响，保证用户进程不能破坏系统进程，并提供内存保护。
- **设备管理**：设备管理指对硬件设备的管理，包括对各种输入/输出设备的分配、启动、完成和回收。
- **文件管理**：文件管理又称信息管理，指利用操作系统的文件管理子系统，为用户提供方便、快捷、共享和安全的文件使用环境，包括文件存储空间管理、文件操作、目录管理、读写管理和存取控制等。
- **网络管理**：随着计算机网络功能的不断加强，网络应用不断深入人们生活的各个方面，因此，操作系统必须具备使计算机与网络进行数据传输和网络安全防护的功能。
- **提供良好的用户界面**：操作系统是计算机与用户之间的接口，为了方便用户的操作，操作系统必须为用户提供良好的用户界面。

3.1.3 操作系统的分类

经过多年的升级换代，操作系统已发展出了众多种类，其功能也相差较大。根据不同的分类方法，操作系统可分为不同的类型。

- 根据使用界面分类，操作系统可分为命令行界面操作系统和图形界面操作系统。

在命令行界面操作系统中，用户须在命令符后（如C:\>）输入命令才可操作计算机，用户需要记住各种命令才能使用系统，如DOS系统。

图形界面操作系统不需要记忆命令，只需按界面的提示进行操作即可，如Windows系统。

- 根据用户数目进行分类，操作系统可分为单用户操作系统和多用户操作系统。

单用户操作系统在同一时间只允许一个用户使用操作系统，该用户独占计算机系统的全部软硬件资源。单用户操作系统可分为单任务操作系统和多任务操作系统，区别是一台计算机能否同时执行两项及以上的任务，如在文档编辑时是否能播放音乐。

多用户操作系统就是在一台计算机上可以建立多个用户，如果一台计算机只支持一个用户使用，就称为单用户操作系统。

● 根据能否运行多个任务进行分类，操作系统可分为单任务操作系统和多任务操作系统。

如果用户在同一时间可以运行多个应用程序（每个应用程序被称作一个任务），则这样的操作系统称为多任务操作系统；如果在同一时间只能运行一个应用程序，则称为单任务操作系统。

● 根据使用环境进行分类，操作系统可分为批处理操作系统、分时操作系统、实时操作系统。

批处理操作系统是指计算机根据一定的顺序自由地完成若干作业的系统。

分时操作系统是一台主机包含若干台终端，CPU根据预先分配给各终端的时间段，轮流为各个终端进行服务。

实时操作系统是在规定的时间内对外来的信息及时响应并进行处理的系统。

● 根据硬件结构进行分类，操作系统可分为网络操作系统、分布式操作系统、多媒体操作系统。

网络操作系统是管理连接在计算机网络上的若干独立的计算机系统，能实现多台计算机之间数据交换、资源共享、相互操作等网络管理与网络应用的操作系统。

分布式操作系统是通过通信网络将物理上分散存在、具有独立运算能力的计算机系统或数据处理系统相连接，实现信息交换、资源共享与协作完成任务的系统。

多媒体操作系统是对文字、图形、声音、活动图像等信息与资源进行管理的系统。

3.2　Windows 10操作系统

要使用计算机进行办公，还需要掌握操作系统的相关知识。Windows 10操作系统由于操作简单，被广泛用于各个领域。本节将介绍Windows 10操作系统，读者要重点掌握Windows 10的文件管理、任务管理和系统管理等。

3.2.1　Windows 10 概述

由于Windows 10融合了PC、平板和智能手机3大平台，因此该版本明显要比之前的Windows版本复杂。Windows 10总共分为7个不同的版本，如图3-2所示。

图3-2　Windows 10的不同版本

Windows 10的版本比较多，本书以Windows 10专业版为基础进行讲解和演示。Windows 10专业版主要面向计算机技术爱好者和企业技术人员，除了拥有Windows 10家庭版所包含的应用商店、Edge浏览器、Cortana语音助手及Windows Hello，还新增加了一些安全类和办公类功能。例如，允许用户管理设备及应用、保护敏感企业数据、云技术支持等。

除此之外，Windows 10专业版还内置了一系列Windows 10增强技术，主要包括组策略、BitLocker驱动器加密、远程访问服务及域名连接。

组策略是管理员为用户和计算机定义并控制层序、网络资源及操作系统行为的主要编辑工具。使用组策略可以设置各种软件和用户策略。例如，设定关机时间、阻止访问命令提示符、调整网络速度限制等。

3.2.2　Windows 10 的文件管理

在使用计算机的过程中，管理文件和文件夹等资源是十分常见的操作。下面介绍文件管理的概念，以及文件管理的相关操作。

1. 文件管理的概念

文件管理需要在"资源管理器"中进行操作，在此之前，需要先了解硬盘分区与盘符、文件、文件夹、文件路径等的含义。

- **硬盘分区与盘符**：硬盘分区是指将硬盘划分为几个独立的区域，用来存储数据的单位，这样可以更加方便地存储和管理数据。一般会在安装系统时对硬盘进行分区。盘符是Windows系统对于磁盘存储设备的标识符，一般使用26个英文字母加上一个冒号":"来标识，如"本地磁盘(C:)"，"C"就是该盘的盘符。
- **文件**：文件是指保存在计算机中的各种信息和数据，计算机中文件的类型很多，如文档、表格、图片、音乐和应用程序等。在默认情况下，文件在计算机中是以图标形式显示的，它由文件图标和文件名称两部分组成，如 index 表示一个名为"index"的网页文件。
- **文件夹**：用于保存和管理计算机中的文件，其本身没有任何内容，但可放置多个文件和子文件夹，让用户能够快速地找到需要的文件。文件夹一般由文件夹图标和文件夹名称两部分组成。
- **文件路径**：在对文件进行操作时，除了要知道文件名，还需要指出文件所在的盘符和文件夹，即文件在计算机中的位置，也就是文件路径。文件路径包括相对路径和绝对路径两种。其中，相对路径以"."（表示当前文件夹）、".."（表示上级文件夹）或文件夹名称（表示当前文件夹中的子文件名）开头；绝对路径是指文件或目录在硬盘上存放的绝对位置，如"D :\图片\标志.jpg"表示"标志.jpg"文件在D盘的"图片"文件夹中。在Windows 10系统中单击地址栏的空白处，即可查看打开的文件夹的路径。

2. 文件管理窗口

文件管理主要是在资源管理器窗口中实现的。资源管理器是指"此电脑"窗口左侧的导航窗格，它将计算机资源分为"快速访问""OneDrive""此电脑""网络"4个类别，可以方便用户更好、更快地组织、管理及应用资源。打开资源管理器的方法：双击桌面上的"此电脑"图标或单击任务栏上的"文件资源管理器"按钮，打开"文件资源管理器"对话框，单击导航窗格中各类别图标左侧的"展开"图标，可依次按层级展开文件夹，选择某个需要的文件夹后，其右侧将显示相应的文件内容，如图3-3所示。

为了便于查看和管理文件，用户可根据当前窗口中文件和文件夹的多少、文件的类型来更改当前窗口中文件和文件夹的视图方式。具体操作方法：在打开的文件夹窗口中单击右下角的"在窗口中显示每一项的相关信息"按钮，将在窗口中显示每一项的相关信息；若是单击"使用大缩略图显示项"按钮，则会以大缩略图方式在窗口中显示每一项内容。

图3-3　文件资源管理器

3. 选择文件和文件夹

对文件或文件夹进行各种基本操作前，要先选择文件或文件夹，具体方法如下。

● **选择单个文件或文件夹**：使用鼠标直接单击文件或文件夹图标即可，被选中的文件或文件夹的周围将呈蓝色透明状。

● **选择多个相邻的文件或文件夹**：在窗口空白处按住鼠标左键不放，拖曳鼠标框选需要选择的多个对象，然后释放鼠标左键即可。

● **选择多个连续的文件或文件夹**：用鼠标选择第一个选择对象，按住【Shift】键不放，再单击最后一个选择对象，即可选中两个对象之间的所有对象。

● **选择多个不连续的文件或文件夹**：按住【Ctrl】键不放，再依次单击所要选择的文件或文件夹，可选中多个不连续的文件或文件夹。

● **选择所有文件或文件夹**：直接按【Ctrl+A】组合键，或单击"主页"→"选择"→"全部选择"命令，可以选中当前窗口中的所有文件或文件夹。

4. 新建文件和文件夹

新建文件是指根据计算机中已安装的程序类别，新建一个相应类型的空白文件，新建后可以双击打开该文件并编辑文件内容。如果需要将一些文件分类整理在一个文件夹中以便日后管理，就需要新建文件夹。新建文件和文件夹的具体操作如下。

① 双击桌面上的"此电脑"图标，打开"此电脑"窗口，双击F盘图标，

微课
新建文件和文件夹

打开"F:\"目录窗口。

② 单击"主页"→"新建"→"新建项目"下拉按钮，在打开的下拉列表中选择"新建"→"文本文档"选项，或在窗口的空白处单击鼠标右键，在弹出的快捷菜单中选择"新建"→"文本文档"命令，如图3-4所示。

③ 系统将在文件夹中默认新建一个名为"新建文本文档"的文件，且文件名呈可编辑状态，切换到汉字输入法输入"公司简介"文本，然后单击空白处或按"Enter"键即可，效果如图3-5所示。

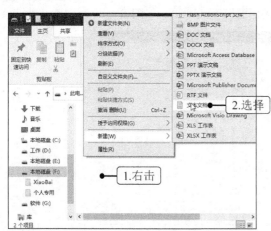 

图3-4　选择"新建"→"文本文档"命令　　　　　　　　图3-5　命名文件

④ 单击"主页"→"新建"→"新建项目"下拉按钮，在打开的下拉列表中选择"XLS工作表"选项，或在窗口的空白处单击鼠标右键，在弹出的快捷菜单中选择"新建"→"XLS工作表"命令，此时将新建一个Excel文件，输入文件名"公司员工名单"，按【Enter】键，效果如图3-6所示。

⑤ 单击"主页"→"新建"→"新建文件夹"按钮，或在右侧文件显示区中的空白处单击鼠标右键，在弹出的快捷菜单中选择"新建"→"文件夹"命令，输入文件夹的名称"办公"后，按【Enter】键，即可完成新文件夹的创建，效果如图3-7所示。

图3-6　新建Excel文件　　　　　　　　　　　　图3-7　新建文件夹

⑥ 双击新建的"办公"文件夹,在"主页"选项卡的"新建"组中单击"新建文件夹"按钮,输入子文件夹名称"表格"后按【Enter】键,然后再新建一个名为"文档"的子文件夹,效果如图3-8所示。

⑦ 单击地址栏左侧的 按钮,返回上一级窗口,效果如图3-9所示。

图3-8 新建子文件夹

图3-9 返回上一级窗口

5. 移动、复制、重命名文件或文件夹

微课
移动、复制、重命名、删除和还原文件或文件夹

移动文件或文件夹是将文件或文件夹移动到另一个文件夹中,复制文件或文件夹相当于为文件或文件夹做备份,原文件夹下的文件或文件夹仍然存在,重命名文件或文件及即为文件或文件夹更换一个新的名称。下面将移动"公司员工名单"文件,复制"公司简介"文件,并重命名复制的文件为"招聘信息",具体操作如下。

① 在导航窗格中单击"此电脑"图标,然后在展开的列表中选择"本地磁盘(G:)"图标。

② 在右侧窗口中单击选择"公司员工名单"文件,在其上单击鼠标右键,在弹出的快捷菜单中选择"剪切"命令,或在"主页"选项卡的"剪贴板"组中单击"剪切"按钮(或直接按【Ctrl+X】组合键),将选择的文件剪切到剪贴板中,此时文件呈灰色透明效果。

③ 在导航窗格中单击展开"办公"文件夹,再打开其下的"表格"子文件夹,在右侧打开的"表格"窗口中单击鼠标右键,在弹出的快捷菜单中选择"粘贴"命令,或在"主页"选项卡的"剪贴板"组中单击"粘贴"按钮(或直接按【Ctrl+V】组合键),如图3-10所示,即可将剪切到剪贴板中的"公司员工名单"文件粘贴到"表格"子文件夹中。

④ 单击地址栏左侧的 按钮,返回上一级窗口,即可看到窗口中已没有"公司员工名单"文件了。

⑤ 单击选择"公司简介"文件,在其上单击鼠标右键,在弹出的快捷菜单中选择"复制"命令,如图3-11所示,或在"剪贴板"组中单击"复制"按钮(或直接按【Ctrl+C】组合键),将选择的文件复制到剪贴板中,此时窗口中的文件不会发生任何变化。

⑥ 在导航窗格中选择"文档"文件夹选项,在右侧打开的"文档"窗口中单击鼠标右键,

在弹出的快捷菜单中选择"粘贴"命令，或在"剪贴板"组中单击"粘贴"按钮（或直接按【Ctrl+V】组合键），即可将所复制的"公司简介"文件粘贴到该子文件夹中。

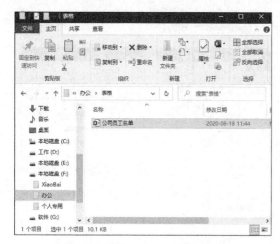

图3-10　粘贴文件到指定文件夹中

图3-11　选择"复制"命令

⑦ 选择复制后的"公司简介"文件，在其上单击鼠标右键，在弹出的快捷菜单中选择"重命名"命令，此时要重命名的文件名称呈可编辑状态，在其中输入新的名称"招聘信息"后，按【Enter】键即可。

⑧ 在导航窗格中选择"本地磁盘(G:)"选项，可看到该磁盘根目录下的"公司简介"文件仍然存在。

需要注意的是，将选择的文件或文件夹用鼠标直接拖曳到同一磁盘分区下的其他文件夹中或拖曳到左侧导航窗格中的某个文件夹选项上，可以移动文件或文件夹。在拖曳过程中按住【Ctrl】键不放，则可实现复制文件或文件夹。

6. 删除和还原文件或文件夹

删除一些没有用的文件或文件夹，可以减少磁盘上的多余文件，释放磁盘空间，同时也便于管理。删除的文件或文件夹实际上被移到了"回收站"中，若误删除文件，可以通过还原操作将其还原。下面先删除"公司简介"文件，然后再将其还原，具体操作如下。

① 在导航窗格中选择"本地磁盘(F:)"选项，在右侧窗口中选择"公司简介"文件。

② 在选择的文件图标上单击鼠标右键，在弹出的快捷菜单中选择"删除"命令，即可将所选文件放入回收站，如图3-12所示。

③ 单击任务栏最右侧的"显示桌面"按钮，切换至桌面，双击"回收站"图标，在打开的窗口中可查看到最近删除的文件和文件夹等。

④ 在要还原的"公司简介"文件上单击鼠标右键，在弹出的快捷菜单中选择"还原"命令，如图3-13所示，即可将其还原到被删除前的位置。

需要注意的是，放入回收站中的文件或文件夹，仍然会占用磁盘空间，只有将回收站中的文件或文件夹删除后才能释放更多的磁盘空间。需要注意的是，回收站中被删除的文件或文件夹不能通过鼠标右键来还原，只能通过专业的数据恢复工具来还原。FinalData是一款功能比较强大的数据恢复工具，回收站中的文件被误删、磁盘格式化造成文件信息丢失等，都可以通过FinalData扫描目标磁盘来抽取并恢复文件信息。

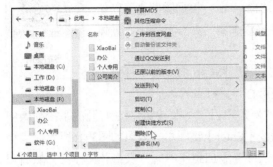

图3-12　删除文件

图3-13　还原文件

7. 搜索文件或文件夹

如果用户不知道文件或文件夹在磁盘中的位置，可以使用Windows 10的搜索功能来查找。下面将搜索E盘中关于"六一儿童节"的视频文件，具体操作如下。

① 在资源管理器中打开"本地磁盘G"窗口。

② 在窗口地址栏后面的搜索框中单击鼠标左键，激活"搜索工具 搜索"选项卡，然后在"优化"组中单击"类型"下拉按钮，在打开的下拉列表中选择"视频"选项，如图3-14所示。

③ 在搜索框中输入关键字"六一儿童节"，稍后Windows会自动在搜索范围内搜索所有文件信息，并在文件显示区显示搜索结果，如图3-15所示。

图3-14　选择文件类型

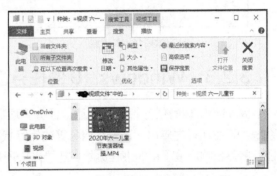

图3-15　搜索结果

④ 根据需要，可以在"优化"组中单击"修改日期""大小""其他属性"按钮来设置搜索条件，以缩小搜索范围。

在Windows 10系统中默认的文件或文件夹只显示名称，不显示扩展名，因此，在进行文件或文件夹搜索时，只能通过名称来搜索，若想通过扩展名对Windows 10中的项目进行搜索，就需要先将项目的扩展名显示出来。具体操作方法：打开"文件资源管理器"窗口，在"查看"选项卡的"显示/隐藏"组中单击选中"文件扩展名"复选框，即可显示扩展名。

8. 库的使用

在Windows 10操作系统中，库的功能类似于文件夹，但它只提供管理文件的索引，即用户可以通过库来直接访问文件，而不需要通过文件的保存位置去查找文件，所以文件并没有真正地被存放在库中。Windows 10系统中自带了视频、图片、音乐和文档等多个库，用户可将这类常用文件资源添加到库中，根据需要也可以新建库。下面将新建"办公"库，将"表格"文件夹添加到"办公"库中，具体操作如下。

微课
库的使用

①打开"此电脑"窗口，在导航窗格中单击"库"图标，打开库文件夹，此时在右侧窗口中将显示所有库，双击各个库便可打开进行查看。

②在"主页"选项卡的"新建"组中单击"新建项目"下拉按钮，在打开的下拉列表中选择"库"选项，输入库的名称"办公"，然后按【Enter】键即可，效果如图3-16所示。

③在导航窗格中选择"G:\办公"文件夹，选择要添加到库中的"表格"文件夹，然后在所选的"表格"文件夹上单击鼠标右键，在弹出的快捷菜单中选择"包含到库中"→"办公"命令，即可将选择的文件夹添加到新建的"办公"库中。

④添加成功后就可以通过"办公"库来查看文件，效果如图3-17所示。用同样的方法还可将计算机中其他位置下的相关文件分别添加到库中。

图3-16　新建库　　　　　　　　图3-17　查看添加到库中的文件

3.2.3　Windows 10 的任务管理

Windows 10的任务管理主要通过任务管理器来完成，任务管理器主要用于显示当前操作系统中正在运行的应用、进程和服务等的运行状况。用户可以通过任务管理器轻松查看系统性能，将停止响应或不用的进程删除，还可以管理启动项等。

1. 通过"进程"管理应用

通过任务管理器窗口，用户可以看到当前系统的运行状况，并对其进行相关的操作，具体操作如下。

微课
**通过"进程"
管理应用**

①在任务栏的空白处单击鼠标右键，在弹出的快捷菜单中选择"任务管理器"命令，或按【Ctrl+Alt+Delete】组合键。

②打开"任务管理器"对话框，其中显示了当前计算机正在运行的相关任务，单击"详细信息"按钮。

③在需要结束的任务上单击鼠标右键，在弹出的快捷菜单中选择"结束任务"命令，如图3-18所示。

④ 若某个任务没有响应，则可在"应用"列表中相应的任务上单击鼠标右键，在弹出的快捷菜单中选择"重新启动"命令，如图3-19所示。

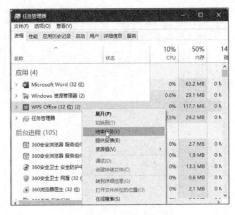
图3-18　结束任务

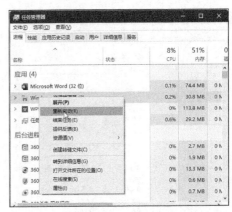
图3-19　重启任务

⑤ 在"任务管理器"窗口单击"CPU"选项卡，即可将进程按照CPU的使用率从高到低排列。

⑥ 在需要查看详细信息的应用上单击鼠标右键，在弹出的快捷菜单中选择"转到详细信息"命令，如图3-20所示。

⑦ 在打开的"详细信息"选项卡中将显示当前应用的详细信息，在其中的进程上单击鼠标右键，在弹出的快捷菜单中可以进行相关的操作，如图3-21所示。

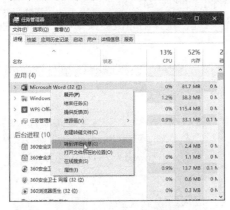
图3-20　转到详细信息

图3-21　弹出的快捷菜单

2. 通过"性能"监视系统硬件

在资源管理器的"性能"选项卡中，用户可以查看当前系统的各种硬件使用情况，如CPU、内存、磁盘等，具体操作如下。

① 在"任务管理器"窗口中单击"性能"选项卡，在打开的选项卡中可以查看CPU的工作性能。

② 在左侧的列表中选择"内存"选项，在右侧可以查看内存的使用性能，如图3-22所示。

微课
通过"性能"监视
系统硬件

57

③ 在左侧的列表中选择"以太网"选项，可在右侧的列表中查看以太网的使用性能，如图3-23所示。

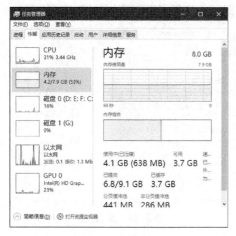

图3-22　查看内存性能

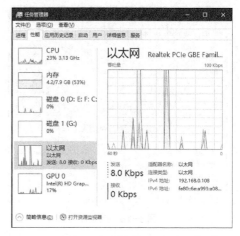

图3-23　查看以太网性能

3. 通过"用户"管理其他用户的任务

当系统中有多个用户登录使用时，管理员可通过任务管理器的"用户"选项卡来管理其他用户使用的任务，具体操作如下。

① 单击"用户"选项卡，在其中选择需要结束任务的进程，在其上单击鼠标右键，在弹出的快捷菜单中选择"结束任务"命令，如图3-24所示。

② 选中需要关闭的用户名称，在其上单击鼠标右键，在弹出的快捷菜单中选择"断开连接"命令即可，如图3-25所示。

微课
通过"用户"管理
其他用户的任务

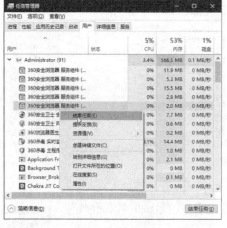

图3-24　结束任务

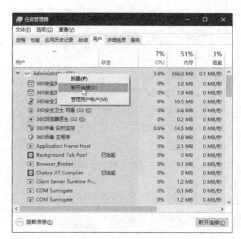

图3-25　断开连接

3.2.4　Windows 10 的系统管理

在Windows 10中，用户可对系统进行管理，如设置系统的日期和时间、系统个性化设置、安装和卸载应用程序、分区管理、格式化磁盘、清理磁盘、整理磁盘碎片等。

1. 设置日期和时间

若系统的日期和时间不是当前的日期，可将其设置为当前的日期和时间，还可对日期的格式进行设置。下面将对系统的日期和时间进行设置，并对日期的显示格式进行更改，具体操作如下。

微课
设置日期和时间

① 在任务栏的数字时钟上单击鼠标右键，在弹出的快捷菜单中选择"调整日期和时间"命令，打开"设置"窗口，在打开的界面中单击"更改"按钮，如图3-26所示。

② 打开"更改日期和时间"对话框，在其中对应的下拉列表中可设置指定的日期和时间，完成后单击"更改"按钮即可，如图3-27所示。

图3-26 单击"更改"按钮

图3-27 更改日期和时间

③ 单击左侧的"区域"，在右侧的"区域格式数据"栏中单击"更改数据格式"，如图3-28所示。

④ 打开"更改数据格式"对话框，在其中可设置日历、一周的第一天、短日期格式、长日期格式、短时间格式和长时间格式，如图3-29所示。

图3-28 单击"更改数据格式"

图3-29 设置日期和时间的格式

2. 系统个性化设置

Windows 10系统的性能越来越好，使用人群也越来越多，为了让系统操作起来更加方便、

快捷，用户可以根据自己使用计算机的习惯对系统进行
个性化设置，包括桌面背景、颜色、锁屏界面、开始菜
单等。

对Windows 10系统进行个性化设置的方法：在系统
桌面上的空白区域单击鼠标右键，在弹出的快捷菜单中
选择"个性化"命令，进入个性化设置界面，如图3-30
所示，单击相应的按钮便可进行个性化设置。

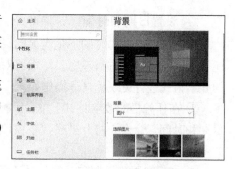

图3-30　个性化设置界面

- **"背景"按钮**：单击"背景"按钮，在"背景"界面中可以更改图片、选择图片契合度、设置纯色或者幻灯片放映等参数。

- **"颜色"按钮**：单击"颜色"按钮，在"颜色"界面中，可以为Windows系统选择不同的颜色，也可以单击"自定义颜色"按钮，在打开的对话框中自定义自己喜欢的主题颜色。

- **"锁屏界面"按钮**：单击"锁屏界面"按钮，在"锁屏"界面中，可以选择系统默认的图片，也可以单击"浏览"按钮，将本地图片设置为锁屏画面。

- **"主题"按钮**：单击"主题"按钮，在"主题"界面中，可以自定义主题的背景、颜色、声音以及鼠标指针样式等项目，最后保存主题。

- **"字体"按钮**：单击"字体"按钮，在"字体"界面中，可以为设备安装并添加字体。

- **"开始"按钮**：单击"开始"按钮，在"开始"界面中，可以设置"开始"菜单栏显示的应用。

- **"任务栏"按钮**：单击"任务栏"按钮，在"任务栏"界面中可以设置任务栏在屏幕上的显示位置和显示内容等。

3. 安装和卸载应用程序

获取或准备好软件的安装程序后便可以开始安装软件，安装好的软件将显示在"开始"菜单中，部分软件还会自动在桌面上创建快捷启动图标。下面将安装"搜狗五笔输入法"软件，并卸载计算机中的"搜狗拼音输入法"软件，具体操作如下。

微课：
**安装和卸载
应用程序**

① 利用Microsoft Edge浏览器下载"搜狗五笔输入法"的安装程序，打开安装程序所在的文件夹，找到并双击"sogou_wubi_31a.exe"文件，如图3-31所示。

② 打开"搜狗五笔输入法"安装向导，根据其中的提示进行安装，这里单击"下一步"按钮，如图3-32所示。

③ 进入"许可证协议"界面，认真阅读其中的条款内容，单击"我接受"按钮，如图3-33所示。

④ 进入"选择安装位置"界面，这里保持默认设置，单击"下一步"按钮，如图3-34所示。如果想更改软件的安装路径，可单击该对话框中的"浏览"按钮，在打开的"浏览文件夹"对话框中自定义"搜狗五笔输入法"的安装位置。

图3-31　双击安装程序

图3-32　安装向导

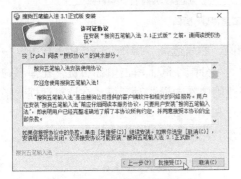

图3-33　"许可证协议"界面

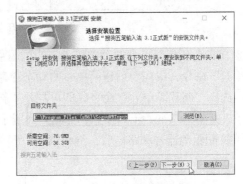

图3-34　保持默认安装路径

⑤ 在打开的对话框中单击"安装"按钮，如图3-35所示。稍后，"搜狗五笔输入法"将成功安装到Windows 10系统中，最后单击"完成"按钮。

⑥ 打开"控制面板"窗口，在"程序"栏中单击"卸载程序"，打开"程序和功能"窗口，其中的"卸载或更改程序"列表中显示了当前计算机中安装的所有程序，这里选择"搜狗输入法9.3正式版"，然后单击"卸载/更改"按钮，如图3-36所示。

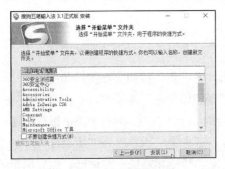

图3-35　开始安装软件

图3-36　卸载程序

⑦ 在打开的卸载向导对话框中，根据对话框中的提示信息完成搜狗输入法的卸载操作。

4．分区管理

用户在磁盘进行分区管理时，可在程序向导的帮助下进行创建简单卷、删除简单卷、扩展磁盘分区、压缩磁盘分区、更改驱动器号和路径等操作。下面在"磁盘管理"窗口中新增加一个磁盘，然后将"H"盘更改为"G"盘符，具体操作如下。

微课
分区管理

① 在桌面上的"此电脑"图标上单击鼠标右键，在弹出的快捷菜单中选择"管理"命令，打开"计算机管理"窗口，再选择"磁盘管理"选项，即可打开"磁盘管理"窗口，如图3-37所示。

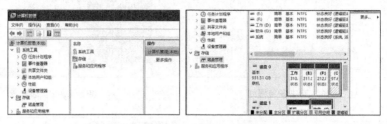

图3-37　打开"磁盘管理"窗口

② 单击要创建简单卷的动态磁盘上的可用空间，然后选择"操作"→"所有任务"→"新建简单卷"命令，或在要创建简单卷的动态磁盘的可分配空间上单击鼠标右键，在弹出的快捷菜单中选择"新建简单卷"命令，即可打开"新建简单卷向导"对话框，在该对话框中指定卷的大小，并单击"下一步"按钮，如图3-38所示。

③ 分配驱动器号和路径后，继续单击"下一步"按钮，如图3-39所示。

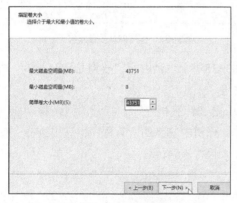

图3-38　指定新建卷的大小

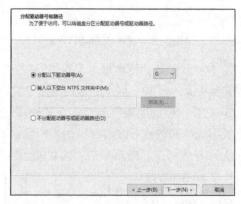

图3-39　分配驱动器号和路径

④ 设置所需参数，格式化新建分区后，继续单击"下一步"按钮，如图3-40所示。

⑤ 显示设定的参数，单击"完成"按钮，完成"创建简单卷"的操作。

⑥ 返回"磁盘管理"窗口，在要更改的驱动器号的卷上（此处为H卷）单击鼠标右键，在弹出的快捷菜单中选择"更改驱动器号和路径"命令，或选择"操作"→"所有任务"→"更改驱动器号和路径"命令，打开"更改H:(新加卷)的驱动器号和路径"对话框，然后单击"更改"按钮，如图3-41所示。

⑦ 打开"更改驱动器号和路径"对话框，从右侧的下拉列表中选择新分配的驱动器号，然后单击"确定"按钮，如图3-42所示。

⑧ 打开"磁盘管理"对话框，如图3-43所示，单击"是"按钮。

⑨打开"磁盘管理"窗口，在需要删除的简单卷上单击鼠标右键，在弹出的快捷菜单中选择"删除卷"命令，或选择"操作"→"所有任务"→"删除卷"命令，系统将打开"删除简单卷"对话框，单击"是"按钮完成卷的删除，删除后原区域显示为可用空间，如图3-44所示。

图3-40　格式化分区

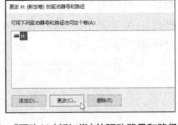

图3-41　"更改H:(新加卷)的驱动器号和路径"对话框

图3-42　分配其他驱动器号

图3-43　"磁盘管理"对话框

图3-44　删除简单卷

⑩ 打开"磁盘管理"窗口，在要扩展的卷上单击鼠标右键，在弹出的快捷菜单中选择"扩展卷"命令，或选择"操作"→"所有任务"→"扩展卷"命令，打开"扩展卷向导"对话框，单击"下一步"按钮，指定所选磁盘的"空间量"参数，如图3-45所示。单击"下一步"按钮，单击"完成"按钮，退出扩展卷向导。此时，磁盘的容量将把"可用空间"扩展进来。

⑪ 打开"磁盘管理"窗口，在要压缩的卷上单击鼠标右键，在弹出的快捷菜单中选择"压缩卷"命令，或选择"操作"→"所有任务"→"压缩卷"命令，打开"压缩"对话框。在"压缩"对话框中指定"输入压缩空间量"参数，单击"压缩"按钮完成压缩，如图3-46所示。压缩后的磁盘分区将变成"可用空间"。

图3-45　选择磁盘和确定待扩展空间

图3-46　设置压缩参数

5. 格式化磁盘

格式化磁盘可通过以下两种方法实现。

● **通过"资源管理器"窗口格式化磁盘**：在"资源管理器"窗口中选择需要格式化的磁盘，单击鼠标右键，在弹出的快捷菜单中选择"格式化"命令，打开"格式化"对话框，如图3-47所示，进行格式化设置后单击"开始"按钮即可。

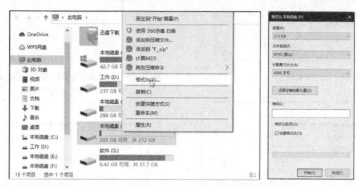

图3-47　通过"资源管理器"窗口格式化磁盘

● **通过"磁盘管理"工具格式化磁盘**：打开"磁盘管理"窗口，在要格式化的磁盘上单击鼠标右键，在弹出的快捷菜单中选择"格式化"命令，或选择"操作"→"所有任务"→"格式化"命令，打开"格式化"对话框，如图3-48所示。在对话框中设置格式化限制和参数，然后单击"确定"按钮，完成格式化操作。

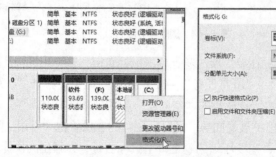

图3-48　通过"磁盘管理"工具格式化磁盘

6. 清理磁盘

用户在使用计算机进行读写与安装操作时，会留下大量的临时文件和没用的文件，不仅占用磁盘空间，还会降低系统的处理速度，因此需要定期进行磁盘清理，以释放磁盘空间。下面将清理C盘中已下载的程序文件和Internet临时文件，具体操作如下。

微课
清理磁盘

① 选择"开始"→"Windows管理工具"→"磁盘清理"命令，打开"磁盘清理：驱动器选择"对话框。

② 在对话框中选择需要进行清理的C盘，单击"确定"按钮，系统计算可以释放的空间后打开"磁盘清理"对话框，在对话框的"要删除的文件"列表中单击选中"设置日志文件""已下载的程序文件""Internet临时文件"复选框，然后单击"确定"按钮，如图3-49所示。

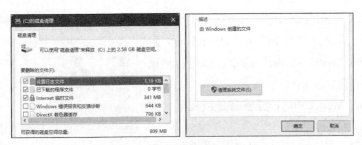

图3-49 "磁盘清理"对话框

③ 打开"确认"对话框，单击"删除文件"按钮，系统将执行磁盘清理操作，以释放磁盘空间。

7. 整理磁盘碎片

计算机使用时间长了，系统运行速度会慢慢降低，其中有一部分原因是系统磁盘碎片太多，整理磁盘碎片可以让系统运行更流畅。对磁盘碎片进行整理是指系统将碎片文件与文件夹的不同部分移动到卷上的相邻位置，使其在一个独立的连续空间中。对磁盘进行碎片整理需要在"磁盘碎片整理程序"窗口中进行。下面整理C盘中的碎片，具体操作如下。

微课
整理磁盘碎片

① 选择"开始"→"Windows管理工具"→"碎片整理和优化驱动器"命令，打开"优化驱动器"对话框。

② 选择要整理的C盘，单击"分析"按钮，开始对所选的磁盘进行分析，分析结束后，单击"优化"按钮，开始对所选的磁盘进行碎片整理，如图3-50所示。在"优化驱动器"对话框中，还可以同时选择多个磁盘进行分析和优化。

图3-50 对C盘进行碎片整理

3.2.5 Windows 10 附件中的工具

Windows 10操作系统提供了一系列的实用工具，包括Windows Media Player和画图程序等。下面简单介绍它们的使用方法。

1. 使用 Windows Media Player

Windows Media Player是Windows 10操作系统自带的一款多媒体播放器，使用它可以播放

各种格式的音频文件和视频文件，还可以播放VCD
和DVD电影。只需选择"开始"→"Windows 附
件"→"Windows Media Player"命令，即可启动该
播放器，其工作界面如图3-51所示。

使用Windows Media Player播放音乐或视频文件
的方法主要有以下4种。

图3-51　Windows Media Player工作界面

- Windows Media Player可以直接播放光盘中
的多媒体文件，具体操作方法：将光盘放入光驱中，然后在Windows Media Player
工作界面的工具栏上单击鼠标右键，在弹出的快捷菜单中选择"播放"→"VCD或
CD音频"命令，即可播放光盘中的多媒体文件。

- 在Windows Media Player工作界面的工具栏上单击鼠标右键，在弹出的快捷菜单中
选择"文件"→"打开"命令或按【Ctrl+O】组合键，在打开的"打开"对话框中
选择需要播放的音乐或视频文件，然后单击"打开"按钮，即可在Windows Media
Player中播放，如图3-52所示。

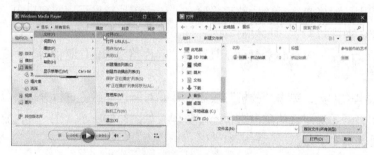

图3-52　通过Windows Media Player工作界面打开多媒体文件

- 使用Windows Media Player的媒体库可以将存放在计算机中不同位置的媒体文件统
一集合在一起，通过媒体库，用户可以快速找到并播放相应的多媒体文件。具体操
作方法：单击工具栏中的"创建播放列表"按钮，在导航窗格的"播放列表"目录
下将新建一个播放列表，输入播放列表名称后按【Enter】键确认创建，创建后选
择导航窗格中的"音乐"选项，在显示区将需要的音乐拖曳到新建的"播放列表"
中，如图3-53所示，添加后双击列表选项即可播放"播放列表"中的所有音乐，如
图3-54所示。

图3-53　将音乐添加到"播放列表"

图3-54　播放"播放列表"中的音乐

● 在Windows Media Player工具栏中单击鼠标右键，在弹出的快捷菜单中选择"视图"→"外观"命令，将播放器切换到"外观"模式，选择"文件"→"打开"命令，即可打开并播放多媒体文件。

2. 使用画图程序

选择"开始"→"Windows 附件"→"画图"命令，即可启动画图程序。画图程序中所有绘制工具及编辑命令都集中在"主页"选项卡中，因此，画图程序所需的大部分操作都可以在功能区中完成。利用画图程序可以绘制各种简单的形状和图形，也可以打开计算机中已有的图像文件进行编辑。

● 绘制图形：单击"形状"组中的按钮，然后在"颜色"组中选择一种颜色，移动鼠标指针到绘图区，按住鼠标左键不放并拖曳鼠标指针，便可以绘制出相应形状的图形。绘制好图形后单击"工具"组中的"用颜色填充"按钮，然后在"颜色"组中选择一种颜色，单击绘制的图形，即可填充该图形，效果如图3-55所示。

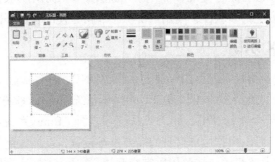

图3-55　绘制和填充图形

● 打开和编辑图像文件：启动画图程序后，选择"文件"→"打开"命令或按【Ctrl+O】组合键，在打开的"打开"对话框中找到并选择图像，单击"打开"按钮打开图像。打开图像后单击"图像"组中的"旋转"下拉按钮，在打开的下拉列表中选择需要旋转的方向和角度，即可旋转图形。单击"图像"组中的"选择"按钮，在打开的下拉列表中选择"矩形选择"选项，在图像中按住鼠标左键不放并拖曳鼠标指针，可以选择局部图像区域；选择图像后按住鼠标左键不放进行拖曳，可以移动图像的位置。若单击"图像"组中的"裁剪"按钮，将自动裁剪掉图像多余的部分，留下被框选的部分，效果如图3-56所示。

图3-56　旋转并裁剪图像

3.3　其他操作系统

除了前面介绍的Windows操作系统，还有一些其他的操作系统，下面主要介绍UNIX系统、Linux系统、Android系统和iOS系统。

3.3.1　UNIX 系统

UNIX是20世纪70年代初出现的一个操作系统，它除了可作为网络操作系统使用，还可以作为单机操作系统使用。UNIX系统目前主要用于工程应用和科学计算等领域。

UNIX系统是一个分时、多用户、多任务的操作系统。其特点是在结构上分为核心程序和外围程序两部分，而且二者有机结合成为一个整体；其用户界面友好，使用方便、功能齐全、清晰灵活、易于扩充和修改；文件系统为树形结构，既能扩大文件存储空间，又有利于安全和保密；文件、文件目录和设备统一处理，简化了系统设计，便于用户使用；包含丰富的语言处理程序、实用程序和开发工具性软件，向用户提供了非常方便的软件开发环境。

3.3.2　Linux 系统

Linux系统是可免费使用且可以自由传播的一个类UNIX操作系统，也是一个基于POSIX和UNIX的多用户、多任务、支持多线程和多CPU的操作系统。Linux系统不只在服务器方面占重要位置，目前更是应用于个人计算机、嵌入式系统等方面。Linux系统不仅可以直观地获取操作系统的实现机制，而且可以根据用户自身的需要进行设置，以最大化地满足用户的需要。

Linux系统由众多微内核组成，其源代码完全开源。Linux支持所有因特网协议，包括TCP/IPv4、TCP/IPv6和链路层拓扑程序等，还可以利用UNIX的网络特性开发出新的协议栈。另外，Linux系统性能稳定，且核心防火墙组件性能高效、配置简单，保证了系统的安全。在企业网络中，Linux系统通常被网络运维人员用在服务器，甚至网络防火墙当中。

3.3.3　Android 系统

Android系统是谷歌公司以Linux为基础开发的开放源代码操作系统，主要用于移动设备，如智能手机和平板电脑。它包含操作系统、用户界面和基础应用程序，是一种融入了全部Web应用的单一平台。它具有触摸使用、高级图形显示和可联网等功能，且具有界面强大等优点。

3.3.4　iOS 系统

iOS原名为iPhone OS，其核心源自Apple Darwin，主要应用于iPad、iPhone和iPod touch。它以Darwin为基础，系统架构分为核心操作系统层、核心服务层、媒体层、可轻触层4个层次。它采用全触摸设计，娱乐性强，第三方软件较多。但该操作系统较为封闭，与其他操作系统的应用软件兼容性稍差。

3.4　扩展阅读

本章主要讲解了计算机操作系统的相关知识，重点介绍了Windows 10操作系统的相关知识，下面扩展介绍Windows 10的网络功能。

1. 网络软硬件的安装

要想使用Windows 10的网络功能，不仅要安装相应硬件，还要安装和配置相应的驱动程序。若安装Windows 10之前，用户已完成了网络硬件的物理连接，则Windows 10安装程序一般可以自动帮助用户完成所有必要的网络配置，但仍有需要，用户对网络进行自主配置的情况。

（1）网卡的安装与配置

打开机箱，将网卡插入计算机主板上相应的扩展槽中，便可完成网卡的安装。若安装专为Windows 10设计的"即插即用"型网卡，Windows 10将在启动时自动检测并进行配置。Windows 10在配置过程中，若未找到对应的驱动程序，会提示插入包含网卡驱动程序的盘片。

（2）IP地址的配置

IP地址的配置方法如下。

① 单击Windows 10桌面左下角的"开始"按钮，在打开的"开始"菜单中选择"Windows系统"→"控制面板"命令，打开"控制面板"窗口，单击"网络和Internet"，在打开的界面中单击"网络和共享中心"。

② 打开"网络和共享中心"窗口，单击窗口左侧的"更改适配器设置"，在打开的窗口中双击"以太网"选项。

③ 打开"以太网状态"对话框，在其中单击"属性"按钮，打开"以太网状态属性"对话框，单击选中"Internet协议版本4（TCP/IPv4）"复选框，单击"属性"按钮。

④ 打开"Internet协议版本4（TCP/IPv4）属性"对话框，单击选中"使用下面的IP地址"单选按钮，在"IP地址"栏中输入"192.168.0.5"，在"子网掩码"栏中输入"255.255.255.0"，在"默认网关"和"首选DNS服务器"栏中分别输入"192.168.0.1"，单击"确定"按钮完成属性设置。如图3-57所示。

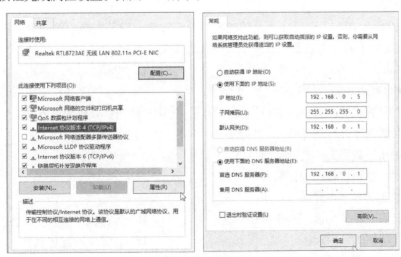

图3-57　IP地址的配置

2. 资源共享

计算机中的资源共享包括存储资源共享、硬件资源共享和程序资源共享。

●**存储资源共享**：共享计算机中的软盘、光盘与硬盘等存储介质，可提高存储效率，数据的提取与分析更方便。

●**硬件资源共享**：共享打印机、扫描仪等外部设备，可提高外部设备的使用效率。

●**程序资源共享**：共享网络中的各种程序资源。

3. 查看网络中的其他计算机

当同一网络中的计算机较多时，单个查找自己所需访问的计算机十分麻烦，而Windows 10提供了快速查找计算机的方法：打开任意窗口，选择窗口左下方的"网络"选项，如图3-58所示，即可完成网络中计算机的搜索，在右侧双击所需访问的计算机即可。

图3-58　查看网络中的其他计算机

3.5　习题

一、选择题

1. 在Windows 10中，选择多个连续的文件或文件夹，应首先选中第一个文件或文件夹，然后按（　　　）键不放，再单击最后一个文件或文件夹。

　　A．Tab　　　　　　　　　B．Alt　　　　　　　　　C．Shift　　　　　　　　　D．Ctrl

2. 计算机操作系统的作用是（　　　）。

　　A．对计算机的所有资源进行控制和管理，为用户使用计算机提供方便

　　B．对源程序进行翻译

　　C．对用户数据文件进行管理

　　D．对汇编语言程序进行翻译

3. 计算机的操作系统是（　　　）。

　　A．计算机中使用最广的应用软件　　　　　　B．计算机系统软件的核心

　　C．计算机的专用软件　　　　　　　　　　　D．计算机的通用软件

4. 对文件或文件夹进行各种基本操作前，要先选中文件或文件夹，下列操作中不能选中文件夹的是（　　　）。

　　A．在窗口空白处按住鼠标左键不放，并拖曳鼠标框选需要选择的多个对象，再释放鼠标左键即可

B. 用鼠标选中第一个选择对象，按住【Shift】键不放，再单击最后一个选择对象，可选中两个对象之间的所有对象

C. 按住【Ctrl】键不放，再依次单击所要选择的文件或文件夹，可选中多个不连续的文件或文件夹

D. 直接按【Ctrl+Z】组合键，或选择"编辑"→"全选"命令，可以选择当前窗口中的所有文件或文件夹

5. 下列操作中不正确的是（　　　）。

A. 在"背景"界面中可以更改图片、选择图片契合度、设置纯色或幻灯片放映等参数

B. 在"颜色"界面中，可以为Windows系统选择不同的颜色，也可以单击"自定义颜色"按钮，在打开的对话框中自定义自己喜欢的主题颜色

C. 在"锁屏"界面中，可以选择系统默认的图片，也可以单击"浏览"按钮，将本地图片设置为锁屏画面

D. 在"开始"界面中，可以自定义主题的背景、颜色、声音以及鼠标指针样式等项目

6. UNIX系统目前主要用于工程应用和科学计算等领域，下列选项中不属于UNIX系统特点的是（　　　）。

A. 在结构上分为核心程序和外围程序两部分

B. 用户界面友好，使用方便、功能齐全、清晰灵活、易于扩充和修改

C. 文件系统为树形结构，既能扩大文件存储空间，又有利于安全和保密

D. UNIX系统是一个分时、单用户、单任务的操作系统

二、操作题

1. 管理文件和文件夹，具体要求如下。

（1）在计算机的D盘中新建FENG、WARM和SEED 3个文件夹，再在FENG文件夹中新建WANG子文件夹，在该子文件夹中新建一个JIM.txt文件。

（2）将WANG子文件夹中的JIM .txt文件复制到WARM文件夹中。

（3）将WARM文件夹中的JIM .txt文件删除。

2. 从网上下载"搜狗拼音输入法"的安装程序，然后安装到计算机中。

3. 检查当前是否有无响应的任务进程，若有，则将其结束；若无，则查看系统硬件的性能。

4. 更改当前系统日期为"2020年10月1日"。

5. 清理C盘，然后对其进行碎片整理。

第3章
习题参考答案

第 **4** 章

WPS文字办公软件

WPS文字是金山软件股份有限公司推出的WPS Office 2019办公软件的核心组件之一，它是一个功能强大的文字处理软件。使用WPS文字不仅可以进行简单的文字处理、制作出图文并茂的文档，还能进行长文档的排版和特殊版式的编排。

📡 学习目标

● 掌握使用WPS编辑文字的方法。
● 掌握设置文字格式的方法。
● 熟悉在WPS中制作表格的方法。
● 掌握使用WPS布局页面的方法。

4.1 编辑文字

创建文档或打开一篇文档后，可对文档内容进行编辑，例如，插入或删除文字、复制或移动文字，以及查找或替换文字等。

4.1.1 WPS 文字基础

计算机安装WPS Office 2019后，在"开始"菜单中会增加一项"WPS Office"应用程序，通常在桌面上也会增加"WPS Office"的快捷方式，这一点与此前的版本有些不同。此前的版本安装完成后通常桌面上会有WPS文字、WPS表格、WPS演示的快捷方式；而在WPS Office 2019，它们被统一集成在WPS Office主界面。因此，用户只需启动WPS Office软件，进入其主界面后便可同时启动相应的组件，其中主要包括WPS文字、WPS表格、WPS演示等。

在学习WPS文字之前，先了解WPS文字的基础知识，以便快速进行学习。

1. 启动 WPS 文字

用户在启动WPS文字之前，需先认识WPS Office主界面。单击"开始"按钮，在打开的"开始"菜单中选择"WPS Office"命令，进入图4-1所示的WPS Office主界面。

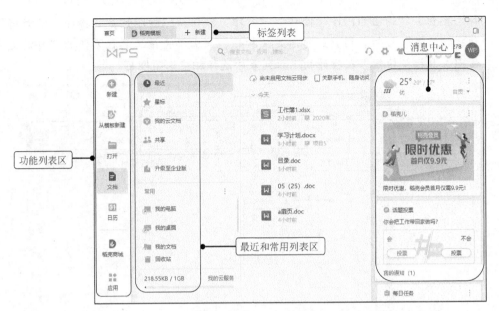

图4-1　WPS Office主界面

- **标签列表**：标签列表位于WPS Office主界面的顶端，包括"新建"按钮●（可以新建文档、表格、演示文稿和PDF等文件）和"稻壳模板"标签（可以进入稻壳商城搜索所需的Office模板）。
- **功能列表区**：功能列表区位于WPS Office主界面的最左侧，包括"新建"按钮●（可以新建文档、表格、演示文稿和PDF等文件）、"从模板新建"按钮●、"打开"按钮■（可以打开当前计算机中保存的Office文档）和"文档"按钮■（显示最近打开的文档信息）等。
- **最近和常用列表区**：最近和常用列表区位于WPS Office主界面的中间，包括用户常用文档位置和最近访问文档列表（可以同步显示多设备文档内容）。
- **消息中心**：消息中心位于WPS Office主界面的最右侧，主要用于告知用户待办事项、天气预报和备注事项等内容。

2. 熟悉 WPS 文字的工作界面

启动WPS 文字后，将进入其工作界面，如图4-2所示。下面介绍WPS 文字工作界面中的主要组成部分。

- **标题栏**：标题栏位于WPS 文字工作界面的最顶端，主要用于显示文档名称，其中有一个"关闭"按钮，单击该按钮便可关闭当前文档。
- **"文件"菜单**："文件"菜单中的内容与其他版本WPS Office中的"文件"菜单类似，主要用于执行与该组件相关文档的新建、打开、保存、文档加密、备份与恢复等基本操作。单击"文件"菜单最下方的"选项"命令可打开"选项"对话框，在其中可对WPS 文字组件进行编辑、视图、常规与保存、修订、自定义功能区等多项设置。
- **快速访问工具栏**：快速访问工具栏中显示了一些常用的工具按钮，默认按钮有"保存"按钮、"输出为PDF"按钮、"打印"按钮、"打印预览"按钮、"撤销"按钮、"恢复"按钮。用户还可自定义按钮,只需单击该工具栏右侧的"自定义快速访问工具栏"按钮,在打开的下拉列表中选择相应选项即可。

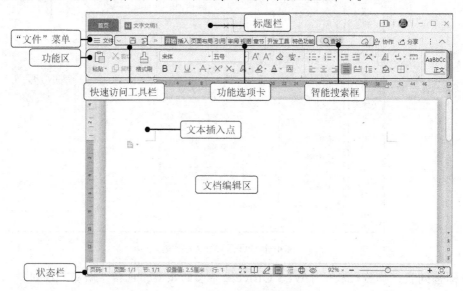

图4-2 WPS文字的工作界面

- **功能选项卡**:WPS文字默认包含了9个功能选项卡,单击任一选项卡可打开对应的功能区,单击其他选项卡可切换到相应的选项卡,每个选项卡中分别包含了相应的功能集合。
- **智能搜索框**:智能搜索框包含查找命令和搜索模板两种功能,通过该搜索框用户可轻松找到相关的操作说明,例如,需在文档中插入目录时,便可以直接在搜索框中输入"目录",此时会显示一些关于目录的信息,将鼠标指针定位至"目录"选项上,在打开的子列表中可以选择自己想要插入的目录的形式。
- **功能区**:功能区位于功能选项卡的下方,其作用是对文档进行快速编辑。功能区中主要集中显示了对应选项卡的功能集合,包括一些常用按钮和下拉列表。例如,在"开始"选项卡中就包含"字号"下拉列表、"加粗"按钮、"居中对齐"按钮等。
- **文本插入点**:新建一个空白文档后,文档编辑区的左上角将显示一个闪烁的光标,也称为文本插入点,该光标所在位置便是文字的起始输入位置。
- **文档编辑区**:文档编辑区是输入与编辑文字的区域,对文字进行的各种操作及结果都显示在该区域中。
- **状态栏**:状态栏位于工作界面的最底端,主要用于显示当前文档的工作状态,包括当前页码、字数等,右侧依次是视图切换按钮和显示比例调节滑块。

3. 自定义快速访问工具栏

为了操作方便,用户可以在快速访问工具栏中添加自己常用的命令按钮,或删除不需要的命令按钮,也可以改变快速访问工具栏的位置。

- **添加常用命令按钮**:在快速访问工具栏右侧单击 ⌄ 按钮,在打开的下拉列表中选择常用的选项，如选择"打开"选项，可将该命令按钮添加到快速访问工具栏中。

● **删除不需要的命令按钮**：在快速访问工具栏的命令按钮上单击鼠标右键，在弹出的快捷菜单中选择"从快速访问工具栏删除"命令，可将该按钮从快速访问工具栏中删除。

● **改变快速访问工具栏的位置**：在快速访问工具栏右侧单击▾按钮，在打开的下拉列表中选择"放置在功能区之下"选项，可将快速访问工具栏显示到功能区下方；再次在下拉列表中选择"放置在顶端"选项，可将快速访问工具栏还原到默认位置。

4. 自定义功能区

在WPS文字工作界面中，选择"文件"→"选项"命令，在打开的"选项"对话框中单击"自定义功能区"选项卡，在其中根据需要可显示或隐藏主选项卡、创建新选项卡、在功能区创建组、在组中添加命令、删除自定义的功能区等，如图4-3所示。

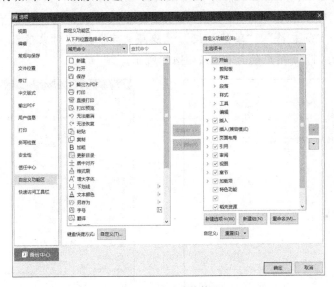

图4-3 自定义功能区

● **显示或隐藏主选项卡**：在"选项"对话框的"自定义功能区"选项卡的"自定义功能区"列表中单击选中或取消选中主选项卡所对应的复选框，即可在功能区中显示或隐藏该主选项卡。

● **创建新选项卡**：在"自定义功能区"选项卡中单击"新建选项卡"按钮，然后选中相应的复选框，单击"重命名"按钮，在打开的"重命名"对话框的"显示名称"文本框中输入名称，单击"确定"按钮，即可重命名新建的选项卡。

● **在功能区创建组**：选择新建的选项卡，在"自定义功能区"选项卡中单击"新建组"按钮，即可在选项卡下创建组。选择创建的组，单击"重命名"按钮，在打开的"重命名"对话框的"显示名称"文本框中输入名称，单击"确定"按钮，即可重命名新建的组。

● **在组中添加命令**：选择新建的组，在"自定义功能区"选项卡的"从下列位置选择命令"列表中选择需要的命令，然后单击"添加"按钮，即可将命令添加到组中。

● **删除自定义的功能区**：在"自定义功能区"选项卡的"自定义功能区"列表中单击选中相应的主选项卡复选框，单击"删除"按钮，即可将自定义的选项卡或组删除。若要一次性删除所有自定义的功能区，可单击"重置"按钮，在打开的下拉列表中选择"重置所有自定义项"选项，在打开的提示对话框中单击"是"按钮，即可删除所有自定义项，恢复WPS文字默认的功能区效果。

5. 显示或隐藏文档中的元素

WPS文字的文字编辑区中包含多个文字编辑的辅助元素，如表格虚框、标记、任务窗格和滚动条等。编辑文字时可根据需要隐藏一些不需要的元素或将隐藏的元素显示出来。显示或隐藏的方法主要有以下两种。

● 在"视图"选项卡中单击选中或取消选中标尺、网络线、表格虚框、标记和任务窗格对应的复选框，即可在文档中显示或隐藏相应的元素，如图4-4所示。

● 在"选项"对话框中单击"视图"选项卡，在"格式标记"栏中单击选中或取消选中"空格""制表符""段落标记""隐藏文字"或"对象位置"复选框，也可在文档中显示或隐藏相应的元素，如图4-5所示。

图4-4　在"视图"选项卡中设置

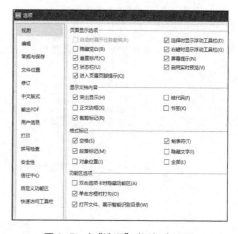

图4-5　在"选项"对话框中设置

4.1.2　新建并保存文档

在使用WPS Office 2019进行文档录入与排版之前，必须先创建文档，WPS 2019可以创建3种形式的新文档，分别是空白文档、在线文档、根据模板创建的文档。在线文档的使用需要注册账号。下面以新建空白文档为例介绍文档的创建方法。此外，还将介绍WPS文档的保存方法。

1. 新建 WPS 文档

① 单击"开始"按钮，在"开始"菜单中选择"WPS Office"命令，启动WPS Office程序。也可双击桌面上的"WPS Office"快捷方式启动WPS Office程序。

② 单击功能列表区中的"新建"按钮，在"新建"标签列表中单击"文字"按钮或按【Ctrl+N】组合键，在打开的界面中选择"新建空白文档"选项，即可新建一个空白文档，如图4-6所示。

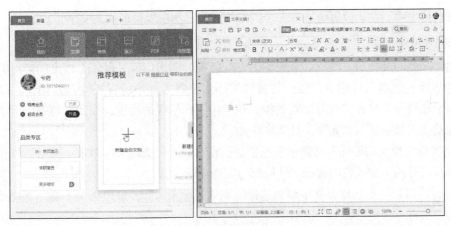

图4-6　新建空白文档

2. 保存 WPS 文档

文档编辑完成后需要保存，在文档的编辑过程中为避免意外关机、死机造成文档的损失，建议在编辑的过程中及时保存文档。文档的保存有以下3种情况。

① 在已有的文档上进行修改后的保存。在这种情况下，直接单击快速访问工具栏上的"保存"按钮，或者按【Ctrl+S】组合键进行保存。

② 将已有的文档保存在其他路径。在这种情况下，单击"文件"→"另存为"命令，打开"另存文件"对话框，在"位置"下拉列表中选择文档的保存路径，在"文件名"文本框中设置文件的保存名称，完成后单击"保存"按钮即可，如图4-7所示。

图4-7　保存WPS文档

③ 对新建的文档进行保存。可以直接单击快速访问工具栏中的"保存"按钮，也可以选择"文件"→"保存"命令，这时会打开"另存文件"对话框，在"位置"下拉列表中选择文档的保存路径，在"文件名"文本框中设置文件的保存名称，完成后单击"保存"按钮即可。

4.1.3　输入与选择文字

文字是WPS文档最基本的组成部分，因此，输入文字是WPS文字软件中最常见的操作。常见的文字内容包括基本字符、特殊符号、时间和日期等。另外，对文字进行编辑前需先选中文字。

1. 输入基本文本

在WPS中输入文本的方法比较简单，将鼠标指针移动到需要插入文本的位

微课
输入与选择文字

置，双击鼠标左键，在该位置会出现一个闪烁的光标，然后就可以输入文字了。

2. 输入特殊字符

在制作文档的过程中，难免会需要输入一些特殊的图形化符号以使文档更加丰富美观。一般的符号可通过键盘直接输入，但一些特殊的图形化符号却不能直接输入，如☆、○等，输入这些图形化符号可打开"符号"对话框，在其中选择相应的类别，找到需要的符号选项后插入。下面就在文档中插入"★"，具体操作如下。

① 将光标定位到需要插入特殊字符的位置，在"插入"选项卡中单击"符号"按钮中的下拉按钮，在打开的下拉列表中选择"其他符号"选项。

② 打开"符号"对话框，其中默认选择的字体为"宋体"，这里在"子集"下拉列表中选择"零杂丁贝符（示意符等）"选项。

③ 在显示的符号中选择"★"选项，单击"插入"按钮，然后单击"关闭"按钮，关闭"符号"对话框，如图4-8所示。

3. 输入日期和时间

在文档中可以通过中文和数字的结合直接输入日期和时间，也可以通过"插入"选项卡中的"日期"命令快速输入当前的日期和时间。下面将在"文字文稿1"文档中输入当前的时间，具体操作如下。

① 将光标定位到最后一段文字的最右侧，在"插入"选项卡中单击"日期"按钮。

② 打开"日期和时间"对话框，如图4-9所示。在"可用格式"列表中选择需要的日期格式，单击"确定"按钮，返回WPS文字工作界面，即可查看插入当前时间的效果。需要注意的是，在"日期和时间"对话框中有一个"自动更新"复选框，如果选中此复选框，则插入的时间会跟随系统时间变化。

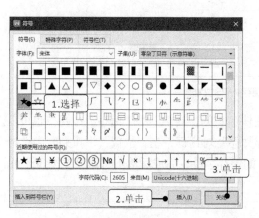

图4-8 选择特殊符号

图4-9 "日期和时间"对话框

4. 选择文字

当需要对文档内容进行修改、删除、移动与复制等编辑操作时，必须先选择要编辑的文字。选择文字主要包括选择任意文字、选择一行文字、选择一段文字、选择整篇文档等，具体方法如下。

- **选择任意文字**：在需要选择文字的开始位置单击后按住鼠标左键不放并拖曳到文字结束处释放鼠标左键，选择后的文字呈灰底黑字显示。
- **选择一行文字**：除了用选择任意文字的方法拖曳选择一行文字，还可将鼠标指针移动到该行左边的空白位置，当鼠标指针变成↗形状时单击鼠标左键，即可选择整行文字。
- **选择一段文字**：除了用选择任意文字的方法拖曳选择一段文字，还可将鼠标指针移动到段落左边的空白位置，当鼠标指针变为↗形状时双击鼠标，或在该段文字中任意一点连续单击鼠标3次，即可选择该段文字。
- **选择整篇文档**：将鼠标指针移动到文档左边的空白位置，当鼠标指针变成↗形状时，连续单击鼠标3次；或将鼠标指针定位到文字的起始位置，按住【Shift】键不放，然后单击文字末尾位置；或直接按【Ctrl+A】组合键，都可选择整篇文档。

4.1.4　删除文字

如果文档中输入了多余或重复的文字，可使用删除操作将不需要的文字从文档中删除，主要有以下两种方法。

- 选择需要删除的文字，按【Back Space】键可删除选择的文字，或者将光标定位到需要删除的文本后，按【Back Space】键则可删除光标前面的字符。
- 选择需要删除的文字，按【Delete】键可删除选择的文字，或者将光标定位到需要删除文本的前面，按【Delete】键则可删除光标后面的字符。

4.1.5　复制与移动文本

若要输入重复的内容或者将文本从一个位置移动到另一个位置，可使用复制或移动功能来完成。

1. 复制文本

复制文本是指在目标位置为原位置的文本创建一个副本，复制文本后，原位置和目标位置都将存在该文本。选择需要复制的文本，然后单击鼠标右键，在弹出的快捷菜单中选择"复制"命令，然后将光标定位到目标位置后单击鼠标右键，在弹出的快捷菜单中选择"粘贴"命令即可实现文本的复制。"复制"的组合键是【Ctrl+C】，"粘贴"的组合键是【Ctrl+V】。

2. 移动文本

移动文本是指将选择的文本移动到另一个位置，原位置将不再保留该文本。选择需要移动的文本，然后单击鼠标右键，在弹出的快捷菜单中选择"剪切"命令，然后将光标定位到目标位置后单击鼠标右键，在弹出的快捷菜单中选择"粘贴"命令即可实现文本的移动。"剪切"的组合键是【Ctrl+X】。

4.1.6　查找与替换文本

当需要批量修改文档中的某些文本时，可使用查找与替换功能来实现。这样不仅效率高，而且可以避免遗漏。

微课
查找与替换文字

1. 查找文本

将光标定位到文档开始处，在"开始"选项卡中单击"查找替换"按钮，或按【Ctrl+F】组合键，将打开"查找和替换"对话框，如图4-10所示。在"查找内容"文本框中输入需要查找的内容，根据根据需求单击"突出显示查找内容"、"查找上一处"或"查找下一次"按钮查找文本。

2. 替换文本

将光标定位到文档开始处，在"开始"选项卡中单击"查找替换"按钮，打开"查找和替换"对话框，单击"替换"选项卡，或按【Ctrl+H】组合键，将打开"查找和替换"对话框，如图4-11所示。分别在"查找内容"和"替换为"文本框中输入内容，根据需求单击"替换"或"全部替换"按钮。

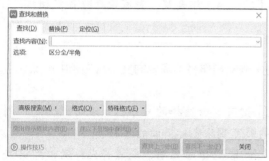

图4-10　查找文本

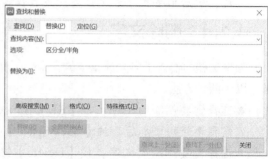

图4-11　替换文本

4.1.7　撤销与恢复操作

WPS文字有自动记录功能，可撤销执行了的操作，也可恢复被撤销的操作。

单击快速访问工具栏中的"撤销"按钮 ↶，或按【Ctrl+Z】组合键，可撤销上一步的操作。

单击快速访问工具栏中的"恢复"按钮 ↷，或按【Ctrl+Y】组合键，即可将文档恢复到"撤销"操作前的效果。

4.2　设置文字格式

在编辑文档时，除了在文档中输入内容，往往还需要对输入的内容的格式进行设置，使文档更加美观。对文档中内容的格式设置，包括字符格式设置、段落格式设置、边框与底纹设置、项目符号和编号设置，以及应用格式刷等。

4.2.1　字符格式设置

为了使制作出的文档更加专业和美观，有时需要对文档中的字符格式进行设置，如字体、字号、颜色等。对字符格式进行设置的命令基本集中在"开始"选项卡的"字体"组中，如图4-12所示。选中需要设置格式的字符，单击相应的命令按钮即可进行相应设置。若需要查看更多关于字符设置的命令，可单击"字体"组右下角的"展开"按钮，将打开"字体"对话框，如图4-13所示。

图4-12　"字体"组　　　　　　　图4-13　"字体"对话框

"字体"组中部分按钮的作用介绍如下。

● **"文字效果"按钮**：单击"文字效果"按钮，在打开的下拉列表中可选择需要的文字效果，如艺术字、阴影、倒影、发光等效果。

● **"下标"与"上标"按钮**：单击"上标"按钮可将选择的字符设置为上标效果；单击"下标"按钮可将选择的字符设置为下标效果。

● **"清除格式"按钮**：当不需要文字格式时，可选择文字，然后单击该按钮，即可快速将选择的文字的格式快速删除。

● **"拼音指南"按钮**：单击"拼音指南"按钮，可打开"拼音指南"对话框，在其中可为选择的文字添加拼音。单击该按钮右侧的下拉按钮，在打开的下拉列表中选择"更改大小写"选项可打开"更改大小写"对话框，在其中可设置英文字母的大小写显示；选择"带圈字符"选项可打开"带圈字符"对话框，在其中可为字符设置圆圈或边框，达到强调的效果；选择"字符边框"选项可为选择的文字设置字符边框效果。

● **"删除线"按钮**：单击该按钮可为选择的文字添加删除线效果。单击其右侧的下拉按钮，在打开的下拉列表中选择"着重号"选项，也可为选择的文字设置着重号效果。

4.2.2　段落格式设置

段落是文字、图形和其他对象的集合。回车符"↵"是段落的结束标记。WPS中的段落格式包括段落对齐方式、缩进、行间距和段间距等，通过对段落格式进行设置可以使文档内容的结构更清晰、层次更分明。

1. 设置段落对齐方式

段落对齐方式主要包括左对齐、居中对齐、右对齐、两端对齐、分散对齐5种。其设置方法有以下3种。

- 选中要设置的段落，单击"开始"选项卡"段落"组中相应的对齐按钮，即可设置文档段落的对齐方式。
- 选择要设置的段落，在浮动工具栏中单击相应的对齐按钮，可以设置段落对齐方式。
- 选择要设置的段落，单击"段落"组右下方的"展开"按钮，打开"段落"对话框，在该对话框的"对齐方式"下拉列表中设置段落对齐方式。

2. 设置段落缩进

段落缩进是指段落左右两边的文字与页边距之间的距离，段落缩进包括左缩进、右缩进、首行缩进和悬挂缩进。通过"段落"对话框可以精确和详细地设置各种缩进量的值。

- **利用标尺设置**：单击右侧滚动条上方的"标尺"按钮，然后拖曳水平标尺中的各个缩进滑块，可以直观地调整段落缩进。其中▽表示首行缩进，△表示悬挂缩进，□表示左缩进，如图4-14所示。
- **利用对话框设置**：选择要设置的段落，单击"开始"选项卡中"段落"组右下方的"展开"按钮，打开"段落"对话框，在该对话框的"缩进"栏中进行设置。

3. 设置行间距和段间距

行间距是指段落中从上一行文字底部到下一行文字顶部的距离，段间距是指相邻两段文字之间的距离，包括段前和段后的距离。WPS文字默认的行间距是单倍行距，用户可根据实际需要在"段落"对话框中设置行间距和段间距。

- **行间距设置**：选择段落，在"开始"选项卡中单击"行距"按钮右侧的下拉按钮，在打开的下拉列表中可选择适当的行距倍数。
- **段间距设置**：选择段落，打开"段落"对话框，在"间距"栏中的"段前"和"段后"数值框中输入值，在"行距"下拉列表中选择相应的选项，即可设置段间距和行间距，如图4-15所示。

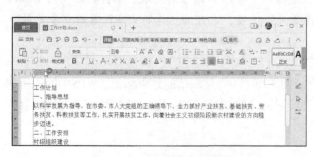

图4-14 利用标尺设置段落缩进

图4-15 利用"段落"对话框设置间距

4.2.3 设置边框与底纹

在WPS文字中不仅可以为字符设置默认的边框和底纹，还可以为段落设置边框与底纹。

微课
设置边框与底纹

1. 边框设置

选择需要设置边框的内容，然后单击"开始"选项卡"段落"组中的"边框"下拉按钮，在打开的下拉列表中选择"边框和底纹"，弹出"边框和底纹"对话框，如图4-16所示。在该对话框中可以设置边框的线型、颜色、宽度，若需要对文字加"边框"，则在"应用于"下拉列表中选择"文字"，若是对段落加"边框"，则在"应用于"下拉列表中选择"段落"。注意，在设置文字或段落的边框时，需留意"设置"栏中的"方框"选项是否被选中，否则单击"确认"按钮后没有效果变化。

2. 底纹设置

选择需要设置底纹的内容，然后单击"开始"选项卡"段落"组中的"边框"下拉按钮，在打开的下拉列表中选择"边框和底纹"，弹出"边框和底纹"对话框，单击"底纹"选项卡，如图4-17所示。在该对话框中可以设置填充颜色、填充图案、应用于"文字"或应用于"段落"，读者可以动手设置一下，观察设置完成的效果。

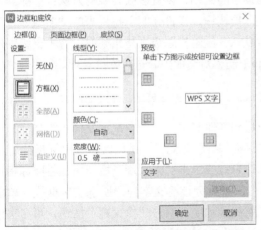

图4-16 "边框和底纹"对话框

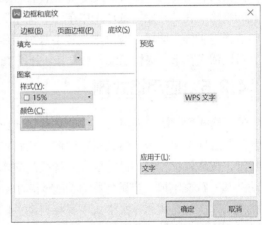

图4-17 "底纹"选项卡

4.2.4 设置项目符号和编号

使用项目符号与编号功能，可为属于并列关系的段落添加●、★、◆等项目符号，也可添加"1.2.3."或"A.B.C."等编号，还可组成多级列表，使文档内容层次分明、条理清晰。

1. 设置项目符号

在"开始"选项卡中单击"项目符号"按钮，可添加默认样式的项目符号。单击"项目符号"下拉按钮，在打开的下拉列表的"预设项目符号"栏中可选择更多的项目符号样式，具体操作方法：选择需要设置项目符号的文字，在"开始"选项卡中单击"项目符号"下拉按钮，在打开的下拉列表的"预设项目符号"栏中选择合适的选项，如图4-18所示。

2. 设置编号

编号主要用于设置一些按一定顺序排列的项目，如操作步骤或合同条款等。设置编号的方法与设置项目符号相似，即在"开始"选项卡中单击"编号"按钮或单击该按钮右侧的下拉按钮，在打开的下拉列表中选择所需的编号样式即可，如图4-19所示。

图4-18　设置项目符号

图4-19　设置编号

3. 设置多级列表

多级列表主要用于规章制度等需要各种级别编号的文档，设置多级列表的方法：选择需要设置的段落，在"开始"选项卡中单击"编号"下拉按钮，在打开的下拉列表的"多级编号"栏中选择一种样式即可。对段落设置多级列表后默认各段落标题级别是相同的，看不出级别效果，可以依次在下一级标题编号后面按一下【Tab】键，对当前内容进行降级处理。

4.2.5　应用格式刷

使用格式刷能快速地将文字中的某种格式应用到其他文字上。选中设置好样式的文字，在"开始"选项卡中单击"格式刷"按钮，然后将鼠标指针移动到文字编辑区，当鼠标指针呈 ⿰钅丨 形状时，按住鼠标左键扫过需要应用样式的文本即可。或单击"格式刷"按钮后，将鼠标指针移动至某一行文字前，当鼠标指针呈 ⿰ 形状时单击，便可为该行文字应用所选文字样式。单击"格式刷"按钮，使用一次格式刷后将自动关闭格式刷功能。双击"格式刷"按钮，可多次重复进行格式复制操作，再次单击"格式刷"按钮或按【Esc】键可关闭格式刷功能。

4.3　制作表格

表格是一种可视化的交流模式，是一种组织整理数据的手段。表格是文字编辑过程中非常有效的工具，可以将杂乱无章的信息管理得井井有条，从而提高文档内容的可读性。下面讲解在WPS文字中使用表格的方法。

4.3.1　创建表格

1. 快速插入表格

① 将光标定位到需插入表格的位置，在"插入"选项卡中单击"表格"下拉按钮，在打开

的下拉列表中将鼠标指针移动到"插入表格"栏的某个单元格上。

② 此时呈黄色边框显示的单元格为将要插入的单元格，如图4-20所示，单击鼠标左键即可完成插入操作。

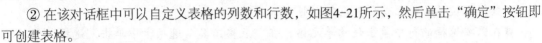

2. 插入指定行数和列数的表格

① 在"插入"选项卡中单击"表格"按钮，在打开的下拉列表中选择"插入表格"选项，打开"插入表格"对话框。

② 在该对话框中可以自定义表格的列数和行数，如图4-21所示，然后单击"确定"按钮即可创建表格。

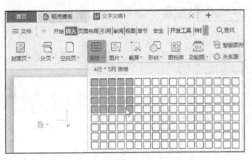

图4-20　快速插入表格

图4-21　自定义表格的列数和行数

3. 绘制表格

通过自动插入的方式只能插入比较规则的表格，对于一些较复杂的表格，可以手动绘制。

① 在"插入"选项卡中单击"表格"下拉按钮，在打开的下拉列表中选择"绘制表格"选项。

② 此时鼠标指针呈∥形状，在需要插入表格的地方按住鼠标左键不放并拖曳，此时，出现一个虚线框，并在该虚线框右下角显示所绘制表格的行数和列数，如图4-22所示，拖曳鼠标调整虚线框到适当大小后释放鼠标，即可绘制出表格。

③ 按住鼠标左键不放，从一条线的起点拖曳至终点，释放鼠标左键，即可在表格中画出横线、竖线或斜线，从而在绘制的表格中增加行、列或斜线表头，如图4-23所示，表格绘制完成后，按【Esc】键即可退出绘制状态。

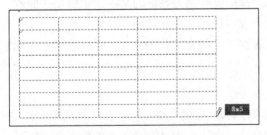

图4-22　手动绘制表格

图4-23　绘制斜线表头

4.3.2　编辑表格

表格创建好后，可根据实际需要对其现有的结构进行调整，这其中将涉及表格的选中和布局等操作，下面分别进行介绍。此外，还将介绍将表格转换为文字和将文字转换为表格的操作方法。

1. 选中表格

在文档中可对插入的表格进行调整，调整表格前需先选中表格，在WPS文字中选中表格有以下3种情况。

（1）选中整行

● 将鼠标指针移至表格左侧，当鼠标指针呈 ⁄ 形状时，单击可以选中该行。如果按住鼠标左键不放向上或向下拖曳，则可以选中多行。

● 在需要选择的行中单击任意单元格，在"表格工具"选项卡中单击"选择"下拉按钮，在打开的下拉列表中选择"行"选项即可选中该行。

（2）选中整列

● 将鼠标指针移动到表格顶端，当鼠标指针呈 ↓ 形状时，单击可选中整列。如果按住鼠标左键不放向左或向右拖曳，则可选中多列。

● 在需要选中的列中单击任意单元格，在"表格工具"选项卡中单击"选择"下拉按钮，在打开的下拉列表中选择"列"选项即可选中该列。

（3）选中整个表格

● 将鼠标指针移动到表格边框线上，然后单击表格左上角的"全选"按钮 ⊕ ，可选中整个表格。

● 在表格内部拖曳鼠标指针选中整个表格。

● 在表格内单击任意单元格，在"表格工具"选项卡中单击"选择"下拉按钮，在打开的下拉列表中选择"表格"选项，即可选中整个表格。

2. 将表格转换为文字

将表格转换为文字的具体操作：单击表格左上角的"全选"按钮选择整个表格，然后在"表格工具"选项卡中单击"转换为文本"按钮，打开"表格转换成文本"对话框，在其中选择合适的文字分隔符，单击"确定"按钮，即可将表格转换为文字。

3. 将文字转换为表格

将文字转换为表格的具体操作：拖曳鼠标选择需要转换为表格的文字，然后在"插入"选项卡中单击"表格"下拉按钮，在打开的下拉列表中选择"文本转换成表格"选项，在打开的"将文字转换成表格"对话框中根据需要设置表格尺寸和文字分隔位置，完成后单击"确定"按钮，即可将文字转换为表格。

4. 布局表格

布局表格主要包括插入、删除、合并和拆分等内容。布局方法：选中表格中的单元格、行或列，在"表格工具"选项卡中进行设置即可，如图4-24所示。其中部分参数的作用介绍如下。

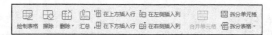

图4-24 "表格工具"选项卡中布局表格的相关按钮

● "删除"按钮：单击该按钮，可在打开的下拉列表中执行删除单元格、列、行或表格的操作。当删除单元格时，会打开"删除单元格"对话框，要求设置单元格删除后剩余单元格的调整方式，如右侧单元格左移、下方单元格上移等。

- "在上方插入行"按钮：单击该按钮，可在所选行的上方插入新行。
- "在下方插入行"按钮：单击该按钮，可在所选行的下方插入新行。
- "在左侧插入列"按钮：单击该按钮，可在所选列的左侧插入新列。
- "在右侧插入列"按钮：单击该按钮，可在所选列的右侧插入新列。
- "合并单元格"按钮：单击该按钮，可将所选的多个连续的单元格合并为一个新的单元格。
- "拆分单元格"按钮：单击该按钮，将打开"拆分单元格"对话框，在其中可设置拆分后的列数和行数，单击"确定"按钮后，即可将所选的单元格按设置的参数进行拆分。
- "拆分表格"按钮：单击该按钮，可在所选单元格处将表格拆分为两个独立的表格。需要注意的是，WPS只允许将表格上下拆分为两个表格，不允许将表格左右拆分为两个表格。

4.3.3 设置表格

对于表格中的文字，可按设置文字和段落格式的方法对其格式进行设置。此外，还可对数据对齐方式、边框和底纹、表格样式、行高和列宽等进行设置。

1. 设置数据对齐方式

单元格对齐方式是指单元格中文字的对齐方式，其设置方法：选择需设置对齐方式的单元格，在"表格工具"选项卡中单击"对齐方式"下拉按钮，选择对应的选项。如果想改变单元格中的文字方向，则需单击该选项卡中的"文字方向"下拉按钮。

2. 设置边框和底纹

设置单元格边框和底纹的方法分别如下。

- **设置单元格边框**：选择需设置边框的单元格，在"表格样式"选项卡中单击"边框"下拉按钮，在打开的下拉列表中选择相应的边框样式。
- **设置单元格底纹**：选择需设置底纹的单元格，在"表格样式"选项卡中单击"底纹"下拉按钮，在打开的下拉列表中选择所需的底纹颜色。

3. 套用表格样式

使用WPS文字提供的表格样式，可以简单、快速地完成表格的设置和美化操作。套用表格样式的方法：选择表格，在"表格样式"选项卡第二列中单击"样式"右侧的下拉按钮，在打开的下拉列表中选择所需的表格样式，即可将其应用到所选表格中。

4. 设置行高和列宽

设置表格行高和列宽的常用方法有以下两种。

- **拖曳鼠标设置**：将鼠标指针移至行线或列线上，当其变为形状或形状时，拖曳鼠标即可调整行高或列宽。

● **精确设置**：选择需调整行高或列宽的行或列，在"表格工具"的"高度"数值框或"宽度"数值框中可设置精确的行高值或列宽值。

4.4 页面布局及文档打印

文档页面布局通常是对整个文档进行的设置，包括纸张大小、页面方向、页边距、页眉、页脚、页码、水印、颜色、边框，以及分栏和分页等。本节将介绍页面布局及文档打印的相关知识。

4.4.1 设置纸张大小、页面方向和页边距

默认的WPS文字页面大小为A4（20.9cm×29.6cm），页面方向为纵向，上、下、左、右页边距分别为2.54cm、2.54cm、3.18cm、3.18cm，在"页面布局"选项卡中单击相应的按钮可进行修改。

● 单击"纸张大小"下拉按钮，在打开的下拉列表中选择一种页面大小的选项；或选择"其他页面大小"选项，在打开的"页面设置"对话框中设置文档的宽度和高度。

● 单击"纸张方向"下拉按钮，在打开的下拉列表中选择"横向"选项，可将页面设置为横向。

● 单击"页边距"下拉按钮，在打开的下拉列表中选择一种页边距的选项；或选择"自定义页边距"选项，在打开的"页面设置"对话框中设置上、下、左、右的页边距的值。

4.4.2 设置页眉、页脚和页码

页眉一般指文档中每个页面顶部区域内的对象，常用于补充说明公司标识、文档标题、文件名和作者姓名等。

1. 创建页眉

在WPS中创建页眉的方法：在"插入"选项卡中单击"页眉和页脚"按钮，或者双击页面顶端，打开"页眉和页脚"选项卡，在该选项卡中单击"页眉"按钮，在打开的下拉列表中选择某种预设的页眉样式选项，然后在文档中按所选的页眉样式输入所需的内容即可。

2. 编辑页眉

若需要自行设置页眉的内容和格式，则可在"页眉和页脚"选项卡中单击"页眉"按钮，在打开的下拉列表中选择"编辑页眉"选项，此时将进入页眉编辑状态，利用"页眉和页脚"选项卡的功能区便可对页眉内容进行编辑，如图4-25所示。其中部分参数的作用介绍如下。

图4-25 "页眉和页脚"选项卡的功能区

● **"配套组合"按钮**：单击该按钮，可在打开的下拉列表中选择WPS提供的带有页眉

和页脚的组合样式，以便用户快速设置页眉和页脚。

- **"页眉横线"按钮**：单击该按钮，可快速在页眉处设置一条带有样式的横线。
- **"日期和时间"按钮**：单击该按钮，可在打开的"日期和时间"对话框中设置需插入日期和时间的显示格式。
- **"图片"按钮**：单击该按钮，可在打开的对话框中选择页眉中使用的图片。
- **"域"按钮**：单击该按钮，可在打开的下拉列表中选择需插入的与本文档相关的信息，如公式、当前时间和目录等。
- **"页眉页脚选项"按钮**：单击该按钮将打开"页眉/页脚设置"对话框，在其中可设置文档第一页不显示页眉页脚，也可单独设置文档奇数页和偶数页的页眉页脚。
- **"插入对齐制表位"按钮**：单击该按钮将打开"对齐制表位"对话框，在其中可设置页眉的对齐方式。

3. 创建与编辑页脚

页脚一般位于文档中每个页面的底部区域，也用于显示文档的附加信息，如日期、公司标识、文件名和作者名等，但最常见的是在页脚中显示页码。创建页脚的方法：在"页眉和页脚"选项卡中单击"页脚"按钮，在打开的下拉列表中选择某种预设的页脚样式选项，然后在文档中按所选的页脚样式输入所需的内容即可，操作与创建页眉相似。

4. 插入页码

页码用于显示文档的页数，首页可根据实际情况不显示页码，在文档中插入页码的具体操作如下。

① 在"插入"选项卡中单击"页码"按钮，在打开的下拉列表中选择"页码"选项，打开"页码"对话框。

② 在"样式"下拉列表中可选择页码的样式，在"位置"下拉列表中可设置页码的对齐位置，在"页码编号"栏中可设置页码的起始位置，如图4-26所示，单击"确定"按钮。

③ 将光标定位到页眉或页脚处，单击页眉页脚上的"插入页码"按钮，单击该按钮，也可在打开的面板中设置页码格式。

图4-26 "页码"对话框

4.4.3 设置水印、背景颜色与边框

为了使制作的文档更加美观，还可为文档添加水印，并设置页面背景颜色和边框。

1. 设置页面水印

制作办公文档时，可为文档添加水印背景，如添加"保密""严禁复制""文本"等水印。添加水印的方法：在"插入"选项卡中单击"水印"按钮，打开图4-27所示的下拉列表，在其中选择一种水印效果即可。如果用户对预设的水印样式不满意，可以在下拉列表中选择"插入水印"选项，在打开的"水印"对话框中，自定义水印图片、文字等内容，如图4-28所示。若用户想删除文档中已插入的水印，只需单击"水印"按钮，在打开的下拉列表中选择"删除文档中的水印"选项即可。

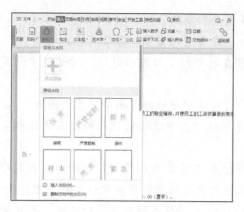

图4-27　为文档添加水印

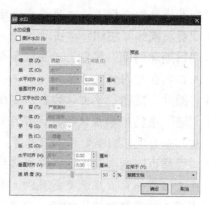

图4-28　自定义水印

2. 设置页面背景

在WPS文字中，页面背景可以是纯色背景、渐变色背景和图片背景。设置页面背景的方法：在"页面布局"选项卡中单击"背景"按钮，在打开的下拉列表中选择一种页面背景颜色，如图4-29所示。选择"其他背景"选项，在打开的列表中选择"渐变""纹理""图案"3种不同效果后，打开"填充效果"对话框，在其中可以对页面背景应用渐变、纹理、图案、图片等不同填充效果。

3. 设置页面边框

在"页面布局"选项卡中单击"页面边框"按钮，打开"边框和底纹"对话框，在"设置"栏中选择边框的类型，在"线型"列表中可选择边框的样式，在"颜色"下拉列表中可设置边框的颜色，如图4-30所示，最后单击"确定"按钮应用设置。

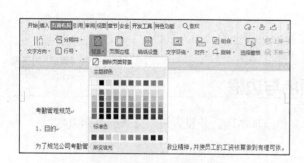

图4-29　设置页面背景

图4-30　设置页面边框

4.4.4　设置分栏与分页

在WPS中，可将文档设置为多栏预览，还能通过分隔符自动进行分页。

1. 设置分栏

选择需要设置分栏的内容，在"页面布局"选项卡中单击"分栏"按钮，在打开的下拉列表中选择分栏的数目，或在打开的下拉列表中选择"更多分栏"选项，打开"分栏"对话框，在"预设"栏中可选择预设的栏数，或在"栏数"数值框中输入设置的栏数，在"宽度和间距"栏中设置栏之间的宽度与间距，如图4-31所示。

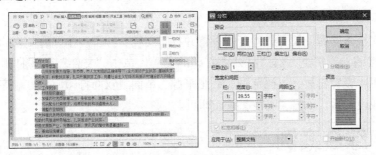

图4-31　设置分栏

2. 设置分页

设置分页可通过分隔符实现，分隔符主要用于标识文字分隔的位置。设置分页的具体方法：将光标定位到需要设置分页的位置后，在"插入"选项卡中单击"分页"按钮，在打开的下拉列表中选择"分页符"选项即可。

4.4.5　打印预览与打印

打印文档之前，应对文档内容进行预览，通过预览效果来对文档中不妥的地方进行调整，直到预览效果符合需要后，再按需要设置打印份数、打印范围等参数，并最终执行打印操作。

1. 打印预览

打印预览是指在计算机中预先查看打印的效果，以避免在不预览的情况下，打印出不符合需求的文档，导致浪费纸张的情况发生。预览文档的方法：在WPS文字的快速访问工具栏中单击"打印预览"按钮 ，或单击"文件"→"打印"→"打印预览"，在打开的窗口中即可预览打印效果。利用选项卡中的参数可辅助预览文档内容，如图4-32所示，部分参数的作用分别如下。

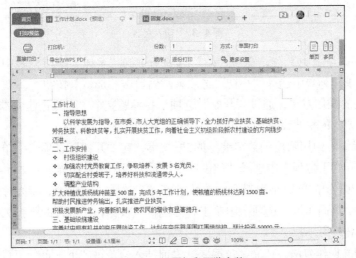

图4-32　设置打印预览参数

- **“单页”按钮**：单击该按钮，可以单页的方式预览文档打印效果。
- **“多页”按钮**：单击该按钮，可双页显示打印预览效果。
- **“显示比例”下拉列表**：在该下拉列表中可快速设置需要显示的预览比例。

2. 打印文档

预览确认文档无误后，便可进行打印设置并打印文档。打印制作好的文档的方法：首先将打印机正确连接到计算机上，然后打开需打印的文档，单击“文件”→“打印”，在打开的“打印”对话框中设置份数、页码范围、纸张来源、单面或双面打印、并打顺序以及并打和缩放等参数。完成设置后，单击“确定”按钮即可。

4.5 综合案例

本案例将制作“毕业论文”文档，包括新建文档、输入文字、设置文字格式、设置段落格式和添加页眉页脚等操作，具体操作如下。

微课
制作“毕业论文”文档

① 启动WPS Office 2019，按【Ctrl+N】组合键，在打开的界面中选择“新建空白文档”选项，新建文档，单击“文件”→“保存”，保存为“毕业论文”文档，将鼠标指针移至文档上方的中间位置，按【Enter】键后换行输入文字（配套资源：\素材\第4章\毕业论文.wps），如图4-33所示。

毕 业 论 文

降低企业成本途径分析

姓名：肖　　雪

学号：2020036

专业：会　　计

提　　纲

一、成本是企业经营决策的重要依据

降低企业成本途径分析

成本意指工业企业制造产品的成本。产品的制造过程实际上就是产品的耗费过程。企业制造产品产生的各种生产耗费，包括生产资料的耗费与劳动力的耗费。企业成本就是在生产经营过程中生产资料的耗费、劳动力的耗费以及补偿价值的货币表现，体现着一定的经济关系。目前，随着经济的不断发展，成本的内容日渐丰富，不仅包括了产品成本，还包括了人才成本、设计成本、质量成本、资金成本等。

第一，成本是企业会计工作的主要核算对象，在企业中有着非常重要的作用。成本是反映与控制劳动耗费的手段。企业生产经营过程中材料是否节约、设备是否充分利用、劳动组织是否合理、费用开支是否降低、资金使用是否得当都会直接或间接从产品成本中得到反映，同样地反映出企业生产经营管理水平的高低。第二，企业要维持再生产，就必须补偿劳动耗费，而成本则是补偿劳动耗费的标准。第三，成本是制定产品价格的基础，企业的产品定后能定出具有市场竞争力，吸引消费者的价格，在很大程度上取决于成本的高低。第四，企业的经营决策主要是对决策方案进行成本效益分析，从中筛选出最优方案，因此，成本又是企业经营决策的重要依据。

成本在企业中有着重要的地位，如果成本过高，就会影响企业自下而上的发展，所以企业应该在保证自身正常运行的前提下千方百计地降低成本。降低成本对企业而言有着举足轻重的作用，它是企业能在激烈的市场部分中自下而上发展的重要因素。降低成本可以节约企业资金，从而扩展企业规模，增强竞争实力，降低成本能减少劳动耗费，使再生产不断进行，还能使产品在价格上占优势，增强产品竞争力，提高经济效益。因此，企业只有不断地降低成本才能在残酷的竞争中不断地发展和壮大。

综上所述，企业要在竞争中占领市场，获得最大经济效益，就必须着眼于成本的多种因素，从多方面入手降低成本。

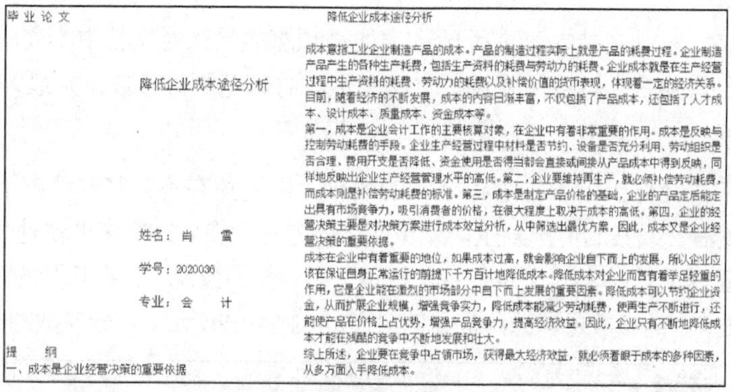

图4-33　输入文字

② 选择文字“毕业论文”，在“开始”选项卡中的“字体”下拉列表中选择“黑体”选项，在“字号”下拉列表中选择“小初”选项，然后单击“加粗”按钮。

③ 按照相同的操作方法，通过“开始”选项卡将标题文字“降低企业成本途径分析”和文字“提纲”“摘要”的格式设置为“黑体、小四、居中”。

④ 选择“提纲”中用阿拉伯数字编号的5段文字，在“开始”选项卡中单击“项目符号”下拉按钮，在打开的下拉列表中选择“预设项目符号”栏中的菱形样式，如图4-34所示。

⑤ 按住【Alt】键的同时拖曳鼠标框选数字编号，然后将其删除。将光标定位至文字“提纲”的前面，在“页面布局”选项卡中单击“分隔符”按钮，在打开的下拉列表中选择“分页符”选项，如图4-35所示。

⑥ 按照相同的操作方法，在文字“摘要”之前插入分节符“下一页分节符”。

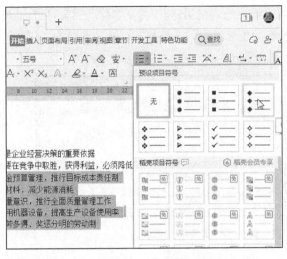

图4-34　添加项目符号

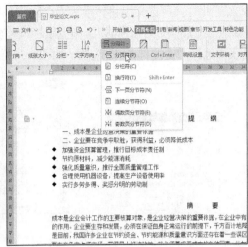

图4-35　分页显示文档

⑦ 按住【Ctrl】键的同时，选择正文段落"降低企业成本途径分析"和"参考书目"，在"开始"选项卡中的"样式"列表中选择"标题4"选项，如图4-36所示。

⑧ 按照相同的操作方法，将正文段落"一、加强资金预算管理""二、节约原材料，减少能源消耗""三、强化质量意识，推行全面质量管理工作""四、合理使用机器设备，提高生产设备使用率""五、实行多劳多得、奖惩分明的劳动制度"的样式设置为"标题6"样式。

⑨ 按住【Ctrl】键的同时，选择剩余的正文段落，然后单击"开始"选项卡"段落"组中的"展开"按钮，打开"段落"对话框，单击"缩进和间距"选项卡，在"缩进"栏中的"特殊格式"下拉列表中选择"首行缩进"选项，在其右侧的数值框中输入"2"，如图4-37所示，最后单击"确定"按钮。

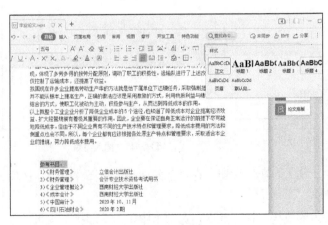

图4-36　应用样式

图4-37　设置首行缩进效果

⑩ 选择最后6行文字，包括最后一行的段落符号，然后在"插入"选项卡中单击"表格"按钮，在打开的下拉列表中选择"文本转换成表格"选项，打开"将文字转换成表格"对话框，在其中保持默认设置，单击"确定"按钮，如图4-38所示。

⑪ 此时，所选文字将转换为表格样式，将转换后的表格第3列中的文字移动到第4列合适位置，然后删除第3列和第4列，拖曳鼠标调整表格的位置，在"表格样式"选项卡中的"样式"列表中选择"中度样式4"选项，如图4-39所示。

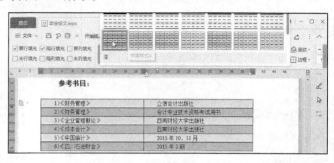

图4-38　"将文字转换成表格"对话框　　　　图4-39　套用表格样式

⑫ 将光标定位至"摘要"文字前，按【Enter】键换行，在上方的段落标记上单击，然后在"引用"选项卡中单击"目录"按钮，在打开的下拉列表中选择第3个选项，打开"提示"对话框，在其中单击"是"按钮，如图4-40所示。

⑬ 在"插入"选项卡中单击"页眉和页脚"按钮，激活"页眉和页脚"选项卡，单击"页眉"按钮，在打开的下拉列表中选择"编辑页眉"选项，然后输入页眉内容，并设置文字格式为"黑体、小四"，如图4-41所示。

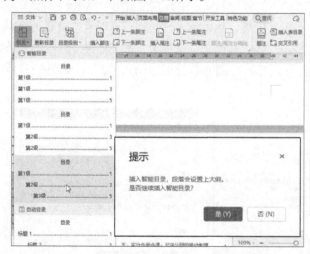

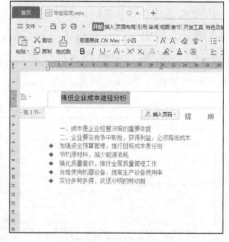

图4-40　选择目录样式　　　　　　　　图4-41　插入页眉

⑭ 将光标定位到页脚位置，单击"插入页码"按钮，在打开的面板中选择"居中"选项，然后单击"确定"按钮，如图4-42所示。

⑮ 此时，页脚中间位置将显示插入的页码，在"插入"选项卡中单击"形状"按钮，在打开的下拉列表中选择"椭圆"选项。

⑯ 将鼠标指针定位至页码所在区域，然后拖曳鼠标绘制一个高度为0.50cm，宽度为0.56cm的椭圆，然后在"绘图工具"选项卡中设置形状的"填充"为"无填充颜色"，如图4-43所示，最后适当移动椭圆的位置，使其居中显示在页码上。

图4-42　插入页码

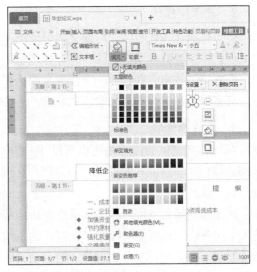

图4-43　插入并编辑形状

⑰ 在"页眉和页脚"选项卡中单击"关闭"按钮，退出页眉和页脚的编辑状态，然后单击状态栏中的"阅读版式"按钮，进入阅读视图模式，查看编辑的文档是否有误，确认无误后按【Ctrl+S】组合键保存文档（配套资源：\效果\第4章\毕业论文.wps），并关闭WPS软件。

4.6　扩展阅读

本章主要讲解了WPS文字的相关编辑知识，包括文字的编辑、格式的设置、表格的制作和页面设置等。如果这些操作还不能达到文档所需的效果，那么还可以在文档中添加和编辑文本框、图片、艺术字、流程图、形状等对象，下面补充介绍。

1．文本框操作

利用文本框可以制作出特殊的文档版式，在文本框中可以输入文字，也可插入图片。在文档中插入的文本框可以是WPS文字自带样式的文本框，也可以是手动绘制的横排或竖排文本框。具体操作方法：将光标定位到需要插入文本框的位置，在"插入"选项卡中单击"文本框"按钮，在打开的下拉列表中选择"多行文本"选项，然后将鼠标指针移至文档中，按住鼠标左键不放拖曳绘制即可。

2．图片操作

在WPS文字中，用户可根据需要将来自本地图片、扫描仪或手机中的图片插入文档中，使文档更加美观。在WPS中插入图片的具体操作方法：将光标定位到需要插入图片的位置，在"插入"选项卡中单击"图片"按钮，在打开的"插入图片"对话框的"地址栏"中选择图片的路径，在中间列表中选择要插入的图片，单击"打开"按钮。此时，插入图片的右侧将自动显示一个快速工具栏，通过该工具栏可以对图片进行裁剪、抠除背景、设置文字环绕方式等操作。

3. 艺术字操作

在文档中插入艺术字，可使文字呈现出不同的效果，达到增强文字美观度的目的。在文档中插入艺术字的具体操作方法：将光标定位到需要插入艺术字的位置，在"插入"选项卡中单击"艺术字"按钮，在打开的下拉列表中选择需要的艺术字效果选项，此时文档中将自动添加一个带有默认文字样式的艺术字文本框，在其中修改文字内容即可。

4. 流程图操作

WPS文字提供的流程图可以帮助用户整理和优化组织结构，并且操作也很方便。另外，WPS还提供了多种流程图模板，如果用户在预设模板中没有找到自己想要的样式，还可以自行设计。

在文档中插入流程图的具体操作方法：将光标定位到需要插入流程图的位置，在"插入"选项卡中单击"流程图"按钮，在打开的下拉列表中选择"新建空白图"选项，稍后，系统将自动新建一个名为"未命名文件"的文档，将鼠标指针移至左侧"基础图形"列表中选择需要的图形，然后将其拖曳至工作区中进行制作即可，在"排列"和"编辑"选项卡中还可以为制作的流程图设置样式和排列位置，完成后单击标题栏中"未命名文件"名称右侧的"关闭"按钮，在打开的提示对话框中输入文件名，然后单击"确认修改"按钮。再次单击"插入"选项卡中的"流程图"按钮，在打开的下拉列表中选择"我的"列表中的对应选项，如图4-44所示，然后单击"插入到文档"按钮即可。

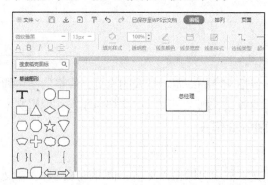 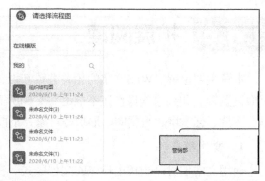

图4-44　流程图制作

5. 形状操作

形状是指具有某种规则形状的图形，如线条、正方形、椭圆、箭头和星形等，当需要在文档中绘制图形或为图片等添加形状标注时，可使用WPS文字的形状功能进行形状的绘制、编辑和美化，具体操作如下。

① 在"插入"选项卡中单击"形状"按钮，在打开的下拉列表中选择需要的形状，此时鼠标指针将变成"+"形状，按住鼠标左键不放并向右下角拖曳，即可绘制出所需的形状。

② 释放鼠标，保持形状的选择状态，在新激活的"绘图工具"选项卡中，可以对绘制形状的格式、大小、布局选项、层次方式、对齐方式等参数进行设置。

③ 将鼠标指针移动到形状边框的⊙控制点上，此时鼠标指针变成⟳形状，按住鼠标左键不放并进行拖曳，可调整形状的旋转角度。

4.7 习题

1. 新建一个空白文档，并将其保存名称设置为"员工招聘启事.wps"（配套资源：\效果\第4章\员工招聘启事.wps），然后对文档按照以下要求进行编辑，参考效果如图4-45所示。

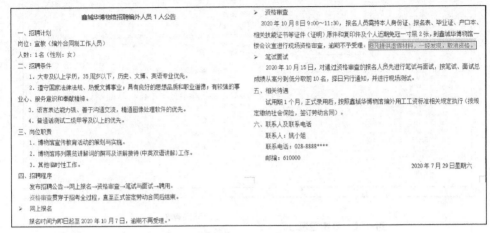

图4-45 制作"员工招聘启事"文档

● 输入相关的文字内容。

● 打开"字体"对话框，设置标题文字的字符格式为"黑体、11、居中"。

● 为"二、招聘条件""三、岗位职责"栏中的段落添加编号。

● 为"四、招聘程序"栏中的所有段落设置2个字符的首行缩进，然后对"网上报名""资格审查""笔试面试"段落添加项目符号，最后突出显示文本"但凡提供虚假材料，一经发现，取消资格。"，并将字体颜色设置为"红色"，同时添加外边框。

● 将最后一段文字设置为右对齐。

2. 新建一个空白文档，将其命名为"个人简历.wps"并保存（配套资源：\效果\第4章\个人简历.wps），按照下列要求对文档进行操作，参考效果如图4-46所示。

● 输入标题文字，并设置格式为"宋体、三号、居中"，间距为"段前0.5行、段后1行"。

● 插入一个7列18行的表格。

● 合并第1行的第6列和第7列单元格、第2～5行的第7列单元格。

● 合并第8行的第2列、第3列与第4列，合并第6～8行的第6列、第7列单元格。

● 将第9行、第10行单元格均匀拆分为2列1行，使用类似方法处理表格，并调整表格行列间距。

图4-46 制作"应聘登记表"文档

●在表格中输入相关的文字，调整表格大小，使其显得更为美观。

3．打开"员工手册.wps"文档（配套资源：\素材\第4章\员工手册.wps），按照下列要求对文档进行以下操作，员工手册效果如图4-47所示（配套资源：\效果\第4章\员工手册.wps）。

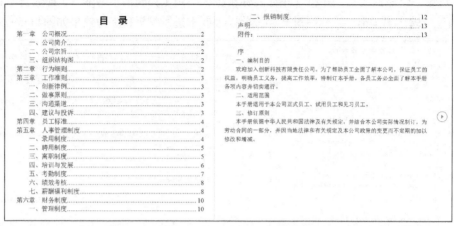

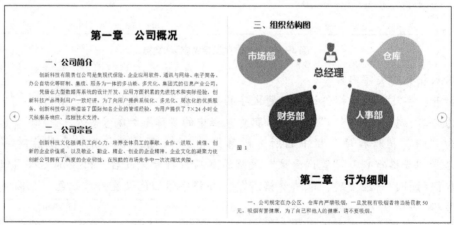

图4-47　员工手册效果

●将纸张大小的宽度调整为"22cm"，高度调整为"30cm"。
●在文档中为每一章的章标题、"声明"文字、"附件："文字应用"标题1"样式；为第一章、第三章、第五章和第六章的标题下方含大写数字的段落应用"标题2"样式。
●为文档中的图片插入题注，将光标定位到文档第五章中的"《招聘员工申请表》和《职位说明书》"文字后面，然后创建一个"标题"类型的交叉引用。
●在"第一章"文字前插入一个分页符，然后为文档添加相应的页眉"创新科技——员工手册"。
●将光标定位在"序"文字前，添加2级目录。

第4章
习题参考答案

第5章
WPS表格办公软件

WPS表格是一个灵活、高效的电子表格制作工具，它的一切操作都是围绕数据进行的，尤其是在数据的应用、处理和分析方面，WPS表格表现出了极其强大的功能。在实际的办公过程中，WPS表格也是常用的办公软件。

学习目标

- 了解WPS表格的基本操作。
- 掌握WPS表格数据的输入与编辑操作。
- 掌握WPS表格的格式设置操作。
- 掌握WPS表格中公式与函数的使用方法。
- 熟悉WPS表格的数据管理操作。
- 掌握WPS表格中图表的使用方法。

5.1 输入与编辑数据

WPS是当前非常流行的一款数据管理与处理软件，被应用于人们生活和工作的多个方面。在学习WPS表格前，需要先了解WPS表格的基本操作，然后新建工作表进行数据的输入，同时用户也可根据需要，对数据和数据格式进行编辑和设置。

5.1.1 WPS表格工作界面组成

WPS表格的工作界面与WPS文字的工作界面基本相似，由快速访问工具栏、标题栏、文件选项卡、功能选项卡、功能区、编辑栏、工作表编辑区和状态栏等部分组成，如图5-1所示。下面主要介绍编辑栏、工作表编辑区和状态栏的作用，其他区域的功能与WPS文字相同，这里就不再赘述。

1. 编辑栏

编辑栏用来显示和编辑当前活动的单元格中的数据或公式。在默认情况下，编辑栏中包括名称框、"浏览公式结果"按钮、"插入函数"按钮和编辑框，在单元格中输入数据或插入公式与函数时，编辑栏中的"取消"按钮和"输入"按钮也将显示出来。

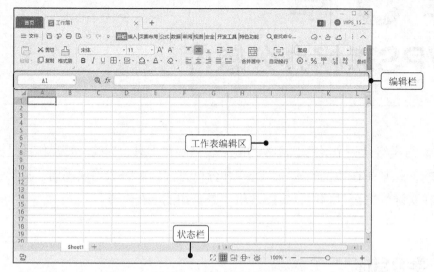

图5-1　WPS表格工作界面

- **名称框**：名称框用来显示当前单元格的地址或函数名称，在名称框中输入"A3"后，按【Enter】键则表示选中A3单元格。
- **"浏览公式结果"按钮**：单击该按钮将自动显示当前包含公式或函数的单元格的计算结果。
- **"插入函数"按钮**：单击该按钮，将快速打开"插入函数"对话框，在其中可选择相应的函数插入表格。
- **"取消"按钮**：单击该按钮表示取消输入的内容。
- **"输入"按钮**：单击该按钮表示确定并完成输入。
- **编辑框**：编辑框用于显示在单元格中输入或编辑的内容，也可直接在其中输入或编辑内容。

2．工作表编辑区

工作表编辑区是WPS表格编辑数据的主要场所，它包括行号与列标、单元格地址和工作表标签等。

- **行号与列标、单元格地址**：行号用"1,2,3,…"等阿拉伯数字标识，列标用"A,B,C,…"等大写英文字母标识。一般情况下，单元格地址表示为"列标+行号"，如位于A列1行的单元格可表示为A1单元格。
- **工作表标签**：用来显示工作表的名称，WPS表格软件默认只包含一张工作表，单击"新工作表"按钮＋，将新建一张工作表。当工作簿中包含多张工作表后，便可单击任意一个工作表标签进行工作表之间的切换操作。

3．状态栏

状态栏位于工作界面的最底端，主要用于调节当前表格的显示比例和视图显示模式。

5.1.2　认识工作簿、工作表、单元格

工作簿、工作表和单元格是构成WPS表格的框架，同时它们之间也存在包含与被包含的关系。了解其概念和相互之间的关系，有助于在WPS表格中执行相应的操作。

1.　工作簿、工作表和单元格的概念

下面首先了解工作簿、工作表和单元格的概念。

● **工作簿**：工作簿即WPS表格文件，它是用来存储和处理数据的主要文档，也被称为电子表格。默认情况下，新建的工作簿以"工作簿1"命名，若继续新建工作簿，则将以"工作簿2""工作簿3"等命名，且工作簿的名称将显示在标题栏的文档名处。

● **工作表**：工作表是用来显示和分析数据的工作场所，它存储在工作簿中。默认情况下，一张工作簿中只包含1个工作表，且以"Sheet1"命名，若继续新建工作簿，则将以"Sheet2""Sheet3"等命名，且其名称将显示在"工作表标签"栏中。

● **单元格**：单元格是WPS表格中最基本的存储数据单元，它通过对应的行号和列标进行命名和引用。单个单元格地址可表示为"列标+行号"，而多个连续的单元格称为单元格区域，其地址可表示为"单元格:单元格"，如A2单元格与C5单元格之间连续的单元格可表示为A2:C5单元格区域。

2.　工作簿、工作表、单元格的关系

工作簿中包含了一张或多张工作表，工作表又是由排列成行和列的单元格组成的。在计算机中，工作簿以文件的形式独立存在，WPS表格创建的文件扩展名为".et"，而工作表依附在工作簿中，单元格依附在工作表中，因此，它们之间的关系是包含与被包含的关系。

5.1.3　切换工作簿视图

在WPS表格中，用户可根据需要在状态栏中单击视图按钮组 中的相应按钮，或在"视图"选项卡中单击相应的按钮，来切换工作簿视图。下面分别介绍各工作簿视图的作用。

● **全屏显示视图**：当表格中有很多数据时，用户可通过全屏模式最大限度地把表格的行列在同一个屏幕中全部显示出来，方便查看。用户进入全屏视图后，WPS表格中的"文件"选项卡、功能区和任务栏将自动隐藏，单击"关闭全屏显示"按钮即可退出该模式。

● **普通视图**：普通视图是WPS表格的默认视图，用于正常显示工作表，在其中可以执行数据输入、数据计算和图表制作等操作。

● **分页预览视图**：分页预览视图可以显示蓝色的分页符，用户可以用鼠标拖曳分页符以改变显示的页数和每页的显示比例。

● **阅读模式视图**：在阅读模式视图中，用户可以查看与当前单元格处于同一行和列的相关数据。

● **护眼模式视图**：开启该视图，可以缓解眼疲劳。

5.1.4　工作簿的基本操作

使用WPS表格创建的文档称为工作簿，它是用于存储和处理数据的主要文档，也称为电子表格。默认新建的工作簿以"工作簿 1"命名，并显示在标题栏的文档名处。工作簿的基本操作包括新建、保存和加密保护等，下面进行详细介绍。

1. 新建工作簿

新建工作簿的方法与新建WPS文档的方法类似。下面主要对常用的3种方法进行介绍。

● 选择"开始"→"WPS Office"命令，启动WPS Office，单击"新建"按钮，在打开的界面中，单击"表格"选项卡，单击"新建空白文档"按钮即可。

● 启动WPS表格软件，直接按【Ctrl+N】组合键，可以快速新建一个空白的电子表格。

● 在桌面或文件夹的空白位置处单击鼠标右键，在弹出的快捷菜单中选择"新建"→"XLSX工作表"命令，也可以新建空白工作簿。

2. 保存工作簿

编辑工作簿后，需要对工作簿进行保存操作。重复编辑的工作簿，可根据需要直接进行保存，也可通过另存为操作将编辑过的工作簿保存为新的文件，下面分别介绍这两种保存方法。

● **直接保存**：在快速访问工具栏中单击"保存"按钮，或按【Ctrl+S】组合键，或选择"文件"→"保存"命令，在打开的"另存文件"对话框中选择不同的保存方式进行保存，如图5-2所示。如果是第一次进行保存操作，将打开"另存文件"对话框，在该对话框中可设置文件的保存位置，在"文件名"下拉列表中可输入工作簿名称，设置完成后单击"保存"按钮即可完成保存操作；若已保存过工作簿，则不再打开"另存文件"对话框，直接完成保存。

图5-2　"另存文件"对话框

● **另存为**：如果需要将编辑过的工作簿保存为新文件，可选择"文件"→"另存为"命令，在打开的"另存文件"对话框中选择所需的保存方式进行工作簿的保存即可。

3. 加密保护工作簿

在商务办公中，工作簿中经常会有涉及公司机密的数据信息，这时通常会为工作簿设置打开和修改密码。下面为工作簿设置打开和修改密码，具体操作如下。

微课
加密保护工作簿

① 在WPS Office中，新建一个工作簿，并将其以"采购物资清单"为名称

进行保存，选择"文件"→"文档加密"→"密码加密"命令。

② 打开"密码加密"对话框，在"打开文件密码"文本框中输入"123456"，在"再次输入密码"文本框中输入"123456"。

③ 在"修改文件密码"文本框中输入"123456"，在"再次输入密码"文本框中输入"123456"，单击"应用"按钮，如图5-3所示。

④ 重新打开工作簿时，将先打开"文档已加密"对话框，在"文档已加密"文本框中输入"123456"，单击"确定"按钮。

⑤ 打开"文档已加密"对话框，在"文档已加密"文本框中输入"123456"，单击"解锁编辑"按钮，如图5-4所示。

图5-3　设置密码

图5-4　使用密码打开工作簿

5.1.5　工作表的基本操作

工作表是用于显示和分析数据的工作场所。工作表就是表格内容的载体，熟练掌握各项操作可以轻松输入、编辑和管理数据。下面将介绍工作表的一些基本操作。

1. 选择工作表

选择工作表是一项非常基础的操作，包括选择一张工作表、选择连续的多张工作表、选择不连续的多张工作表和选择所有工作表等。

● **选择一张工作表**：单击相应的工作表标签，即可选择该工作表。
● **选择连续的多张工作表**：在选择一张工作表后按住【Shift】键，再选择不相邻的另一张工作表，即可同时选择这两张工作表之间的所有工作表。被选择的工作表呈白底显示。
● **选择不连续的多张工作表**：选择一张工作表后按住【Ctrl】键，再依次单击其他工作表标签，即可同时选择所单击的工作表。
● **选择所有工作表**：在工作表标签的任意位置单击鼠标右键，在弹出的快捷菜单中选择"选定全部工作表"命令，可选择所有的工作表。

2. 重命名工作表

对工作表进行重命名，可以帮助用户快速了解工作表内容，便于查找和分类。重命名工作表的方法主要有以下两种。

● 双击工作表标签，此时工作表标签呈可编辑状态，输入新的名称后按【Enter】键。
● 在工作表标签上单击鼠标右键，在弹出的快捷菜单中选择"重命名"命令，工作表标签呈可编辑状态，输入新的名称后按【Enter】键。

3. 添加与删除工作表

在实际工作中有时可能需要用到更多的工作表，那么此时就需要在工作簿中添加新的工作表。而对于多余的工作表，则可以直接删除。添加与删除工作表的具体操作如下。

① 在工作表标签中单击"新建工作表"按钮。

② 此时，表格中"Sheet1"工作表的右侧自动新建了一个名为"Sheet2"的空白工作表。

③ 在新添加的"Sheet2"工作表标签上单击鼠标右键，在弹出的快捷菜单中选择"删除工作表"命令，删除该工作表。

4. 在同一工作簿中移动或复制工作表

需要重复使用工作表时，就可能出现移动或复制工作表的情况。其实现方法比较简单，在要移动的工作表标签上按住鼠标左键不放，将其拖到目标位置即可；如果要复制工作表，则在拖曳鼠标时按住【Ctrl】键即可。

5. 在不同工作簿中移动或复制工作表

在办公中也存在将一个工作簿中的工作表移动或复制到另一个工作簿中的情况。打开"客户档案表.xlsx"工作簿，将"2020年"工作表复制到"2020年客户档案表.xlsx"工作簿中，具体操作如下。

① 在WPS Office中，打开"客户档案表.xlsx"工作簿（配套资源：\素材\第5章\客户档案表.xlsx）和"2020年客户档案表"工作簿（配套资源：\素材\第5章\2020年客户档案表.xlsx），在"客户档案表.xlsx"工作簿中选择要复制的"2020年"工作表，然后单击鼠标右键，在弹出的快捷菜单中选择"移动或复制工作表"命令，打开"移动或复制工作表"对话框。

② 在"工作簿"下拉列表中选择"2020年客户档案表.xlsx"工作簿，在"下列选定工作表之前"列表中选择要移动或复制到的位置，这里选择"2020年"选项，单击选中"建立副本"复选框，复制工作表，如图5-5所示。

③ 单击"确定"按钮，完成工作表的复制，效果如图5-6所示（配套资源：\效果\第5章\2020年客户档案表.xlsx）。

图5-5 复制工作表

图5-6 完成复制操作

6. 设置工作表标签的颜色

WPS表格中默认的工作表标签颜色是相同的，为了区别工作簿中的各个工作表，除了对工作表进行重命名，还可以为工作表的标签设置不同的颜色加以区分。设置工作表标签的颜色的具体操作：在需要设置颜色的工作表标签上单击鼠标右键，在弹出的快捷菜单中选择"工作表标签颜色"命令，在打开的列表的"主题颜色"栏中选择需要的颜色选项即可。

7. 工作表的保护

微课
工作表的保护

为防止他人在未经授权的情况下对工作表中的数据进行编辑或修改，也需要为工作表设置密码进行保护。下面对"采购物资清单.xlsx"工作簿中的工作表设置密码保护，具体操作如下。

① 在WPS Office中打开"采购物资清单.xlsx"工作簿（配套资源：\素材\第5章\采购物资清单.xlsx），选择要保护的"申请人-戴伟"工作表，单击"开始"选项卡中的"工作表"按钮，在打开的下拉列表中选择"保护工作表"选项。

② 打开"保护工作表"对话框，在"密码"文本框中输入"123456"，单击"确定"按钮。

③ 打开"确认密码"对话框，在"重新输入密码"文本框中输入密码"123456"，单击"确定"按钮，如图5-7所示。

④ 在完成工作表的保护设置后，如果对工作表进行编辑操作，则会打开图5-8所示的提示框。此时，单击"确定"按钮后，仍然无法对工作表进行编辑操作，只有撤销工作表保护，才能进行操作（配套资源：\效果\第5章\采购物资清单.xlsx）。

图5-7　确认密码

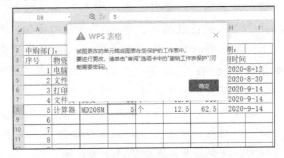

图5-8　成功保护工作表

5.1.6　单元格的基本操作

为使制作的表格更加整洁美观，用户可对工作表中的单元格进行编辑整理，常用的操作包括选择单元格、插入与删除单元格、合并与拆分单元格等，以方便数据的输入和编辑，下面分别进行介绍。

1. 选择单元格

要在表格中输入数据，首先应选择输入数据的单元格。在工作表中选择单元格的方法有以下6种。

● **选择单个单元格**：单击单元格，或在名称框中输入单元格的行号和列号后按【Enter】键，即可选择所需的单元格。

● **选择所有单元格**：单击行号和列标左上角交叉处的"全选"按钮，或按【Ctrl+A】

组合键，即可选择工作表中的所有单元格。

●**选择相邻的多个单元格**：选择起始单元格后，按住鼠标左键不放拖曳鼠标到目标单元格，或在按住【Shift】键的同时选择目标单元格，即可选择相邻的多个单元格。

●**选择不相邻的多个单元格**：在按住【Ctrl】键的同时依次单击需要选择的单元格，即可选择不相邻的多个单元格。

●**选择整行**：将鼠标指针移动到需选择行的行号上，当鼠标指针变成 → 形状时，单击即可选择该行。

●**选择整列**：将鼠标指针移动到需选择列的列标上，当鼠标指针变成 ↓ 形状时，单击即可选择该列。

2. 插入与删除单元格

在表格中可插入和删除单个单元格，也可插入或删除一行或一列单元格。

●**插入单元格**：选择单元格，在"开始"选项卡中单击"行和列"按钮，在打开的下拉列表中选择"插入单元格"选项，再在打开的子列表中选择"插入行"或"插入列"选项，即可插入整行或整列单元格；在"开始"选项卡中单击"行和列"按钮，在打开的下拉列表中选择"插入单元格"选项，再在打开的子列表中选择"插入单元格"选项，打开"插入"对话框，如图5-9所示，单击选中"活动单元格右移"或"活动单元格下移"单选按钮后，单击"确定"按钮，即可在选中单元格的左侧或上侧插入单元格；单击选中"整行"或"整列"单选按钮，并在其后的文本框中输入相关数据后，单击"确定"按钮，即可在选中单元格上侧插入整行单元格或在左侧插入整列单元格。

图5-9　插入单元格

●**删除单元格**：选择要删除的单元格，在"开始"选项卡中单击"行和列"按钮，在打开的下拉列表中选择"删除单元格"选项，再在打开的子列表中选择"删除行"或"删除列"选项，即可删除整行或整列单元格；选择"删除单元格"选项，打开"删除"对话框，单击选中对应单选按钮后，单击"确定"按钮即可删除所选单元格，并使不同位置的单元格代替所选单元格。

3. 合并与拆分单元格

当默认的单元格样式不能满足实际需要时，可通过合并与拆分单元格的方法来更改表格样式。

●**合并单元格**：在编辑表格的过程中，为了使表格结构看起来更美观、层次更清晰，有时需要合并某些单元格区域。选择需要合并的多个单元格，在"开始"选项卡中单击"合并居中"按钮，即可合并单元格，并使其中的内容居中显示。除此之外，单击按钮下方的下拉按钮，还可在打开的下拉列表中选择"合并单元格""合并相同单元格""合并内容"等选项。

●**拆分单元格**：拆分单元格的方法与合并单元格的方法完全相反，在拆分时需先选择合并后的单元格，然后单击"合并居中"按钮，或单击鼠标右键，在打开的快捷菜单中选择"设置单元格格式"选项，打开"单元格格式"对话框，在"对齐"选项卡中的"文本控制"栏中取消选中"合并单元格"复选框，然后单击"确定"按钮，即可拆分已合并的单元格。

5.1.7　数据输入与填充

输入数据是制作表格的基础，WPS表格支持各种类型数据的输入，包括文本和数字等一般数据，以及身份证、小数或货币等特殊数据。对于编号等有规律的数据序列，还可利用快速填充功能实现高效输入。

1. 输入普通数据

在WPS表格中输入一般数据主要有以下3种方式。

- **选择单元格输入**：选择单元格后，直接输入数据，然后按【Enter】键。
- **在单元格中输入**：双击要输入数据的单元格，将文本插入点定位到其中，输入所需数据后按【Enter】键。
- **在编辑栏中输入**：选择单元格，然后将鼠标指针移到编辑栏中并单击，将文本插入点定位到编辑栏中，输入数据并按【Enter】键。

2. 快速填充数据

有时需要输入一些相同或有规律的数据，如序号。手动输入则会增大工作量，为此，WPS表格专门提供了快速填充数据的功能，可以大大提高输入数据的准确性和工作效率。

微课
通过"序列"对话框填充数据

（1）通过"序列"对话框填充数据

对于有规律的数据，WPS表格提供了快速填充功能，只需在表格中输入一个数据，便可在连续单元格中快速输入有规律的数据，具体操作如下。

① 在起始单元格中输入起始数据，如"20201001"，然后选择需要填充规律数据的单元格区域，如A1:A10，在"开始"选项卡中单击"填充"按钮下方的下拉按钮，在打开的下拉列表中选择"序列"选项，打开"序列"对话框。

② 在"序列产生在"栏中选择序列产生的位置，这里单击选中"列"单选按钮，在"类型"栏中选择序列的特性，这里单击选中"等差序列"单选按钮，在"步长值"文本框中输入序列的步长，这里输入"1"，如图5-10所示。

③ 单击"确定"按钮，便可填充序列数据，填充数据后的效果如图5-11所示。

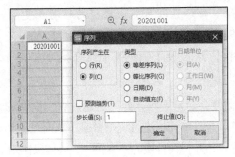

图5-10　设置"序列"

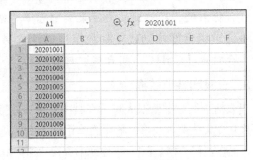

图5-11　填充效果

（2）使用控制柄填充数据

若在起始单元格中输入的起始数据是文本，将鼠标指针移至该单元格右下角的控制柄上，当其变为+形状时，按住鼠标左键不放并拖曳至所需位置，释放鼠标，即可在选择的单元格区域中填充相同的数据。

若在起始单元格中输入的起始数据是数字（数字的长度小于12位）或日期之类的有规律的数据，将鼠标指针移至该单元格右下角的控制柄上，当其变为+形状时，按住鼠标左键不放并拖曳至所需位置，释放鼠标，即可在选择的单元格区域中填充等差为1的等差数列数据。需要注意的是，在这种情况下，按住【Ctrl】键拖曳控制柄，可填充相同的数据，如果已经设置了填充方式，则按照所设置的方式进行填充。

5.1.8　数据的编辑

在编辑表格的过程中，还可以对已有的数据进行修改和删除、移动或复制、查找和替换、使用记录单批量修改数据、设置数据有效性等编辑操作。

1. 修改和删除数据

在表格中修改和删除数据主要有以下3种方法。

● **在单元格中修改或删除数据**：双击需修改或删除数据的单元格，在单元格中定位文本插入点，修改或删除数据，然后按【Enter】键完成操作。

● **选择单元格修改或删除数据**：当需要对某个单元格中的全部数据进行修改或删除时，只需选择该单元格，然后重新输入正确的数据；也可在选择单元格后按【Delete】键删除所有数据，然后输入需要的数据，再按【Enter】键快速完成修改。

● **在编辑栏中修改或删除数据**：选择单元格，将鼠标指针移到编辑栏中并单击，将文本插入点定位到编辑栏中，修改或删除数据后按【Enter】键完成操作。

2. 移动或复制数据

在表格中移动、复制数据主要有以下3种方法。

● **通过按钮移动或复制数据**：选择需要移动或复制数据的单元格，在"开始"选项卡中单击"剪切"按钮或"复制"按钮，选择目标单元格，然后单击"粘贴"按钮即可。

● **通过右键快捷菜单移动或复制数据**：选择需要移动或复制数据的单元格，单击鼠标右键，在弹出的快捷菜单中选择"剪切"或"复制"命令，选择目标单元格，然后单击鼠标右键，在弹出的快捷菜单中选择"粘贴"命令，即可完成数据的移动或复制。

● **通过组合键移动或复制数据**：选择需要移动或复制数据的单元格，按【Ctrl+X】组合键或【Ctrl+C】组合键，选择目标单元格，然后按【Ctrl+V】组合键即可。

3. 查找和替换数据

当表格中的数据量很大时，在其中直接查找数据就会非常困难，此时可通过WPS提供的查找和替换功能来快速查找符合条件的单元格，还能快速对这些单元格进行统一替换，从而提高编辑效率。下面在"客户档案表1"工作簿中查找"国营企业"，并将其替换为"国企"，具体操作如下。

① 在WPS Office中，打开"客户档案表1.xlsx"工作簿（配套资源：\素材\第5章\客户档案表1.xlsx），在"开始"选项卡中单击"查找"按钮，在打开的下拉列表中选择"查找"选项，打开"查找"对话框。

② 在"查找内容"文本框中输入"国营企业"，单击"查找下一个"按钮，如图5-12所

示，便能快速查找到匹配条件的单元格。

③ 单击"选项"按钮，可以展开更多的查找条件，包括范围、搜索、查找范围等。单击"查找全部"按钮，可以在"查找"对话框下方列表中显示所有包含所需查找文本的单元格位置，如图5-13所示。

图5-12　查找数据

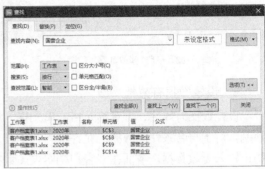

图5-13　"查找全部"的结果

④ 单击"替换"选项卡，在"替换为"文本框中输入"国企"，单击"全部替换"按钮，打开提示对话框，单击"确定"按钮即可，如图5-14所示（配套资源：\效果\第5章\客户档案表1.xlsx）。

图5-14　替换数据

4. 使用记录单批量修改数据

如果工作表的数据量巨大，那么在输入数据时就需要耗费很多时间在来回切换行、列的位置上，有时还容易出现错误。此时，可通过WPS表格的"记录单"功能，在打开的"记录单"对话框中批量编辑数据，而不用在长表格中编辑数据。下面在"客户档案表"工作簿中使用记录单修改数据，具体操作如下。

① 在WPS Office中，打开"客户档案表.xlsx"工作簿（配套资源：\素材\第5章\客户档案表.xlsx），选择A2:H27单元格区域，单击"数据"选项卡中的"记录单"按钮。

② 打开"2020年"对话框，单击"下一条"按钮，进入第二条记录单，在"主要负责人"文本框中输入"张思"，在"电话"文本框中输入"1870512****"，单击"关闭"按钮，如图5-15所示。

③ 返回WPS表格工作界面，在第4行单元格中即可看到修改后的数据，如图5-16所示（配套资源：\效果\第5章\客户档案表（记录单）.xlsx）。

微课
使用记录单批量
修改数据

图5-15 修改数据

图5-16 查看修改数据后的效果

5. 设置数据有效性

设置数据有效性，可对单元格或单元格区域输入的数据从内容到范围进行限制。对于符合条件的数据，允许输入；不符合条件的数据，则禁止输入，可防止输入无效数据。下面在"客户档案表（数据有效性）.xlsx"工作簿中设置数据有效性，具体操作如下。

微课
设置数据有效性

① 在WPS Office中，打开"客户档案表（数据有效性）.xlsx"工作簿（配套资源：\素材\第5章\客户档案表（数据有效性）.xlsx），在工作表中选择D3:D27单元格区域，单击"数据"选项卡中的"有效性"按钮。

② 打开"数据有效性"对话框，在"设置"选项卡的"允许"下拉列表中选择"整数"选项，在"数据"下拉列表中选择"大于或等于"选项，在"最小值"文本框中输入"100"，如图5-17所示。

③ 单击"出错警告"选项卡，在"样式"下拉列表中选择"停止"选项，在"错误信息"栏中输入"只能输入大于100的整数"，单击"确定"按钮，如图5-18所示。

④ 在D8单元格中输入数字"50"后，按【Enter】键软件会自动弹出错误提示信息，此时需要重新输入正确的数字，如图5-19所示（配套资源：\效果\第5章\客户档案表（数据有效性）.xlsx）。

图5-17 设置验证条件

图5-18 设置出错警告

图5-19 验证数据有效性

5.1.9 数据格式设置

在输入并编辑好表格数据后，为了使工作表中的数据更加清晰明了、美观实用，通常需要对表格格式进行设置和调整。在WPS表格中设置数据格式主要包括设置字体格式、设置对齐方式和设置数字格式3方面的内容。

1. 设置字体格式

为表格中的数据设置不同的字体格式，不仅可以使表格更加美观，还可以方便用户对表格内容进行区分，便于查阅。设置字体格式主要可以通过"开始"选项卡和"单元格格式"对话框的"字体"选项卡两种途径来实现。

- **通过"开始"选项卡设置**：选择要设置的单元格，在"开始"选项卡的"字体"下拉列表和"字号"下拉列表中可设置表格数据的字体和字号，单击"加粗"按钮、"倾斜"按钮、"下画线"按钮和"字体颜色"按钮，可为表格中的数据设置加粗、倾斜、下画线和颜色效果。
- **通过"单元格格式"对话框设置**：选择要设置的单元格，单击鼠标右键，在弹出的快捷菜单中选择"设置单元格格式"命令，打开"单元格格式"对话框，单击"字体"选项卡，在其中可以设置单元格中数据的字体、字形、字号、下画线、特殊效果和颜色等，如图5-20所示。

2. 设置对齐方式

在WPS中，数字的默认对齐方式为右对齐，文本的默认对齐方式为左对齐，用户也可根据实际需要对其进行重新设置。设置对齐方式主要可以通过"开始"选项卡和"单元格格式"对话框的"对齐"选项卡来实现。

- **通过"开始"选项卡设置**：选择要设置的单元格，在"开始"选项卡中单击"左对齐"按钮、"居中"按钮、"右对齐"按钮等，可快速为选择的单元格设置相应的对齐方式。
- **通过"单元格格式"对话框设置**：选择需要设置对齐方式的单元格或单元格区域，单击"单元格格式：对齐方式"按钮，打开"单元格格式"对话框的"对齐"选项卡，可以设置单元格中数据的水平和垂直对齐方式、文字的排列方向和文本控制等，如图5-21所示。

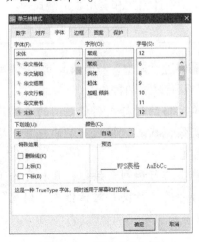

图5-20 "字体"选项卡   图5-21 "对齐"选项卡

3. 设置数字格式

设置数字格式是指修改数值类单元格格式，可以通过"开始"选项卡或"单元格格式"对话框的"数字"选项卡来实现。

- **通过"开始"选项卡设置**：选择要设置的单元格，在"开始"选项卡中单击"常规"下拉列表框右侧的下拉按钮，在打开的下拉列表中可以选择一种数字格式。此外，单击"中文货币符号"按钮、"百分比样式"按钮、"千位分隔样式"按钮等，可快速将数据转换为会计数字中文货币符号格式、百分比格式、千位分隔符格式等格式。
- **通过"单元格格式"对话框设置**：选择需要设置数据格式的单元格，单击鼠标右键，在弹出的快捷菜单中选择"设置单元格格式"命令，打开"单元格格式"对话框的"数字"选项卡，在其中可以设置单元格中的数据类型，如货币型、日期型等。

另外，如果用户需要在单元格中输入身份证号码、分数等特殊数据，也可通过设置数字格式功能来实现。

- **输入身份证号码**：选择要输入的单元格区域，单击鼠标右键，在弹出的快捷菜单中选择"设置单元格格式"命令，单击"单元格格式"对话框的"数字"选项卡，在"分类"列表中选择"文本"选项，或选择"自定义"选项后，在"类型"列表中选择"@"选项，单击"确定"按钮。
- **输入分数**：先输入一个英文状态下的单引号"'"，再输入分数即可。也可以选择要输入分数的单元格区域，打开"单元格格式"对话框，在"数字"选项卡中的"分类"列表中选择"分数"选项，并在对话框右侧设置分数格式，然后单击"确定"按钮进行输入。

5.2 设置表格格式

默认状态下，表格是没有格式的，用户可根据实际需要进行自定义设置，包括设置行高和列宽、设置单元格边框、设置单元格填充颜色、使用条件格式和套用表格格式等。

5.2.1 设置行高和列宽

在WPS表格中，单元格的行高与列宽可根据需要进行调整，一般情况下，将其调整为能够完全显示表格数据即可。设置行高和列宽的方法主要有以下两种。

- **通过拖曳边框线调整**：将鼠标指针移至单元格的行标或列标之间的分隔线上，按住鼠标左键不放，此时将出现一条灰色的实线，代表边框线移动的位置，拖曳到适当位置后释放鼠标即可调整单元格行高与列宽。
- **通过对话框设置**：在"开始"选项卡中单击"行和列"按钮，在打开的下拉列表中选择"行高"选项或"列宽"选项，在打开的"行高"对话框或"列宽"对话框中输入行高值或列宽值，单击"确定"按钮。

5.2.2 设置单元格边框

WPS表格中的单元格边框是默认显示的，但是默认状态下的边框不能打印，为了满足打印需要，可为单元格设置边框效果。单元格边框效果可通过"开始"选项卡中的"所有框线"按钮和"单元格格式"对话框的"边框"选项卡两种途径进行设置。

- ●通过"所有框线"按钮设置：选择要设置的单元格后，在"开始"选项卡中单击"所有框线"下拉按钮，在打开的下拉列表中可选择所需的边框线样式，而单击"绘图边框"下拉按钮，在打开的下拉列表中选择"线条颜色"和"线条样式"选项可设置边框的线型和颜色。
- ●通过"单元格格式"对话框设置：选择需要设置边框的单元格，打开"单元格格式"对话框，单击"边框"选项卡，在其中可设置各种粗细、样式或颜色的边框。

5.2.3 设置单元格填充颜色

需要突出显示某个或某部分单元格时，可选择为单元格设置填充颜色。设置填充颜色可通过"填充颜色"按钮和"单元格格式"对话框的"填充"选项卡来实现。

- ●通过"填充颜色"按钮设置：选择要设置的单元格后，在"开始"选项卡中单击"填充颜色"下拉按钮，在打开的下拉列表中可选择所需的填充颜色。
- ●通过"单元格格式"对话框设置：选择需要设置的单元格，打开"单元格格式"对话框，单击"填充"选项卡，在其中可设置填充的颜色和图案样式。

5.2.4 使用条件格式

通过WPS的条件格式功能，可以为表格设置不同的条件格式，并将满足条件的单元格数据突出显示，以便于查看表格内容。

1. 快速设置条件格式

WPS为用户提供了很多常用的条件格式，直接选择所需选项即可快速进行条件格式的设置。下面在"客户档案表.xlsx"工作簿中为"注册资金大于500万元"的单元格设置条件格式，具体操作如下。

微课
快速设置条件格式

① 在WPS Office中，打开"客户档案表.xlsx"工作簿（配套资源：\素材\第5章\客户档案表.xlsx），选择要设置条件格式的单元格区域，这里选择D3:D27单元格区域。

② 在"开始"选项卡中单击"条件格式"按钮，在打开的下拉列表中选择"突出显示单元格规则"→"大于"选项，如图5-22所示。

③ 打开"大于"对话框，在左侧文本框中输入"500"，在"设置为"下拉列表中选择"绿填充色深绿色文本"选项，设置突出显示的颜色，然后单击"确定"按钮，如图5-23所示。设置完成后，即可看到满足条件的数据被突出显示的效果（配套资源：\效果\第5章\客户档案表（设置条件格式）.xlsx）。

2. 新建条件格式规则

如果WPS表格提供的条件格式选项不能满足实际需要，用户也可通过新建格式规则的方式来创建适合的条件格式。具体方法：选择要设置的单元格区域后，在"开始"选项卡中单击"条件格式"按钮，在打开的下拉列表中选择"新建规则"选项，打开"新建格式规则"对话框，在其中可以选择规则类型和对应用条件格式的单元格格式进行编辑，设置完成后单击"确定"按钮即可。

图5-22　选择条件格式

图5-23　设置条件格式

5.2.5　套用表格格式

利用WPS表格的自动套用格式功能可以快速设置单元格和表格格式，对表格进行美化。

- **应用单元格样式**：在工作表中选择需要应用样式的单元格，单击"开始"选项卡中的"格式"按钮，在打开的下拉列表中选择"样式"选项，再在打开的子列表中选择相应选项即可。

- **套用表格格式**：在工作表中选择需要套用表格格式的单元格区域，单击"开始"选项卡中的"表格样式"按钮，在打开的下拉列表中选择需要的样式选项，打开"套用表格样式"对话框，在"表数据的来源"文本框中显示了选择的表格区域，确认无误后，单击"确定"按钮即可。

5.3　使用公式与函数

WPS表格作为一款功能强大的数据处理软件，它的强大性主要体现在数据计算和分析方面。WPS表格不仅可以通过公式对表格中的数据进行一般的加、减、乘、除运算，还可以利用函数进行一些复杂运算，极大地提高了用户的工作效率。

5.3.1　公式的定义

WPS表格中的公式即对工作表中的数据进行计算的等式，以"=（等号）"开始，通过各种运算符号，将值或常量和单元格引用、函数返回值等组合起来，形成公式表达式。公式是计算表格数据非常有效的工具，WPS表格可以自动计算公式表达式的结果，并显示在相应的单元格中。下面介绍与公式有关的一些概念。

- **数据的类型**：在WPS表格中，常用的数据类型主要包括数值型、文本型和逻辑型3种，其中数值型是表示大小的具体值，文本型表示一个名称或提示信息，逻辑型表示真或者假。

- **常量**：WPS表格中的常量包括数字和文本等各类数据，主要可分为数值型常量、文本型常量和逻辑型常量。数值型常量可以是整数、小数或百分数，不能带千分位和货币符号。文本型常量是用英文双引号（ " " ）引起来的若干字符，但其中不能包含英文双引号。逻辑型常量只有两个值，"true"和"false"，分别表示真和假。

● **运算符**：运算符即公式中的运算符号，用于对公式中的元素进行特定计算。运算符主要用于连接数字并产生相应的计算结果。运算符有算术运算符、比较运算符、文本运算符、引用运算符和括号运算符5种，当一个公式中包含了这5种运算符时，应遵循从高到低的优先级进行计算；若公式中包含多个括号运算符，则一定要注意每个左括号必须配一个右括号。

● **语法**：WPS表格中的公式是按照特定的顺序进行数值运算的，这一特定顺序即为语法。WPS表格中的公式遵循特定的语法，即最前面是等号，后面是参与计算的元素和运算符。如果公式中同时用到了多个运算符，则需按照运算符的优先级别进行运算，如果公式中包含了相同优先级别的运算符，则先进行括号里面的运算，然后再从左到右依次计算。

● **公式的构成**：WPS表格中的公式由 "=" + "运算式" 构成，运算式是由运算符构成的计算式，也可以是函数，计算式中参与计算的可以是常量，可以是单元格地址，也可以是函数。

5.3.2 公式的使用

WPS表格中的公式可以帮助用户快速完成各种计算，而为了进一步提高计算效率，在实际计算数据的过程中，用户除了需要输入和编辑公式，通常还需要对公式进行填充、复制和移动等操作。

1. 输入公式

在WPS表格中输入公式的方法与输入数据的方法类似，只需将公式输入相应的单元格中，即可计算出结果。输入公式的方法：选择要输入公式的单元格，在单元格或编辑栏中输入"="，接着输入公式内容，完成后按【Enter】键或单击编辑栏上的"输入"按钮即可。

在单元格中输入公式后，按【Enter】键可在计算出公式结果的同时选择同列的下一个单元格；按【Tab】键可在计算出公式结果的同时选择同行的下一个单元格；按【Ctrl+Enter】组合键则可在计算出公式结果后，仍保持当前单元格的选择状态。

2. 编辑公式

编辑公式与编辑数据的方法相同。选择含有公式的单元格，将文本插入点定位在编辑栏或单元格中需要修改的位置，按【Back Space】键删除多余或错误的内容，再输入正确的内容，完成后按【Enter】键即可完成对公式的编辑，WPS表格会自动计算新公式。

3. 填充公式

在输入公式完成计算后，如果该行或该列后的其他单元格皆需使用该公式进行计算，可直接通过填充公式的方式快速完成其他单元格的数据计算。

选择已添加公式的单元格，将鼠标指针移至该单元格右下角的控制柄上，当其变为形状时，按住鼠标左键不放并拖曳至所需位置，释放鼠标，即可在选择的单元格区域中填充相同的公式并计算出结果，如图5-24所示。

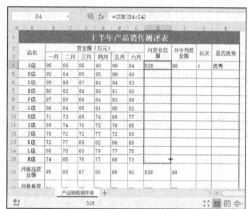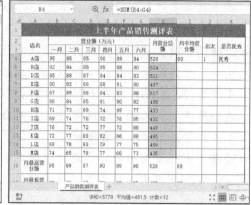

图5-24　拖曳鼠标填充公式

4.复制和移动公式

在WPS表格中复制公式是快速计算数据的最佳方法，因为在复制公式的过程中，WPS表格会自动改变引用单元格的地址，可避免手动输入公式的麻烦，提高工作效率。通常使用"开始"选项卡或单击鼠标右键进行复制粘贴；也可以通过拖曳控制柄进行复制；还可选择添加了公式的单元格，按【Ctrl+C】组合键进行复制，然后再将文本插入点定位到要复制到的单元格，按【Ctrl+V】组合键进行粘贴就可完成对公式的复制。

移动公式即将原始单元格的公式移动到目标单元格中，公式在移动过程中不会根据单元格的位移情况发生改变。移动公式的方法与移动其他数据的方法相同。

5.3.3　单元格的引用

引用单元格的作用在于标识工作表中的单元格或单元格区域，并通过引用单元格来标识公式中所使用的数据地址，这样在创建公式时就可以直接通过引用单元格的方法来快速创建公式并实现计算，提高计算数据的效率。

1.单元格引用类型

在计算数据表中的数据时，通常会通过复制或移动公式来实现快速计算，这就涉及单元格引用的知识。根据单元格地址是否改变，可将单元格引用分为相对引用、绝对引用和混合引用。

微课
单元格的引用

- 相对引用：相对引用是指输入公式时直接通过单元格地址来引用单元格。相对引用单元格后，如果复制或剪切公式到其他单元格，那么公式中引用的单元格地址会根据复制或剪切的位置而发生相应改变。
- 绝对引用：绝对引用是指无论引用单元格的公式位置如何改变，所引用的单元格均不会发生变化。绝对引用的形式是在单元格的行列号前加上符号"$"。
- 混合引用：混合引用包含了相对引用和绝对引用。混合引用有两种形式：一种是行绝对、列相对，如"B$2"，表示行不发生变化，但是列会随着新的位置发生变化；另一种是行相对、列绝对，如"$B2"，表示列保持不变，但是行会随着新的位置而发生变化。

2. 引用不同工作表中的单元格

在制作表格时，有时需要调用不同工作表中的数据，此时就需要引用其他工作表中的单元格。下面在"日用品销售业绩表.xlsx"工作簿的"Sheet2"工作表的B3单元格中引用"Sheet1"工作表中的数据，并计算出季度销售额。具体操作如下。

① 在WPS Office中，打开"日用品销售业绩表.xlsx"工作簿（配套资源：\素材\第5章\日用品销售业绩表.xlsx），选择"Sheet2"工作表的B3单元格，由于该单元格数据为"白糖"的季度销售额，即需要对"Sheet1"中"白糖"3个月的销售额进行相加。因此，需要在B3单元格中输入"="。

② 单击"Sheet1"工作表的B3单元格，然后输入"+"，再单击"Sheet1"工作表的C3单元格，再次输入"+"，单击"Sheet1"工作表的D3单元格，如图5-25所示。

③ 按【Enter】键确认公式的输入，返回"Sheet2"工作表，在B3单元格中显示了计算结果，将鼠标指针移至B3单元格右下角的控制柄上，当其变为+形状时，按住鼠标左键不放并拖曳至B13单元格，释放鼠标，计算出其他产品的季度销售额，效果如图5-26所示（配套资源：\效果\第5章\日用品销售业绩表.xlsx）。

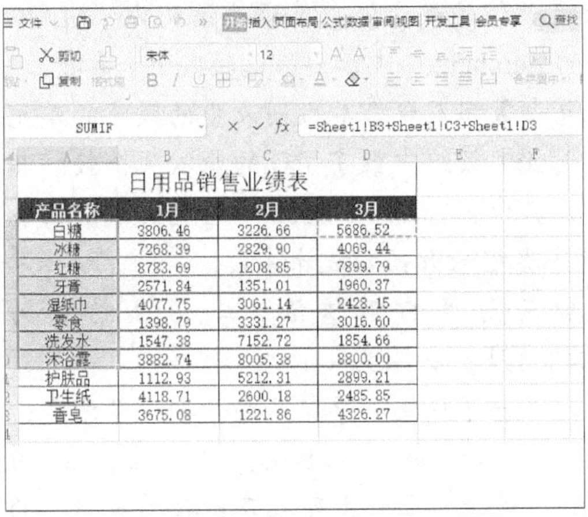

图5-25　输入公式

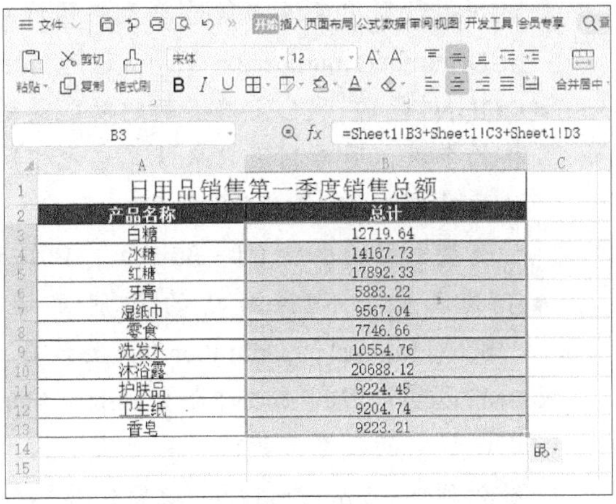

图5-26　填充公式

5.3.4　函数的使用

函数相当于预设好的公式，通过这些函数公式可以简化公式输入过程，提高计算效率。WPS中的函数主要包括财务、统计、逻辑、文本、日期与时间、查找与引用、数学与三角函数、工程、数据库和信息等类型。函数一般包括等号、函数名称和函数参数3个部分，其中函数名称表示函数的功能，每个函数都具有唯一的函数名称；函数参数指函数运算对象，可以是数字、文本、逻辑值、表达式、引用或其他函数等。

1. WPS 表格中的常用函数

WPS表格中提供了多种函数，每个函数的功能、语法结构及其参数的含义各不相同，除使用较多的SUM函数和AVERAGE函数，常用的函数还有IF函数、MAX/MIN函数、COUNT函数、SIN函数、PMT函数、SUMIF函数、RANK函数和INDEX函数等。

- **SUM函数**：SUM函数的功能是对被选择的单元格或单元格区域进行求和计算，其语法结构为"SUM(number1,number2,…)"，其中，number1,number2,…表示若干个需要求和的参数。填写参数时，可以使用单元格地址（如E6,E7,E8），也可以使用单元格区域（如E6:E8），甚至可以混合输入（如E6,E7:E8）。

- **AVERAGE函数**：AVERAGE函数的功能是求平均值，其计算方法是将选择的单元格或单元格区域中的数据先相加，再除以单元格个数。其语法结构为"AVERAGE(number1, number2,…)"，其中，number1,number2,…表示需要计算平均值的若干个参数。

- **IF函数**：IF函数是一种常用的条件函数，它能判断真假值，并根据逻辑计算的真假值返回不同的结果。其语法结构为"IF(logical_test,value_if_true,value_if_false)"，其中，logical_test表示计算结果为true或false的任意值或表达式；value_if_true表示logical_test为true时要返回的值，可以是任意数据；value_if_false表示logical_test为false时要返回的值，也可以是任意数据。

- **MAX/MIN函数**：MAX函数的功能是返回被选中单元格区域中所有数值的最大值，MIN函数则用来返回所选单元格区域中所有数值的最小值。其语法结构为"MAX/MIN(number1,number2,…)"，其中，number1,number2,…表示要筛选的若干个参数。

- **COUNT函数**：COUNT函数的功能是返回包含数字及包含参数列表中的数字的单元格的个数，通常利用它来计算单元格区域或数字数组中数字字段的输入项个数。其语法结构为"COUNT(value1,value2,…)"，其中，value1,value2,…为包含或引用各种类型数据的参数（1～30个），但只有数字类型的数据才被计算。

- **SIN函数**：SIN函数的功能是返回给定角度的正弦值，其语法结构为"SIN(number)"，number为需要计算正弦的角度，以弧度表示。

- **PMT函数**：PMT函数即年金函数，它的功能是基于固定利率及等额分期付款方式，返回贷款的每期付款额。其语法结构为"PMT(rate,nper,pv,fv,type)"，其中，rate为贷款利率；nper为该项贷款的付款总数；pv为现值，或一系列未来付款的当前值的累积和，也称为本金；fv为未来值，或在最后一次付款后希望得到的现金余额，如果省略fv，则假设其值为零，也就是一笔贷款的未来值为零；type为数字0或1，用以指定各期的付款时间是在期初还是期末。

- **SUMIF函数**：SUMIF函数的功能是根据指定条件对若干单元格求和，其语法结构为"SUMIF(range,criteria,sum_range)"，其中，range为用于条件判断的单元格区域；criteria为确定哪些单元格将被作为相加求和的条件，其形式可以为数字、表达式或文本；sum_range为需要求和的实际单元格。

- **RANK函数**：RANK函数是排名函数，其功能是返回某数字在一列数字中相对于其他数字的大小排名。其语法结构为"RANK(number,ref,order)"，其中，number为需要找到排位的数字（单元格内必须为数字）；ref为数字列表数组或对数字列表的引用；order指明排位的方式，order的值为0或1，默认不用输入，得到的就是从大到小的排名，若想求倒数第几名，order的值则应使用1。

- INDEX函数：INDEX函数的功能是返回数据清单或数组中的元素值，此元素由行序号和列序号的索引值给定。函数INDEX的语法结构为"INDEX(array,row_num,column_num)"，其中，array为单元格区域或数组常数；row_num为数组中某行的行序号，函数从该行返回数值；column_num是数组中某列的列序号，函数从该列返回数值。如果省略row_num，则必须有column_num；如果省略column_num，则必须有row_num。

2. 插入函数

在WPS表格中可以通过以下两种方式来插入函数。

- 选择要插入函数的单元格后，单击编辑栏中的"插入函数"按钮，在打开的"插入函数"对话框中选择函数后，单击"确定"按钮，打开"函数参数"对话框，在其中对参数值进行准确设置后，单击"确定"按钮，即可在所选单元格中显示计算结果。
- 选择要插入函数的单元格后，在"公式"选项卡中单击"插入函数"按钮，在打开的"插入函数"对话框中选择函数后，单击"确定"按钮，打开"函数参数"对话框，在其中对参数值进行准确设置后，再单击"确定"按钮。

5.3.5 快速计算与自动求和

WPS表格的计算功能非常人性化，用户既可以选择公式函数来进行计算，又可直接选择某个单元格区域查看其求和、求平均值等结果。

1. 快速计算

选择需要计算单元格之和或单元格平均值的区域，在WPS工作界面的状态栏中可以直接查看计算结果，包括平均值、单元格个数、总和等，如图5-27所示。

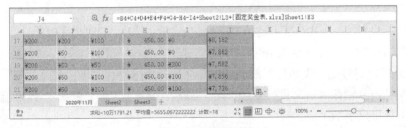

图5-27 快速计算

2. 自动求和

求和函数主要用于计算某一单元格区域中所有数值之和。求和方法：选择需要求和的单元格，在"公式"选项卡中单击"自动求和"按钮，此时，即可在当前单元格中插入求和函数"SUM"，同时WPS表格将自动识别函数参数，单击编辑栏中的"输入"按钮或按"Enter"键，完成求和计算。

5.4 管理表格数据

完成WPS表格中数据的计算后，还应该对其进行适当的管理与分析，以便用户更好地了解表格中的数据信息。如对数据的大小进行排序、筛选出用户需要查看的部分数据内容、分类汇总显示各项数据、合并计算等。

5.4.1 数据排序

排序是最基本的数据管理方法，用于将表格中杂乱的数据按一定的条件进行排序，该功能对浏览数据量较多的表格非常实用，如将销售额按高低顺序进行排序等，可以更加直观地查看、理解并快速查找需要的数据。

1. 简单排序

简单排序是根据数据表中的相关数据或字段名，将表格数据按照升序（从低到高）或降序（从高到低）的方式进行排列。简单排序是处理数据时最常用的排序方式。简单排序的方法：选择要排序列中的任意单元格，单击"数据"选项卡中的"升序"按钮 或"降序"按钮 ，即可实现数据的升序或降序排序。

2. 多重排序

在对数据表中的某一字段进行排序时，会出现记录含有相同数据而无法正确排序的情况，此时就需要另设其他条件来对含有相同数据的记录进行排序。下面对"业务人员提成表.et"工作簿进行多重排序，具体操作如下。

① 在WPS Office中，打开"业务人员提成表.et"工作簿（配套资源：\素材\第5章\业务人员提成表.et），在"Sheet1"工作表中选择任意一个单元格，这里选择B4单元格，单击"数据"选项卡中的"排序"按钮。

② 打开"排序"对话框，在"主要关键字"下拉列表中选择"商品名称"选项，在"排序依据"下拉列表中选择"数值"选项，在"次序"下拉列表中选择"升序"选项，单击"添加条件"按钮。

③ 在"次要关键字"下拉列表中选择"商品销售底价"选项，在"排序依据"下拉列表中选择"数值"选项，在"次序"下拉列表中选择"降序"选项，单击"确定"按钮，如图5-28所示。

④ 此时，即可对数据表先按照"商品名称"序列升序排序，对于"商品名称"列中重复的数据，则按照"商品销售底价"进行降序排序，如图5-29所示（配套资源：\效果\第5章\业务人员提成表（多重排序）.et）。

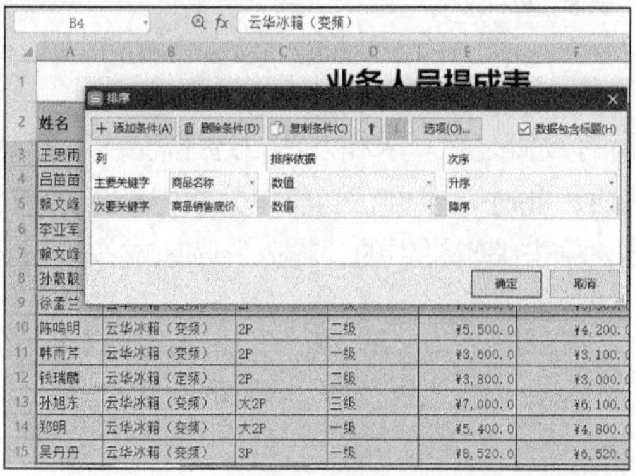

图5-28　设置关键字

图5-29　查看多重排序效果

3. 自定义序列排序

需要将数据按照除升序和降序以外的其他次序进行排列时，那么就需要设置自定义序列排序。下面将"业务人员提成表.et"工作簿按照"商品型号"序列排序，次序为"1P→大1P→1.5P→2P→大2P→3P"，具体操作如下。

① 在WPS Office中，打开"业务人员提成表.et"工作簿（配套资源：\素材\第5章\业务人员提成表.et），选择"文件"→"选项"命令。

② 打开"选项"对话框，单击"自定义序列"选项卡，在"输入序列"文本框中输入自定义的序列"1P,大1P,1.5P,2P,大2P,3P"，其中逗号一定要在英文状态下输入，如图5-30所示。

③ 单击"添加"按钮，将输入的序列添加到"自定义序列"列表中，单击"确定"按钮。

④ 选择数据区域任意一个单元格，单击"数据"选项卡中的"排序"按钮下方的下拉按钮，选择"自定义排序"选项。

⑤ 打开"排序"对话框，在"主要关键字"下拉列表中选择"商品型号"选项，在"排序依据"下拉列表中选择"数值"选项，在"次序"下拉列表中选择"自定义序列"选项，如图5-31所示。

图5-30　自定义序列

图5-31　设置主要关键字

⑥ 打开"自定义序列"对话框，在"自定义序列"列表中选择"1P,大1P,1.5P,2P,大2P,3P"选项，单击"确定"按钮，如图5-32所示。

⑦ 单击"确定"按钮，完成排序，返回WPS表格的工作界面，即可看到自定义序列排序后的效果，如图5-33所示（配套资源：\效果\第5章\业务人员提成表（自定义序列排序）.et）。

图5-32　选择序列

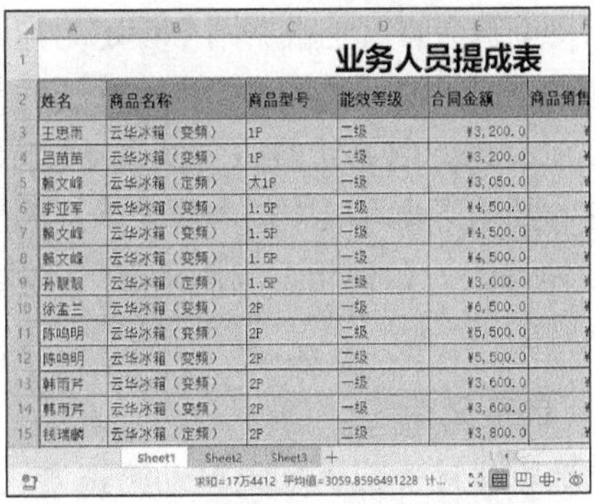

图5-33　查看自定义序列排序效果

微课
删除重复项

4. 删除重复项

重复数据是指工作表中某一行中的所有值与另一行中的所有值完全匹配的数据记录，用户可逐一查找数据表中的重复数据，然后按【Delete】键将其删除。不过，此方法仅适用于数据记录较少的工作表，对于数据量庞大的工作表而言，则应使用WPS表格提供的删除重复项功能快速完成此操作，具体操作如下。

① 在WPS Office中，打开"业务人员提成表.et"工作簿（配套资源：\素材\第5章\业务人员提成表.et），选择工作表中需要删除重复项的单元格区域，单击"数据"选项卡中的"删除重复项"按钮。

② 打开"删除重复项"对话框，单击选中"数据包含标题"复选框，保持"列"列表中所有复选框的选中状态，单击"删除重复项"按钮，如图5-34所示。

③ 打开提示对话框，显示删除重复项的相关信息，确认无误后单击"确定"按钮，如图5-35所示。

④ 此时，数据表中只保留了16条记录，其中所有数据都重复的3条记录已成功删除，其他有某一项数据相同的则保留了下来。

图5-34　设置删除条件

图5-35　确认删除

5.4.2　数据筛选

在工作中，有时需要从数据繁多的工作簿中查找符合某一个或多个条件的数据，此时可采用WPS表格的筛选功能，轻松地筛选出符合条件的数据。筛选功能主要有"自动筛选"和"自定义筛选"两种，下面分别进行介绍。

1. 自动筛选

自动筛选数据就是根据用户设定的筛选条件，自动将表格中符合条件的数据显示出来。自动筛选数据的方法：选择需要进行筛选的单元格区域，单击"数据"选项卡中的"自动筛选"按钮，所有列标题单元格的右侧自动显示"筛选"按钮，单击任一单元格右侧的"筛选"按钮，在打开的下拉列表中选中需要筛选的选项或取消选中不需要显示的数据，不满足条件的数据将自动隐藏。如果想要取消筛选，再次单击"数据"选项卡中的"自动筛选"按钮即可。

2. 自定义筛选

与数据排序类似，如果自动筛选方式不能满足需要，此时可自定义筛选条件。自定义筛选一般用于筛选数值型数据，通过设定筛选条件可将符合条

微课
自定义筛选

件的数据筛选出来。下面将在"业务人员提成表.et"工作簿中筛选出"合同金额"大于或等于"6 000"的数据记录，具体操作如下。

① 在WPS Office中，打开"业务人员提成表.et"工作簿（配套资源：\素材\第5章\业务人员提成表.et），选择"A2:G21"单元格区域，然后在"数据"选项卡中单击"自动筛选"按钮。

② 单击"合同金额"单元格右侧的"筛选"按钮，在打开的下拉列表中单击"数字筛选"，在打开的子列表中选择"大于或等于"选项，如图5-36所示。

③ 打开"自定义自动筛选方式"对话框，在"大于或等于"下拉列表右侧的文本框中输入"6 000"，单击"确定"按钮，如图5-37所示。

④ 此时，即可在工作表中显示出"合同金额"大于或等于"6000"的数据信息，其他数据将自动隐藏（配套资源：\效果\第5章\业务人员提成表（自定义筛选）.et）。

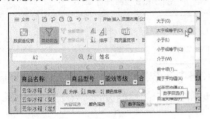 

图5-36　自定义筛选　　　　　图5-37　设置筛选条件

5.4.3　分类汇总

分类汇总，顾名思义可分为分类和汇总两部分，即以某一列字段为分类项目，然后对表格中其他数据列的数据进行汇总。对数据进行分类汇总的方法很简单，首先选择工作表中包含数据的任意一个单元格，然后单击"数据"选项卡中的"分类汇总"按钮，在打开的"分类汇总"对话框中设置分类字段、汇总方式、选定汇总项等参数后，单击"确定"按钮即可自动生成自动分级的汇总表，如图5-38所示，其中，第一级是总计表，第二级是汇总项目表，第三级是各项明细数据表。

图5-38　分类汇总表

5.4.4　合并计算

如果需要将几张工作表中的数据合并到一张工作表中，可以使用WPS表格的合并计算功能。下面使用合并计算功能求出"分店销量统计.xlsx"工作簿的"总销售额"工作表中B3单元格的数据，具体操作如下。

① 在WPS Office中，打开"分店销量统计.xlsx"工作簿（配套资源：\素材\

微课
合并计算

第5章\分店销量统计.xlsx），在"总销售额"工作表中选择显示合并计算结果的目标单元格，这里选择B3单元格，在"数据"选项卡中单击"合并计算"按钮，打开"合并计算"对话框。

② 在"函数"下拉列表中选择"求和"选项，在"引用位置"参数框中输入或选择第一个被引用单元格，然后单击"添加"按钮将其添加到"所有引用位置"列表中。

③ 继续选择第二个被引用单元格，将其添加到"所有引用位置"列表中，选择完成后单击"确定"按钮即可，效果如图5-39所示（配套资源：\效果\第5章\分店销量统计.xlsx）。

图5-39　合并计算

5.5　使用图表

表格中数据的分析，主要是指通过图表等方式，对表格中的数据通过直观的方式进行全面了解。下面先介绍图表的定义，然后介绍涉及的操作，主要包括图表的创建与设置、图表的编辑等。

5.5.1　图表的定义

图表是WPS表格中重要的数据分析工具，WPS表格为用户提供了多种图表类型，包括柱形图、条形图、折线图、饼图和面积图等，用户可根据不同的情况选用不同类型的图表。下面介绍5种常用的图表类型及其适用情况。

- **柱形图**：柱形图常用于几个项目之间数据的对比。
- **条形图**：条形图与柱形图的用法相似，但数据位于y轴，值位于x轴，位置与柱形图相反。
- **折线图**：折线图多用于显示等时间间隔数据的变化趋势，它强调的是数据的时间性和变动率。
- **饼图**：饼图用于显示一个数据系列中各项的大小与各项总和的比例。
- **面积图**：面积图用于显示每个数值的变化量，强调数据随时间变化的幅度，还能直观地体现整体和部分的关系。

一般来说，图表由图表区和绘图区构成，图表区指图表整个背景区域，绘图区则包括数据系列、坐标轴、图表标题、数据标签和图例等部分。

- **数据系列**：图表中的相关数据点，代表表格中的行、列。图表中每一个数据系列都具有不同的颜色和图案，且各个数据系列的含义将通过图例体现出来。在图表中，可以绘制一个或多个数据系列。
- **坐标轴**：度量参考线，x轴为水平轴，通常表示分类，y轴为垂直坐标轴，通常表示数据。
- **图表标题**：图表名称，一般自动与坐标轴或图表顶部居中对齐。
- **数据标签**：为数据标记附加信息的标签，通常代表表格中某单元格的数据点或值。
- **图例**：表示图表的数据系列，通常有多少数据系列，就有多少图例色块，其颜色或图案与数据系列相对应。

5.5.2　图表的创建与设置

为了使表格数据更直观，可以用图表的方式来展现数据。在WPS表格中，图表能够清楚展示各个数据的大小和变化情况、数据的差异和走势，从而帮助用户更好地分析数据。

1. 创建图表

图表是根据WPS表格数据生成的，因此，在插入图表前，需要先编辑WPS表格中的数据，然后选择数据区域。在"插入"选项卡中单击"全部图表"按钮，将打开"插入图表"对话框，在其中进行设置即可创建设置的图表，若单击其他类型的图表按钮，例如，单击"插入柱形图"按钮，在打开的下拉列表中选择需要的图表选项，如图5-40所示，单击"确定"按钮，即可在工作表中创建图表，图表中显示了相关的数据。将鼠标指针移动到图表中的某一系列，可查看该系列对应的数据。需要注意的是，如果不选择数据而直接插入图表，则图表中将显示空白。这时可以在"图表工具"选项卡中单击"选择数据"按钮，打开"编辑数据源"对话框，在其中设置与图表数据对应的单元格区域，为图表添加数据。

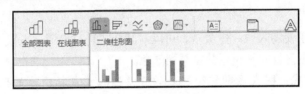

图5-40　选择图表类型

2. 设置图表

在默认情况下，图表将被插入编辑区中心位置，需要对图表位置和大小进行调整。选择图表，将鼠标指针移动到图表中，按住鼠标左键不放可拖曳调整其位置；将鼠标指针移动到图表的4个角上，按住鼠标左键不放可拖曳调整图表的大小。选择不同的图表类型，图表中的组成部分也会不同，对于不需要的部分，可将其删除，具体方法：选择不需要的图表部分，按【Back Space】键或【Delete】键。

5.5.3　图表的编辑

在完成图表的插入后，如果图表不够美观或数据有误，也可对其进行重新编辑，如编辑图表数据、设置图表位置、更改图表类型、设置图表样式、设置图表布局和编辑图表元素等。

1. 编辑图表数据

如果表格中的数据发生了变化，如增加或修改了数据，WPS表格会自动更新图表。如果图表所选的数据区域有误，则需要用户手动进行更改。在"图表工具"选项卡中单击"选择数据"按钮，打开"编辑数据源"对话框，在其中可重新选择和设置数据，如图5-41所示。

2. 设置图表位置

在创建图表时，图表默认创建在当前工作表中，用户也可根据需要将其移动到新的工作表中，具体方法：在"图表工具"选项卡中单击"移动图表"按钮，打开"移动图表"对话框，单击选中"新工作表"单选按钮，即可将图表移动到新工作表中，如图5-42所示。

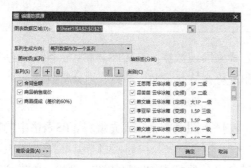

图5-41 "编辑数据源"对话框

图5-42 "移动图表"对话框

3. 更改图表类型

如果所选的图表类型不适合表达当前数据，可以重新更换一种新的图表类型，具体方法：选择图表，然后在"图表工具"选项卡中单击"更改类型"按钮，在打开的"更改图表类型"对话框中重新选择所需图表类型。

4. 设置图表样式

创建图表后，为了使图表效果更美观，可以对其样式进行设置。设置图表样式可分为设置图表区样式、设置绘图区样式和设置数据系列颜色。

- **设置图表区样式**：图表区即整个图表的背景区域，包括所有的数据信息以及图表的辅助说明信息。设置图表区样式的具体方法：在"图表工具"选项卡的"图表元素"下拉列表中选择"图表区"选项，在"绘图工具"选项卡的"预设样式"下拉列表中选择一种样式选项。

- **设置绘图区样式**：绘图区是图表中描绘图形的区域，其形状是根据表格数据形象化转换而来的。绘图区包括数据系列、坐标轴和网格线，设置绘图区样式的具体方法：在"图表工具"选项卡的"图表元素"下拉列表中选择"绘图区"选项，单击"绘图工具"选项卡中"填充"按钮右侧的下拉按钮，在打开的下拉列表中选择需要的选项。

- **设置数据系列颜色**：数据系列是根据用户指定的图表类型以系列的方式显示在图表中的可视化数据，在分类轴上每一个分类都对应一个或多个数据，并以此构成数据系列。设置数据系列的具体方法：选择图表中需要设置颜色的数据系列，单击"绘图工具"选项卡中"填充"按钮右侧的下拉按钮，在打开的下拉列表中选择需要的选项进行设置即可。

5. 设置图表布局

除了可以为图表应用样式，还可以根据需要更改图表的布局，具体方法：选择要更改布局的图表，在"图表工具"选项卡中单击"快速布局"按钮，在打开的下拉列表中选择需要的选项即可。

6. 编辑图表元素

在选择图表类型或应用图表布局后，图表中各元素的样式都会随之改变，如果对图表标题、坐标轴标题和图例等元素的位置、显示方式等不满意，可进行调整。具体方法：在"图表工具"选项卡中单击"添加元素"按钮，在打开的下拉列表中选择需要调整的图表元素，并在子列表中选择相应的选项即可。

5.5.4 数据透视表和数据透视图

使用数据透视表和数据透视图可灵活地汇总和分析WPS表格中的数据。

1. 认识数据透视表

数据透视表是一种交互式报表，可以按照不同的需要以及不同的关系来提取、组织和分析数据，从而得到需要的分析结果，它集筛选、排序和分类汇总等功能于一身，是WPS表格中重要的分析性报告工具。从结构来看，数据透视表分为以下4个部分，如图5-43所示。

- **行区域**：该区域中的字段将作为数据透视表的行标签。
- **列区域**：该区域中的字段将作为数据透视表的列标签。
- **值区域**：该区域中的字段将作为数据透视表显示汇总的字段。
- **筛选器区域**：该区域中的字段将作为数据透视表的报表筛选字段。

图5-43 数据透视表

2. 创建数据透视表

要在WPS表格中创建数据透视表，首先要选择需要创建数据透视表的单元格区域。需要注意的是，创建数据透视表的表格，数据内容要存在分类，这样数据透视表进行汇总才有意义。创建数据透视表的具体方法：选择需要进行分析的单元格区域，单击"插入"选项卡中的"数据透视表"按钮，打开"创建数据透视表"对话框，在其中进行相关设置，单击"确定"按钮即可。

3. 认识数据透视图

数据透视图为关联数据透视表中的数据提供其图形表示形式，数据透视图也是交互式的。使用数据透视图可以更加直观地分析数据的各种属性。创建数据透视图时，数据透视图中将显示数据系列、图例、数据标记和坐标轴（与标准图表相同）。对关联数据透视表中的布局和数据的更改将立即体现在数据透视图的布局和数据中。图5-44所示为基于数据透视表的数据透视图。

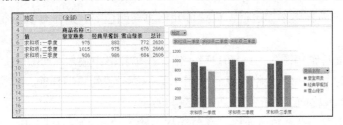

图5-44 数据透视图

需要注意的是，数据透视图是数据透视表格和图表的结合体，与前面介绍的为表格创建图表的效果类似。但数据透视图与普通图表也有所区别，主要表现在以下5个方面。

- **行/列方向**：数据透视图与标准图表不同的是，不能通过"编辑数据源"对话框切换数据透视图的行/列方向。但是，可以通过旋转关联数据透视表的"行"和"列"标签来达到相同的效果。
- **图表类型**：数据透视图不能制作XY散点图、股价图或气泡图，而普通图表没有这样的限制。
- **嵌入方式**：普通图表默认嵌入当前工作表，而数据透视图默认为图表工作表（仅包含图表的工作表）。
- **格式**：刷新数据透视图时，将保留大多数格式（包括添加的图表元素、布局和样式），但不能保留趋势线、数据标签、误差线，以及对数据集执行的其他更改。而应用了此类格式的标准图表就不会将其丢失。
- **源数据**：标准图表直接链接到工作表单元格，数据透视图则基于关联数据透视表的数据源。

4. 创建数据透视图

数据透视图的创建与数据透视表的创建相似，关键在于数据区域与字段的选择。另外，在创建数据透视图时，WPS表格也会同时创建数据透视表。也就是说，数据透视图和数据透视表是关联的，无论哪一个对象发生了变化，另一个对象也将同步发生变化。创建数据透视图的具体方法：选择需要进行分析的单元格区域，单击"插入"选项卡中的"数据透视图"按钮，打开"创建数据透视图"对话框，在其中进行相关设置后，单击"确定"按钮，即可创建数据透视图并打开"数据透视图"窗格，在其中还可以进行具体的数据设置。

5.6 综合案例

本案例将制作一个完整的绩效考核表格，帮助读者进一步掌握和巩固WPS表格的相关内容，包括对表格的内容、格式等进行设置，计算表格数据等，其具体操作如下。

微课
**制作年度绩效
考核表**

① 在WPS Office中，打开"年度绩效考核表.xlsx"工作簿（配套资源：\素材\第5章\年度绩效考核表.xlsx），将"Sheet1"工作表名称更改为"业绩考核"，如图5-45所示。

② 在工作表中为表格添加边框，设置单元格填充颜色等，对工作表进行美化，如图5-46所示。

③ 计算"年度总销售额"。选择H3单元格，在单元格中输入"=SUM(D3:G3)"，然后按【Enter】键。此时，在H3单元格中就计算出了第一位员工的总销售额，其余员工的总销售额可以通过拖动H3单元格向下填充得到，如图5-47所示。

④ 计算"排名"。选择I3单元格，在单元格中输入"=RANK(H3,$H$3:$H$14,0)"，然后按【Enter】键。此时，在I3单元格中就计算出了第一位员工的排名，其余员工的排名可以通过拖动I3单元格向下填充得到，如图5-48所示。

图5-45　重命名工作表

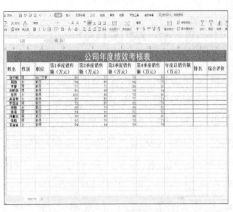

图5-46　美化表格

图5-47　计算销售总额

图5-48　计算排名

⑤ 计算"综合评价"。销售额>=300，综合评价为"优秀"；销售额>=280，综合评价为"良好"；销售额>=260，综合评价为"合格"；销售额<260，综合评价为"不合格"。选择J3单元格，在单元格中输入"=IF(H3>=300,"优秀",IF(H3>=280,"良好",IF(H3>=260,"合格","不合格")))"，然后按【Enter】键。此时，在J3单元格中就计算出了第一位员工的综合评价结果，其余员工的综合评价结果可以通过拖动J3单元格向下填充得到，如图5-49所示（配套资源：\效果\第5章\年度绩效考核表.xlsx）。

图5-49　计算综合评价

5.7 扩展阅读

本章主要讲解了WPS表格的相关编辑知识，包括表格的基本操作、格式设置、公式和函数的使用、数据的管理、图表的使用等，下面补充介绍使用公式时常见的错误值。

在单元格中输入错误的公式不仅会出现错误值，而且会产生某些意外结果，如在需要输入数字的公式中输入文本、删除公式引用的单元格或使用了宽度不足以显示结果的单元格等。进行这些操作时单元格将显示一个错误值，如####、#VALUE!、#N/A!、#REF!、#NUM!等。下面介绍产生这些错误值的原因及其解决方法。

- **出现错误值####**：如果单元格中所含的数字、日期或时间超过单元格宽度，或单元格的日期、时间产生了一个负值，就会出现####错误。解决的方法是增加单元格列宽、应用不同的数字格式、保证日期与时间公式的正确性。
- **出现错误值#VALUE!**：当使用的参数或操作数类型错误时，或者当公式的自动更正功能不能更正公式时，如公式需要数字或逻辑值（如True或False），却输入了文本，将产生#VALUE!错误。解决方法是确认公式或函数所需的运算符或参数是否正确、公式引用的单元格中是否包含有效的数值。如单元格A1包含一个数字，单元格B1包含文本"单位"，则公式"=A1+B1"将产生#VALUE!错误。
- **出现错误值#N/A**：当在公式中没有可用数值时，将产生错误值#N/A。如果工作表中某些单元格没有数值，可以在单元格中输入#N/A，公式在引用这些单元格时，将不进行数值计算，而是返回#N/A。
- **出现错误值 #REF!**：当单元格引用无效时，将产生错误值#REF!，产生原因是删除了其他公式所引用的单元格，或将已移动的单元格粘贴到其他公式所引用的单元格中。解决方法是更改公式、在删除或粘贴单元格之后恢复工作表中的单元格。
- **出现错误值#NUM!**：通常公式或函数中使用无效数值时，会出现这种错误。错误产生原因是在需要数字参数的函数中使用了无法接受的参数，解决方法是确保函数中使用的参数是数字。例如，即使需要输入的值是"$5,000"，也应在公式中输入"5000"。

5.8 习题

1. 新建一个空白工作簿，按照下列要求对表格进行操作，效果如图5-50所示（配套资源：\效果\第5章\员工档案表.xlsx）。

- 打开WPS Office并新建一个空白工作簿，将"Sheet1"工作表重命名为"员工档案表"，然后输入员工档案的相关数据。
- 调整行高和列宽，合并A1:M1单元格区域，然后为单元格设置边框和底纹。
- 设置单元格中的文本格式，包括设置字体、字号，再设置底纹、对齐方式。
- 设置打印参数，并打印工作表，最后设置密码"123"以保护工作表。

员工档案表									
职员编号	姓名	性别	出生日期	身份证号码	学历	专业	进公司日期	工龄	职位	职位状态
KOP0001	郭佳	女	1985年1月	504850*******4850	大专	市场营销	2013年7月	7	销售员	在职
KOP0002	张健	男	1983年10月	565432*******5432	本科	文秘	2015年7月	5	职员	在职
KOP0003	何可人	女	1981年6月	575529*******5529	研究生	装饰艺术	2012年4月	8	设计师	在职
KOP0004	陈宇轩	男	1982年8月	585626*******5626	硕士	市场营销	2013年10月	7	市场部经理	在职
KOP0005	方小波	男	1985年3月	595723*******5723	本科	市场营销	2013年10月	7	销售员	在职
KOP0006	杜丽	女	1983年5月	605820*******5820	大专	市场营销	2015年7月	5	销售员	在职
KOP0007	谢晓云	女	1980年12月	646208*******6208	本科	电子商务	2013年10月	7	职员	在职
KOP0008	范琪	女	1981年11月	656305*******6305	本科	市场营销	2013年10月	7	销售员	在职
KOP0009	郑宏	男	1980年12月	686596*******6596	大专	电子商务	2012年4月	8	职员	在职
KOP0010	宋硕	男	1982年8月	696693*******6693	本科	电子工程	2013年10月	7	工程师	在职
KOP0011	欧阳夏	女	1983年7月	747178*******7178	本科	电子工程	2015年7月	5	工程师	在职
KOP0012	邓佳颖	女	1980年4月	787566*******7566	大专	市场营销	2012年4月	8	销售员	在职
KOP0013	李培林	男	1984年10月	797663*******7663	研究生	装饰艺术	2015年7月	5	设计师	在职

图5-50 员工档案表

2. 打开"销售额统计表.xlsx"工作簿（配套资源：\素材\第5章\销售额统计表.xlsx），按照下列要求对其进行操作，效果如图5-51所示（配套资源：\效果\第5章\销售额统计表.xlsx）。

方宜超市年销售额统计					
商品编码	商品名称	一季度	二季度	三季度	四季度	总计
fy2005012	湿纸巾	70000	55000	64000	148000	337000
fy2005011	牙膏	52000	45000	85000	140000	322000
fy2005009	冰糖	18000	32000	30000	57000	137000
fy2005010	红糖	13000	17000	24000	55000	109000
fy2005008	白糖	12000	13000	12800	18000	55800
fy2005016	护肤品	7500	10000	10800	13000	41300
fy2005002	色拉油	9000	8800	7000	13500	38300
fy2005003	菜油	7500	9500	9000	10500	36500
fy2005013	零食	1800	1800	9000	18000	30600
fy2005014	洗发水	1800	8000	4500	4000	18300
fy2005007	方便面	3000	2000	4000	3700	12700
fy2005006	巧克力	3000	1300	2400	5200	11900
fy2005015	沐浴露	1300	4000	3500	3000	11800
fy2005001	大米	3000	2200	2500	2700	10400
fy2005005	膨化食品	1500	2000	1900	3800	9200
fy2005004	挂面	1500	1600	1600	650	5350

图5-51 销售额统计表

● 设置表格标题的字体格式为"宋体""18"。

● 为表格的A2:G18单元格区域应用表格样式，并取消数据筛选。

● 使用求和函数计算G3:G18单元格区域的值。

● 对G列单元格数据进行"降序"排列。

第5章
习题参考答案

第 6 章
WPS演示办公软件

WPS演示主要用于制作与播放幻灯片，该软件能够应用到各种演讲、演示场合，它可以通过图表、视频和动画等多媒体形式表现复杂的内容，帮助用户制作出图文并茂、富有感染力的演示文稿。

学习目标

● 了解WPS演示的基本操作。
● 掌握WPS演示文稿的编辑与设置方法。
● 掌握WPS演示中幻灯片动画效果的设置操作。
● 熟悉WPS演示中幻灯片的放映方法。

6.1 编辑与设置演示文稿

WPS演示是一款用于制作演示文稿的软件，在日常办公中使用非常广泛。在WPS演示中可以添加图片、动画、音频和视频等对象，制作出集文字、图形和多媒体于一体的演示文稿。为了使演示文稿的展示效果更好，通常需要在幻灯片中添加很多对象，如文本、艺术字、图片、表格、图表、音频和视频等。此外，为了幻灯片的整体效果，还需对其母版、主题等进行设置。

6.1.1 WPS 演示的工作界面组成

双击计算机中保存的WPS演示文稿（其扩展名为".dps"），或在WPS Office中单击左侧的"新建"按钮，然后在打开的页面中选择"演示"→"新建空白文档"选项，即可启动WPS演示，并打开WPS演示的工作界面，如图6-1所示。

从图6-1可以看出，WPS演示的工作界面与WPS文字和WPS表格的工作界面基本类似。其中，快速访问工具栏、标题栏、选项卡和功能区等的结构及作用也很接近（选项卡的名称以及功能区的按钮会稍有不同），下面介绍WPS演示特有的部分功能。

图6-1　WPS演示的工作界面

- **幻灯片编辑区**：幻灯片编辑区位于演示文稿编辑区的中心，用于显示和编辑幻灯片的内容。在默认情况下，标题幻灯片中包含一个正标题占位符、一个副标题占位符，内容幻灯片中包含一个标题占位符和一个内容占位符。
- **"幻灯片"浏览窗格**："幻灯片"浏览窗格位于幻灯片编辑区的左侧，主要显示当前演示文稿中所有幻灯片的缩略图，单击某张幻灯片缩略图，可跳转到该幻灯片并在右侧的幻灯片编辑区中显示该幻灯片的内容。
- **状态栏**：状态栏位于工作界面的底端，用于显示当前幻灯片的页面信息，它主要由状态提示栏、"隐藏或显示备注面板"按钮、视图切换按钮组、"从当前幻灯片开始播放"按钮、显示比例栏和最右侧"最佳显示比例"按钮6部分组成。其中，单击"隐藏或显示备注面板"按钮，将隐藏备注面板；单击"从当前幻灯片开始播放"按钮，可以播放当前幻灯片，若想从头开始播放或进行放映设置，则需要单击"播放"按钮右侧的下拉按钮，在打开的下拉列表中进行选择；用鼠标拖曳显示比例栏中的缩放比例滑块，可以调节幻灯片的显示比例；单击状态栏最右侧的"最佳显示比例"按钮，可以使幻灯片显示比例自动适应当前窗口的大小。

6.1.2　WPS 演示的窗口视图方式

WPS演示为用户提供了普通视图、幻灯片浏览视图、阅读视图和备注页视图4种视图模式，在工作界面下方的状态栏中单击相应的视图切换按钮或在"视图"选项卡中单击相应的视图切换按钮即可进入相应的视图。各视图的功能分别如下。

- **普通视图**：普通视图是WPS演示默认的视图模式，打开演示文稿即可进入普通视图，单击"普通视图"按钮也可切换到普通视图。在普通视图中，可以对幻灯片的总体结构进行调整，也可以对单张幻灯片进行编辑。普通视图是编辑幻灯片最常用的视图模式。
- **幻灯片浏览视图**：单击"幻灯片浏览"按钮⊞即可进入幻灯片浏览视图。在该视图中可以浏览演示文稿中所有幻灯片的整体效果，并且可以对其整体结构进行调整，如调整演示文稿的背景、移动或复制幻灯片等，但是不能编辑幻灯片中的内容。

- 阅读视图：单击"阅读视图"按钮即可进入阅读视图。进入阅读视图后，可以在当前计算机上以窗口方式查看演示文稿放映效果，单击"上一页"按钮和"下一页"按钮可切换幻灯片。
- 备注页视图：在"视图"选项卡中单击"备注页"按钮，可进入备注页视图。备注页视图可以将"备注"窗格以整页格式进行查看和使用，在备注页视图中可以更加方便地编辑备注内容。

6.1.3 演示文稿的基本操作

进入WPS演示文稿的工作界面后，就可以对演示文稿进行操作了，由于WPS Office具有共通性，WPS演示文稿的操作与WPS文字的操作也有一定的相似之处。

1. 新建演示文稿

新建演示文稿的方法很多，如新建空白演示文稿、利用模板新建演示文稿等，用户可根据实际需求进行选择。

- **新建空白演示文稿**：启动WPS Office软件后，在打开的界面中单击"新建"按钮，然后选择"演示"→"新建空白文档"选项，即可新建一个名为"演示文稿1"的空白演示文稿。另外，也可单击"文件"→"新建"命令，打开"新建"列表，其中显示了多种演示文稿的新建方式，此时只需选择"新建"选项，即可新建一个空白演示文稿，如图6-2所示。还可以在已打开的演示文稿中直接按【Ctrl+N】组合键快速新建空白演示文稿。
- **利用模板新建演示文稿**：WPS演示提供了免费和付费两种不同类型的模板，这里主要介绍通过免费模板新建带有内容的演示文稿。具体方法：在WPS演示的工作界面中选择"文件"→"新建"命令，在打开的下拉列表中选择"本机上的模板"选项，打开"模板"对话框，其中提供了"常规"和"通用"两种类型，如图6-3所示，选择所需模板样式后，单击"确定"按钮，便可新建该模板样式的演示文稿。

图6-2 选择"新建"选项

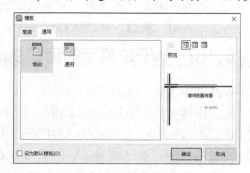

图6-3 "模板"对话框

2. 打开演示文稿

当需要对演示文稿进行编辑、查看或放映操作时，首先应将其打开。打开演示文稿的方法主要有以下4种。

- **打开演示文稿**：在WPS演示的工作界面中，单击"文件"→"打开"命令或按

【Ctrl+O】组合键，打开"打开文件"对话框，在其中选择需要打开的演示文稿后，单击"打开"按钮即可。

- **打开最近使用的演示文稿**：WPS演示提供了记录最近打开的演示文稿的功能，如果想打开最近打开过的演示文稿，可在WPS演示的工作界面中单击"文件"菜单，在打开的"最近使用"列表中查看最近打开的演示文稿，选择需打开的演示文稿即可将其打开。

- **以只读方式打开演示文稿**：以只读方式打开的演示文稿只能进行浏览，不能进行编辑。具体方法：打开"打开文件"对话框，在其中选择需要打开的演示文稿，单击"打开"按钮右侧的下拉按钮，在打开的下拉列表中选择"以只读方式打开"选项。此时，打开的演示文稿标题栏中将显示"只读"字样，在以只读方式打开的演示文稿中进行编辑后，不能直接进行保存操作。

- **以副本方式打开演示文稿**：以副本方式打开演示文稿指将演示文稿作为副本打开，在副本中进行编辑后，不会影响源文件的内容。在打开的"打开文件"对话框中选择需打开的演示文稿后，单击"打开"按钮右侧的下拉按钮，在打开的下拉列表中选择"以副本方式打开"选项，此时演示文稿标题栏中将显示"副本"字样。

3. 保存演示文稿

制作好的演示文稿应及时保存在计算机中，同时用户应根据需要选择不同的保存方式。保存演示文稿的方法有很多，下面分别进行介绍。

- **直接保存演示文稿**：直接保存演示文稿是最常用的保存方法。具体操作方法：单击"文件"→"保存"命令或单击快速访问工具栏中的"保存"按钮，打开"另存文件"对话框，在"位置"下拉列表中选择演示文稿的保存位置，在"文件名"文本框中输入文件名后，单击"保存"按钮即可完成保存。当执行过一次保存操作后，再次单击"文件"→"保存"命令或单击"保存"按钮，可将两次保存操作之间编辑的内容再次保存。

- **另存为演示文稿**：若不想改变原有演示文稿中的内容，可通过"另存为"命令将演示文稿另存为一个新的文件，并保存在其他位置或更改名称。单击"文件"→"另存为"命令，在打开的"保存文档副本"下拉列表中选择所需保存类型后，在打开的"另存文件"对话框中进行设置即可。

- **自动保存演示文稿**：单击"文件"→"选项"命令，打开"选项"对话框，单击左下角的"备份中心"按钮，在打开的界面中单击"设置"按钮，在展开的界面中单击选中"定时备份"单选按钮，并在其后的数值框中输入自动保存的时间间隔，如图6-4所示，单击界面右上角的"关闭"按钮完成设置。

图6-4 "备份中心"界面

4. 关闭演示文稿

当不再需要对演示文稿进行操作后，可将

其关闭，关闭演示文稿的常用方法有以下3种。

- **通过单击按钮关闭演示文稿**：单击WPS演示工作界面标题栏中的"关闭"按钮，关闭演示文稿。
- **通过快捷菜单关闭演示文稿**：在WPS演示工作界面标题栏上单击鼠标右键，在弹出的快捷菜单中选择"关闭"命令。
- **通过组合键关闭演示文稿**：按【Alt+F4】组合键，关闭WPS演示文稿的同时退出WPS Office。

6.1.4 幻灯片的基本操作

一个演示文稿通常由多张幻灯片组成，在制作演示文稿的过程中往往需要对多张幻灯片进行操作，如新建幻灯片、应用幻灯片版式、选择幻灯片、移动和复制幻灯片、删除幻灯片、显示和隐藏幻灯片、播放幻灯片等，下面分别进行介绍。

1. 新建幻灯片

在新建空白演示文稿或根据模板新建演示文稿时，默认只有一张幻灯片，不能满足实际需要，因此，需要用户手动新建幻灯片。新建幻灯片的方法主要有以下两种。

- **在"幻灯片"浏览窗格中新建幻灯片**：在"幻灯片"浏览窗格中的空白区域或是已有的幻灯片上单击鼠标右键，在弹出的快捷菜单中选择"新建幻灯片"命令；将鼠标移动到已有的幻灯片上，单击幻灯片右下角显示的"新建幻灯片"按钮，或单击"幻灯片"浏览窗格下方的"新建幻灯片"按钮，在打开的面板中选择需要的幻灯片版式选项，即可新建幻灯片，如图6-5所示。
- **通过按钮新建幻灯片**：在普通视图或幻灯片浏览视图中选择一张幻灯片，在"开始"选项卡中单击"新建幻灯片"下拉按钮，在打开的下拉列表中选择一种幻灯片版式即可，如图6-6所示。

图6-5 在"幻灯片"浏览窗格中新建幻灯片

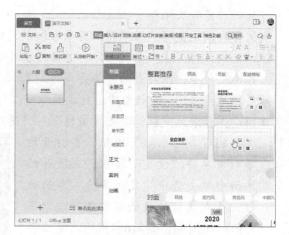

图6-6 通过按钮新建幻灯片

2. 应用幻灯片版式

版式是幻灯片中各种元素的排列组合方式，WPS演示软件默认提供了11种版式。如果对新建的幻灯片版式不满意，可进行更改，具体方法：在"开始"选项卡中单击"版式"按钮，在打开的下拉列表中选择一种幻灯片版式，即可将其应用于当前幻灯片。

3. 选择幻灯片

选择幻灯片是编辑幻灯片的前提，选择幻灯片主要有以下3种方法。

- **选择单张幻灯片**：在"幻灯片"浏览窗格中单击幻灯片缩略图即可选择当前幻灯片。
- **选择多张幻灯片**：在幻灯片浏览视图或"幻灯片"浏览窗格中按住【Shift】键并单击幻灯片可选择多张连续的幻灯片，按住【Ctrl】键并单击幻灯片可选择多张不连续的幻灯片。
- **选择全部幻灯片**：在幻灯片浏览视图或"幻灯片"浏览窗格中按【Ctrl+A】组合键，即可选择全部幻灯片。

4. 移动和复制幻灯片

当需要调整某张幻灯片的顺序时，可直接移动该幻灯片。当需要使用某张幻灯片中已有的版式或内容时，可直接复制该幻灯片进行更改，以提高工作效率。移动和复制幻灯片的方法主要有以下3种。

- **通过拖曳鼠标移动和复制幻灯片**：选择需移动的幻灯片，按住鼠标左键不放拖曳到目标位置后释放鼠标完成移动操作；选择幻灯片，按住【Ctrl】键的同时并拖曳幻灯片到目标位置，即可完成幻灯片的复制操作。
- **通过菜单命令移动和复制幻灯片**：选择需移动或复制的幻灯片，在其上单击鼠标右键，在弹出的快捷菜单中选择"剪切"或"复制"命令，定位到目标位置，单击鼠标右键，在弹出的快捷菜单中选择"粘贴"命令，完成幻灯片的移动或复制。
- **通过组合键移动和复制幻灯片**：选择需移动或复制的幻灯片，按【Ctrl+X】组合键（剪切）或【Ctrl+C】组合键（复制），然后在目标位置按【Ctrl+V】组合键进行粘贴，完成移动或复制操作。

5. 删除幻灯片

在"幻灯片"浏览窗格或幻灯片浏览视图中均可删除幻灯片，具体方法介绍如下。

- 选择要删除的幻灯片，然后单击鼠标右键，在弹出的快捷菜单中选择"删除幻灯片"命令。
- 选择要删除的幻灯片，按【Delete】键。

6. 显示和隐藏幻灯片

隐藏幻灯片后，在播放演示文稿时，不显示隐藏的幻灯片，当需要时可再次将其显示出来。

- **隐藏幻灯片**：在"幻灯片"浏览窗格中选择需要隐藏的幻灯片，在所选幻灯片上单击鼠标右键，在弹出的快捷菜单中选择"隐藏幻灯片"命令，可以看到所选幻灯片的编号上有一根斜线，表示幻灯片已经被隐藏。
- **显示幻灯片**：在"幻灯片"浏览窗格中选择需要显示的幻灯片，在所选幻灯片上单击鼠标右键，在弹出的快捷菜单中选择"隐藏幻灯片"命令，即可去除编号上的斜线，在播放时将显示该幻灯片。

7．播放幻灯片

幻灯片的播放，可以从第一张开始也可以从任意一张幻灯片开始。若希望从第一张开始播放，那么单击"开始"选项卡中的"当页开始"下拉按钮，在打开的下拉列表中选择"从头开始"；或者按键盘上的【F5】键。若想从指定幻灯片开始播放，则选中指定"幻灯片"，单击"从当前开始"按钮。需要注意的是，播放当前幻灯片时，按【Page Down】键将继续播放下一张幻灯片；按【Esc】键将退出幻灯片播放状态。

6.1.5　编辑幻灯片

编辑幻灯片是制作演示文稿的第一步，下面主要对插入文本、插入并编辑艺术字、插入与编辑图片、插入并编辑表格、插入与编辑图表及插入媒体文件等常用编辑操作进行介绍。

1．插入文本

文本是幻灯片的重要组成部分，无论是演讲类、报告类还是形象展示类的演示文稿，都离不开文本的输入与编辑。

（1）输入文本

在幻灯片中主要可以通过占位符和文本框两种方法输入文本。

- **在占位符中输入文本**：新建演示文稿或插入新幻灯片后，幻灯片中通常会包含两个或多个虚线文本框，即占位符。占位符可分为文本占位符和项目占位符两种形式，其中文本占位符用于放置标题和正文等文本内容，单击占位符，即可输入文本内容；项目占位符中通常包含"插入图片""插入表格""插入图表""插入视频"等项目，单击相应的图标，可插入相应的对象。
- **通过文本框输入文本**：幻灯片中除了可在占位符中输入文本，还可以通过在空白位置绘制文本框来添加文本。在"插入"选项卡中单击"文本框"下拉按钮，在打开的下拉列表中选择"横向文本框"选项或"竖向文本框"选项，当鼠标指针变为"+"形状时，单击需添加文本的空白位置就会出现一个文本框，在其中输入文本即可。

（2）编辑文本格式

为了使幻灯片的文本效果更加美观，通常需要对其字体、字号、颜色及特殊效果等进行设置。在WPS演示中主要可以通过"文本工具"选项卡和"字体"对话框设置文本格式。

- 选择文本或文本占位符，在"文本工具"选项卡中可以对字体、字号、颜色等进行设置，还可单击"加粗""倾斜""下画线""文字阴影"等按钮为文本添加相应的效果。
- 选择文本或文本占位符，在"文本工具"选项卡的第2列右下角单击"展开"按钮，在打开的"字体"对话框中也可对文本的字体、字号、颜色等效果进行设置。

2．插入并编辑艺术字

在设计演示文稿时，为了使幻灯片更加美观和形象，常常需要用到艺术字，以达到美化文档的目的。

- **插入艺术字**：在WPS演示中插入艺术字的操作与在WPS文字中插入艺术字基本相

同。具体方法：选择需要插入艺术字的幻灯片，单击"插入"选项卡中的"艺术字"按钮 A，在打开的下拉列表中选择需要的艺术字样式，然后修改艺术字中的文字即可。

● **编辑艺术字**：编辑艺术字是指对艺术字的文本填充颜色、文本效果、文本轮廓以及预设样式等进行设置。选择需要编辑的艺术字，在"绘图工具"和"文本工具"选项卡中进行设置即可，如图6-7所示。

图6-7 "绘图工具"和"文本工具"选项卡

3. 插入与编辑图片

在WPS演示中插入与编辑图片的大部分操作与在WPS文字中插入与编辑图片相同，但由于演示文稿需要通过视觉体验吸引观众的注意，因此其对于图片的要求更高，编辑图片的操作也更加复杂和多样。

（1）插入图片

插入图片主要是指插入计算机中保存的图片，单击幻灯片中项目占位符中的"插入图片"图标可打开"更改图片"对话框进行插入；也可以先选择需要插入图片的幻灯片，然后在"插入"选项卡中单击"图片"按钮，打开"插入图片"对话框，在其中选择要插入的图片进行插入。

（2）裁剪图片

裁剪图片其实是调整图片大小的一种方式，通过裁剪图片，可以只显示图片中的某些部分，减少图片的显示区域，其具体操作如下。

① 选择需要裁剪的图片，单击"图片工具"选项卡中的"裁剪"按钮。

② 此时在图片四周出现8个黑色的裁剪点，并自动打开"按形状裁剪"选项卡，选择需要的形状选项，如图6-8所示。

③ 按【Enter】键，或在幻灯片外的工作界面空白处单击鼠标，完成裁剪图片，如图6-9所示。

图6-8 按形状裁剪图片

图6-9 完成裁剪

（3）精确调整图片大小

在WPS演示中，可以精确地设置图片的高度与宽度。具体方法：选择需要调整的图片，在"图片工具"选项卡的"高度"或"宽度"数值框中输入具体的数值，按【Enter】键即可。如果用户对调整后的图片大小不满意，可以单击"图片工具"选项卡中的"重设大小"按钮，将图片恢复至初始状态，然后重新对图片的大小进行调整。

（4）设置图片对齐方式

在WPS演示中，同时选择需要设置对齐方式的图片，单击图片上方工具栏中相关的按钮即可快速对图片的对齐方式进行设置，如图6-10所示。

图6-10　快速设置图片对齐方式

（5）设置图片轮廓和图片效果

WPS演示有强大的图片调整功能，通过它可快速实现图片轮廓的添加、设置图片倒影效果和调整亮度对比度等操作，使图片的效果更加美观。具体操作如下。

微课
设置图片轮廓和
图片效果

① 选择需要设置的幻灯片中的图片，单击"图片工具"选项卡中"边框"按钮右侧的下拉按钮，在打开的列表中选择需要的选项设置图片的轮廓，如图6-11所示。

② 选择需要设置的图片，单击"图片工具"选项卡中的"图片效果"按钮，在打开的下拉列表中选择需要的选项进行设置即可，如图6-12所示。

图6-11　设置图片轮廓

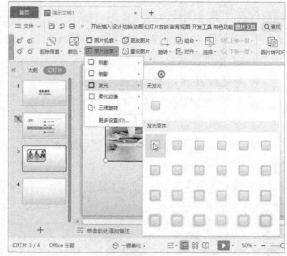

图6-12　设置图片效果

（6）设置图片边框

WPS演示提供了多种预设的图片边框，设置图片边框的方法：选择图片，在图片右侧单击"图片边框"按钮，在打开的列表中选择所需边框即可给图片应用相应的边框，如图6-13所示。

图6-13　设置图片边框

4. 插入并编辑表格

在WPS演示中插入并编辑表格的操作与在WPS文字中插入并编辑表格的操作大致相同。在WPS演示中插入表格能使演示文稿更丰富、更直观，插入表格后，还需要对其进行编辑，使其与演示文稿的主题相符。

（1）插入表格

在WPS演示中对表格的各种操作与在WPS文字中对表格的操作相似，但在演示文稿中可以通过单击占位符中的"插入表格"图标来插入表格，而在WPS文字中只能直接绘制，或者通过设置表格的行数和列数的方式插入。下面介绍在幻灯片中插入表格的3种主要方法。

- **自动插入表格**：选择要插入表格的幻灯片，在"插入"选项卡中单击"表格"按钮
  ，在打开的下拉列表中拖曳鼠标选择表格的行数和列数，到合适位置后单击鼠标即可插入表格。
- **通过"插入表格"对话框插入表格**：选择要插入表格的幻灯片，在"插入"选项卡中单击"表格"按钮，在打开的下拉列表中选择"插入表格"选项，打开"插入表格"对话框，在其中输入表格所需的行数和列数，单击"确定"按钮完成插入，如图6-14所示。
- **通过占位符图标插入表格**：当幻灯片中有项目占位符时，单击"插入表格"图标
  ，打开"插入表格"对话框，在其中进行设置即可。

图6-14　通过"插入表格"对话框插入表格

（2）输入表格内容并编辑表格

插入表格后即可在其中输入文本和数据，并可根据需要对表格和单元格进行编辑操作。

- **调整表格大小**：选择表格，此时表格四周将出现6个控制点，将鼠标指针移到表格边框的控制点上，当鼠标指针变为箭头形状时，按住鼠标左键不放并拖曳鼠标，可调整表格大小。
- **调整表格位置**：将鼠标指针移动到表格上，当鼠标指针变为形状时，按住鼠标左键不放进行拖曳，移至合适位置后释放鼠标，可调整表格位置。
- **输入文本和数据**：将文本插入点定位到单元格中即可输入文本和数据。
- **选择行/列**：将鼠标指针移至表格左侧，当鼠标指针变为➡形状时，单击鼠标左键可

选择该行；将鼠标指针移至表格上方，当鼠标指针变为↓形状时，单击鼠标左键可选择该列。

- **插入行/列**：将鼠标指针定位到表格的任意单元格中，通过"表格工具"选项卡中的相关按钮，可以在表格所选单元格的上方、下方、左侧或右侧插入行或列。
- **删除行/列**：选择多余的行/列，在"表格工具"选项卡中单击"删除"按钮，在打开的下拉列表中选择相应选项即可。
- **合并单元格**：选择要合并的单元格，在"表格工具"选项卡中单击"合并单元格"按钮。
- **调整表格的行高和列宽**：将鼠标指针移到表格中需要调整行高或列宽的单元格分隔线上，当鼠标指针变为⇔或⇕形状时，按住鼠标左键不放向左右或上下拖曳，移至合适位置时释放鼠标，即可完成行高或列宽的调整。如果想精确调整表格行高或列宽的值，可在"表格工具"选项卡中的"高度"或"宽度"数值框中输入具体的数值。

（3）美化表格

为了使表格样式与幻灯片整体风格更搭配，可以为表格添加样式，WPS演示提供了很多预设的表格样式供用户使用。

美化WPS演示文稿中表格的方法：在"表格样式"选项卡的"样式"列表中选择需要的样式即可，如图6-15所示。同时，在该选项中单击"填充"按钮、"边框"按钮、"效果"按钮，在打开的下拉列表中可为表格设置底纹、边框和三维立体效果。

图6-15　美化表格

5. 插入与编辑图表

演示文稿作为一种元素多样化的文档，通常不需要添加太多的文本，而主要是通过图片、图表等形式来展示内容。图表可以直接将数据的说明和对比清晰直观地表现出来，增强幻灯片的说服力。

（1）创建图表

在WPS演示中插入与编辑图表的操作与在WPS表格中插入与编辑图表的操作基本相同。具体方法：在"插入"选项卡中单击"图表"按钮或在项目占位符中单击"插入图表"按钮，打开"插入图表"对话框，在对话框左侧选择图表类型；如选择"柱形图"选项，在对话框右侧的列表中选择柱状图类型下的图表样式，然后单击"确定"按钮，即可在幻灯片中插入选择的图表。

（2）编辑图表

对于插入幻灯片中的图表，在WPS演示中还能够自定义图表中的各项元素内容。用户可根据需要进行调整和更改。

- **调整图表大小**：选择图表，将鼠标指针移到图表边框上，当鼠标指针变为双箭头形状时，按住鼠标左键不放并拖曳鼠标，可调整图表大小。
- **调整图表位置**：将鼠标指针移动到图表上，当鼠标指针变为❖形状时，按住鼠标左键不放拖曳，移至合适位置后释放鼠标，可调整图表位置。

● 编辑图表数据：在WPS演示中插入图表后，图表中并没有数据内容，需要用户添加

和编辑，操作方法为在"图表工具"选项卡中单击"编辑数据"按钮，打开"WPS演示中的图表"窗口，修改单元格中的数据，修改完成后关闭窗口即可，如图6-16所示。

● 更改图表类型：在"图表工具"选项卡中单击"更改类型"按钮，在打开的"更改图表类型"对话框中进行选择，单击"确定"按钮，关闭对话框。

图6-16　编辑图表数据

（3）美化图表

与WPS表格一样，WPS演示为图表提供了很多预设样式，可以帮助用户快速美化图表。选择图表，在"图表工具"选项卡（见图6-17）中单击"样式"列表右侧的下拉按钮，打开"样式"列表，在其中选择需要的样式即可。此外，也可选择图表中的某个数据系列，选择"绘图工具"选项卡（见图6-18），在"形状样式"下拉列表中对单个数据列的样式进行设置。

图6-17　"图表工具"选项卡

图6-18　"绘图工具"选项卡

（4）设置图表格式

图表主要由图表区、数据系列、图例、网格线和坐标轴等组成，可以通过"图表工具"选项卡中"添加元素"按钮进行设置，即单击"添加元素"按钮，在打开的下拉列表中选择要设置的图表元素后，再在打开的子列表中选择相应的选项进行设置。

6. 插入媒体文件

媒体文件是演示文稿中比较常用的一种多媒体元素，在很多演讲场合都需要通过插入音频或视频来烘托气氛或辅助讲解。在WPS演示中可以插入计算机中保存的音频和视频文件。

（1）插入并编辑音频

在幻灯片中可以添加音频，以达到强调或实现特殊效果的目的，同时，音频的插入也会使演示文稿的内容更加丰富。在WPS演示中，可以插入计算机中保存的音频文件。

通常在幻灯片中插入的音频都是计算机中保存的音频文件，插入的方法与在幻灯片中插入图片类似。下面在"周年庆活动.pptx"演示文稿中插入计算机

微课
插入并编辑音频

中的音频文件，具体操作如下。

① 在WPS Office中，打开"周年庆活动.pptx"演示文稿（配套资源：素材\第6章\周年庆活动.pptx），选择"幻灯片"窗格中的第1张幻灯片，单击"插入"选项卡中的"音频"按钮，在打开的下拉列表中选择"嵌入背景音乐"选项。

② 打开"从当前页插入背景音乐"对话框，选择插入音频文件的保存路径，在打开的列表中选择"背景音乐.mp3"文件（配套资源：素材\第6章\背景音乐.mp3），单击"打开"按钮，如图6-19所示。

图6-19　选择背景音乐文件

③ 返回WPS演示工作界面，幻灯片中将显示一个声音图标和播放音频的浮动工具栏。

④ 选择音频图标，单击"音频工具"选项卡中的"音量"按钮，在打开的列表中选择"高"选项。

⑤ 保持音频图标的选择状态，单击"音频工具"选项卡中的"裁剪音频"按钮。

⑥ 打开"剪裁音频"对话框，在"结束时间"数值框中输入"00:12.18"，单击"确定"按钮，如图6-20所示。

⑦ 在"音频工具"选项卡的"淡出"数值框中输入"00.50"，在"音频工具"选项卡中单击选中"放映时隐藏"复选框，如图6-21所示。

⑧ 单击"音频工具"选项卡中的"播放"按钮，试听编辑后的音频。

图6-20　裁剪音频

图6-21　设置音频效果

（2）插入并编辑视频

除了可以在幻灯片中插入音频，还可以插入视频，在放映幻灯片时，便可以直接在幻灯片中放映影片，使幻灯片更加丰富多彩。

和插入音频类似，通常在幻灯片中插入的视频都是计算机中保存的视频文件，其操作也与插入音频相似。下面在"周年庆活动.pptx"演示文稿中插入计算机中的视频文件并编辑，具体操作如下。

① 在WPS Office中，打开"周年庆活动.pptx"演示文稿（配套资源：效果\第6章\周年庆活动.pptx），选择第7张幻灯片，单击占位符中的"插入视频"按钮。

② 打开"插入视频"对话框，选择插入视频文件的保存路径，在打开的列表中选择"小朋友素描.mp4"素材文件（配套资源：素材\第6章\小朋友素描.mp4），单击"打开"按钮。

③ 返回WPS演示工作界面，在幻灯片中将显示视频画面和一个播放视频的浮动工具栏。

④ 单击"视频工具"选项卡中的"裁剪视频"按钮，打开"裁剪视频"对话框，在"开始时间"数值框中输入"00:03.01"，在"结束时间"数值框中输入"00:20.81"，单击"确定"按钮，如图6-22所示。

⑤ 保持插入视频的选择状态，在"视频工具"选项卡中"开始"按钮下方的下拉列表中选择"自动"选项。

⑥ 单击"图片工具"选项卡中的"图片效果"按钮，在打开的下拉列表中选择"发光"选项；再在打开的下拉列表中选择"橙色，18pt发光，着色4"选项，如图6-23所示（配套资源：效果\第6章\周年庆活动.pptx）。

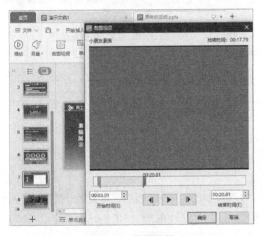

图6-22 裁剪视频

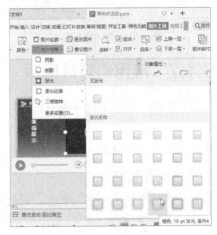

图6-23 设置图片效果

6.1.6 应用与编辑幻灯片模板

模板是一组预设的背景、字体格式等的组合，在新建演示文稿时可以使用模板，对于已经创建好的演示文稿，也可应用模板。应用模板后还可以修改搭配好的颜色方案。

1. 应用幻灯片模板

WPS演示的模板均已经对颜色、字体和效果等进行了合理的搭配，用户只需选择一种固定的模板，就可以为演示文稿中各幻灯片的内容应用相同的效果，从而达到统一幻灯片风格的目的。在"设计"选项卡的"模板"列表中选择需要的模板即可，或单击"更多设计"按钮 ，在打开的对话框中进行选择即可。

2. 编辑模板

WPS演示中预设的模板如果不能满足实际需要，用户还可以根据需要对模板进行自定义设置。在"设计"选项卡中单击"配色方案"按钮，在打开的下拉列表中选择一种模板颜色，如图6-24所示，即可将颜色方案应用于所有幻灯片。在打开的下拉列表中选择"更多颜色"选项，在打开的"主题色"窗格中可对幻灯片模板颜色的搭配进行自定义设置，如图6-25所示。

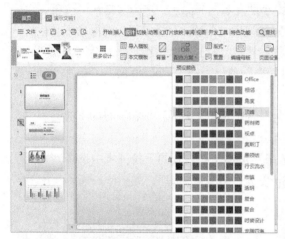

图6-24　更改模板颜色

图6-25　自定义主题颜色

6.1.7　应用幻灯片母版

母版是存储了演示文稿中所有幻灯片主题或页面格式的幻灯片视图或页面，用它可以制作演示文稿中的统一标志、文本格式、背景等。使用母版可以快速制作出多张版式相同的幻灯片，极大地提高工作效率。

1. 认识母版的类型

母版是演示文稿中特有的概念，通过设计、制作母版，可以快速使设置的内容在多张幻灯片、讲义或备注中生效。在WPS演示中存在3种母版：幻灯片母版、讲义母版和备注母版，其作用分别如下。

● **幻灯片母版**：幻灯片母版用于存储关于模板信息的设计模板，这些模板信息包括字形、占位符大小和位置、背景设计和配色方案等，只要在母版中更改了样式，对应幻灯片中相应的样式会随之改变。在"视图"选项卡中单击"幻灯片母版"按钮即可进入幻灯片母版视图，如图6-26所示。

● **讲义母版**：讲义是指演讲者在放映演示文稿时使用的纸稿，纸稿中显示了每张幻灯片的大致内容、要点等。制作讲义母版就是设置这些内容在纸稿中的显示方式，主要包括设置每页纸张上显示的幻灯片数量、排列方式以及页眉和页脚的信息等。在"视图"选项卡中单击"讲义母版"按钮即可进入讲义母版视图，如图6-27所示。

图6-26　幻灯片母版视图

图6-27　讲义母版视图

● **备注母版**：备注是指演讲者在幻灯片下方输入的内容，根据需要可将这些内容打印出来。制作备注母版是指为了将这些备注信息打印在纸张上，而对备注进行的相关设置。

2. 编辑幻灯片母版

微课
编辑幻灯片母版

编辑幻灯片母版与编辑幻灯片的方法非常类似，幻灯片母版中也可以添加图片、声音、文本等对象，但通常只添加通用对象，即只添加在大部分幻灯片中都需要使用的对象。完成母版样式的编辑后单击"关闭"按钮即可退出母版。下面新建演示文稿，并设置幻灯片母版的主题、文本格式、形状样式、页脚以及图片等内容，具体操作如下。

① 在WPS Office中，新建一个空白演示文稿，并以"母版幻灯片"为名进行保存，然后单击"视图"选项卡中的"幻灯片母版"按钮，进入幻灯片母版视图。在"幻灯片母版"选项卡中单击"主题"按钮，在打开的下拉列表中选择"角度"选项，如图6-28所示。

② 在幻灯片母版视图左侧的"幻灯片版式选择"窗格中选择第1张幻灯片版式，然后选择"单击此处编辑母版标题样式"占位符，在"开始"选项卡中设置占位符的文本格式为"华文隶书，44"。继续选择正文占位符，并设置占位符的文本格式为"黑体"。

③ 选择占位符，在"绘图工具"选项卡中选择"彩色轮廓-深灰绿，强调颜色4"选项。

④ 在"插入"选项卡中单击"页眉和页脚"按钮，打开"页眉和页脚"对话框，在"幻灯片"选项卡中单击选中"页脚"复选框，并在文本框中输入"企业资源分析"文本，然后单击选中"标题幻灯片不显示"复选框，单击"全部应用"按钮，如图6-29所示。

图6-28　应用母版主题

图6-29　在幻灯片中统一添加页脚

⑤ 单击"插入"选项卡中的"图片"按钮，打开"插入图片"对话框，选择所需图片后，此处选择"SNAG-1125.tif"素材文件（配套资源：素材\第6章\SNAG-1125.tif），单击"插入"按钮。

⑥ 返回幻灯片母版视图，在"图片工具"选项卡中将图片的高度和宽度分别设置为1.05厘米、1.33厘米，然后利用鼠标拖曳图片至幻灯片的左上角，如图6-30所示。

⑦ 按【Ctrl+C】和【Ctrl+V】组合键，复制一个图片，并将其拖曳至幻灯片的右上角，效果如图6-31所示。

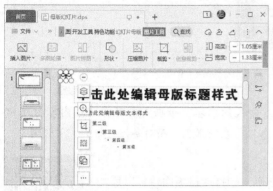

图6-30　插入并编辑图片　　　　　　　　图6-31　复制和移动图片

⑧ 在"幻灯片母版"选项卡中单击"关闭"按钮切换至普通视图，标题幻灯片中显示了重新设置后的版式，如图6-32所示。

⑨ 在"幻灯片"窗格的空白区域单击鼠标右键，在弹出的快捷菜单中选择"新建"命令，在新建的幻灯片中便显示了插入的图片和页脚，如图6-33所示（配套资源：效果\第6章\母版幻灯片.dps）。

图6-32　重新设置后的标题幻灯片　　　　图6-33　重新设置后的标题幻灯片和内容幻灯片

6.2　设置幻灯片动画效果

动画效果是演示文稿中非常独特的一种元素，动画效果直接关系着演示文稿的放映效果。在演示文稿的制作过程中，可以为幻灯片中的文本、图片等对象设置动画效果，还可以设置幻灯片之间的切换动画效果等，使幻灯片在放映时更加生动。

6.2.1　添加动画效果

在WPS演示中，幻灯片动画有两种类型，即幻灯片切换动画和幻灯片对象动画。动画效果在幻灯片放映时才能生效并看到。

幻灯片切换动画是指放映幻灯片时幻灯片进入、离开屏幕时的动画效果；幻灯片对象动画是指为幻灯片中添加的各对象设置动画效果，多种不同的对象动画组合在一起可形成复杂而自然的动画效果。WPS演示中的幻灯片切换动画种类较简单，而对象动画相对较复杂，对象动画的类别主要有以下4种。

- ●**进入动画**：进入动画指对象从幻灯片显示范围之外进入幻灯片内部的动画效果，如对象从左上角飞入幻灯片中指定的位置、对象在指定位置以翻转效果由远及近地显示出来等。
- ●**强调动画**：强调动画指对象本身已显示在幻灯片之中，然后以指定的动画效果突出显示，从而起到强调作用，如将已存在的图片放大显示或旋转等。
- ●**退出动画**：退出动画指对象本身已显示在幻灯片之中，然后以指定的动画效果离开幻灯片，如对象从显示位置左侧飞出幻灯片、对象从显示位置以弹跳方式离开幻灯片等。
- ●**路径动画**：路径动画是指对象按用户自己绘制的或系统预设的路径移动的动画，如对象按圆形路径移动等。

1. 添加单一动画

为对象添加单一动画效果是指为某个对象或多个对象快速添加进入、退出、强调或动作路径动画。

在幻灯片编辑区中选择要设置动画的对象，然后在"动画"选项卡中单击"动画"列表右下角的下拉按钮，在打开的下拉列表中选择某一类型动画下的动画选项即可。为幻灯片对象添加动画效果后，系统将自动在幻灯片编辑窗口中对设置了动画效果的对象进行预览放映，且该对象旁边会出现数字标识，数字顺序代表播放动画的顺序。

2. 添加组合动画

组合动画是指为同一个对象同时添加进入、强调、退出和动作路径动画4种类型中的任意动画组合，如同时添加进入和退出动画等。

选择需要添加组合动画效果的幻灯片对象，然后在"动画"选项卡中单击"自定义动画"按钮，在打开的"自定义动画"窗格中单击"添加效果"按钮，在打开的下拉列表中选择某一类型的动画后，再次单击"添加效果"按钮，继续选择其他类型的动画效果即可。

6.2.2　设置动画效果

为幻灯片中的文本或对象添加动画效果后，还可以对其进行一定的设置，如动画的开始时间、方向和速度等。下面在"庆典策划.pptx"演示文稿中为添加的动画设置效果，具体操作如下。

① 在WPS Office中，打开"庆典策划.pptx"演示文稿（配套资源：素材\第6章\庆典策划.pptx），选择第1张幻灯片，选择"动画"选项卡，选择"自定义动画"按钮，在"自定义动画"窗格中选择第2个动画选项，在"开始"

微课
设置动画效果

下拉列表中选择"之后"选项。

②在"速度"下拉列表中选择"中速"选项，如图6-34所示。

③选择"自定义动画"窗格中第1个选项，在"方向"下拉列表中选择"自顶部"选项。

④单击"自定义动画"窗格中的"播放"按钮，如图6-35所示，查看设置后的效果（配套资源：\效果\第6章\庆典策划.pptx）。

图6-34 设置第2个动画效果	图6-35 查看设置后的效果

6.2.3 设置幻灯片切换动画效果

幻灯片切换动画是指在幻灯片放映过程中从一张幻灯片切换到下一张幻灯片时出现的动画效果。下面将详细讲解设置幻灯片切换动画的基本方法。

1. 添加切换动画

普通的两张幻灯片之间没有设置切换动画，但在制作演示文稿的过程中，用户可根据需要添加切换动画，这样可提升演示文稿的吸引力。下面在"庆典策划.pptx"演示文稿中设置幻灯片切换动画，具体操作如下。

微课
添加切换动画

①选择第1张幻灯片，单击"切换"选项卡中的"展开"按钮 。

②在打开的"切换效果"列表中选择"擦除"选项，如图6-36所示。

③选择除第1张幻灯片外的所有幻灯片，再次打开"切换效果"列表，选择"抽出"选项，单击"效果选项"按钮，选择"从左"选项，如图6-37所示。

图6-36 选择切换动画样式

图6-37 继续添加切换动画

2. 设置切换动画效果

为幻灯片添加切换效果后，还可对所选的切换效果进行设置，包括设置切换声音、速度、

切换方式以及更改切换效果等。下面在"庆典策划.pptx"演示文稿中设置幻灯片切换动画的效果，具体操作如下。

① 选择"幻灯片"窗格中的第3张幻灯片，在右侧的面板中单击"幻灯片切换"按钮。在"修改切换效果"栏中单击"声音"后面的下拉按钮，在打开的下拉列表中选择"打字机"选项，如图6-38所示。

② 在"应用于所选幻灯片"列表中选择"推出"选项，更改切换效果，如图6-39所示。

图6-38　设置切换声音

图6-39　设置切换样式

6.2.4　添加动作按钮

动作按钮的功能与超链接比较类似，在幻灯片中创建动作按钮后，可将其设置为单击或经过该动作按钮时快速切换到上一张幻灯片、下一张幻灯片或第一张幻灯片。

在幻灯片中添加动作按钮的方法：选择要添加动作按钮的幻灯片，在"插入"选项卡中单击"形状"按钮，在打开的下拉列表中选择"动作按钮"栏的第5个选项，此时鼠标指针将变为"+"形状，在幻灯片右下角空白位置按住鼠标左键不放并拖曳鼠标，绘制一个动作按钮，绘制动作按钮后会自动打开"动作设置"对话框，单击选中"超链接到"单选按钮，在下方的下拉列表中选择"幻灯片"选项，打开"超链接到幻灯片"对话框，在其中可以设置单击鼠标时要执行的操作，如链接到其他幻灯片或演示文稿、运行程序等，单击"确定"按钮，即可使超链接生效，如图6-40所示。

图6-40　添加动作按钮

6.2.5 创建超链接

除了使用动作按钮链接到指定幻灯片，还可以为幻灯片中的文本或图片等对象创建超链接。创建超链接后，在放映幻灯片时便可单击该对象，使页面跳转到超链接所指向的幻灯片进行播放。

为幻灯片中的对象创建超链接的方法：在幻灯片编辑区选择要添加超链接的对象，然后在"插入"选项卡中单击"超链接"按钮，打开"插入超链接"对话框，在左侧的"链接到"列表中提供了3种不同的链接方式，选择所需链接方式后，在中间列表中按实际链接要求进行设置，完成后单击"确定"按钮，即可为选择的对象添加超链接效果。在放映幻灯片时，单击添加超链接的对象，即可快速跳转至所链接的页面或程序。

另外，在"插入超链接"对话框中单击右上角的"屏幕提示"按钮，在打开的"设置超链接屏幕提示"对话框中的"屏幕提示文字"文本框中可输入鼠标指向超链接对象时的提示文字。此外，如果直接选择文本为其设置超链接效果，设置完成后文本颜色将发生改变，且文本下方将添加下画线；如果选择文本框为其设置超链接效果，则不会改变文本的效果。

6.3 放映演示文稿

使用WPS制作演示文稿的最终目的就是将幻灯片效果展示给观众，即放映幻灯片。同时，幻灯片的音频效果、视频效果、动画效果都需要通过放映功能进行展示。除了可以放映，WPS还提供了输出功能，用户可对幻灯片进行输出保存。

6.3.1 放映设置

在WPS中，放映幻灯片时可以设置不同的放映方式，如演讲者控制放映、展台自动循环放映，还可以隐藏不需要放映的幻灯片和录制旁白等，从而满足不同场合的放映需求。

1. 幻灯片放映类型

WPS 演示提供了两种放映类型，其作用和特点如下。

● **演讲者放映（全屏幕）**：演讲者放映（全屏幕）是默认的放映类型，此类型将以全屏幕的状态放映演示文稿。在演示文稿放映过程中，演讲者具有完全的控制权，演讲者可手动切换幻灯片和动画效果，也可以将演示文稿暂停以添加细节等，还可以在放映过程中录制旁白。

● **展台自动循环放映（全屏幕）**：此类型是最简单的一种放映类型，不需要人为控制，系统将自动全屏循环放映演示文稿。使用这种方式进行放映时，不能通过单击鼠标切换幻灯片，但可以通过单击幻灯片中的超链接和动作按钮来切换，按【Esc】键可结束放映。

2. 设置幻灯片放映方式

幻灯片放映方式的设置方法：在"幻灯片放映"选项卡中单击"设置放映方式"按钮，打开"设置放映方式"对话框，在"放映类型"栏中单击选中不同的单选按钮，选择相应的放映类型，设置完成后单击"确定"按钮即可。"设置放映方式"对话框中各设置的功能介绍如下。

- **设置放映类型**：在"放映类型"栏中单击选中相应的单选按钮，即可为幻灯片设置相应的放映类型。
- **设置放映选项**：在"放映选项"栏中单击选中"循环放映，按【Esc】键终止"复选框可设置循环放映，该栏中还可设置绘图笔的颜色，在"绘图笔颜色"下拉列表中可以选择一种颜色，在放映幻灯片时，可使用该颜色的绘图笔在幻灯片上写字或做标记。
- **设置放映幻灯片的数量**：在"放映幻灯片"栏中可设置需要放映的幻灯片数量，可以选择放映演示文稿中所有的幻灯片，或手动输入放映开始和结束的幻灯片页数。
- **设置换片方式**：在"推进幻灯片"栏中可设置幻灯片的切换方式，单击选中"手动"单选按钮，表示在演示过程中将手动切换幻灯片及演示动画效果；单击选中"如果存在排练计时时，则使用它"单选按钮，表示演示文稿将按照幻灯片的排练时间自动切换幻灯片和动画，但是如果没有已保存的排练计时，即便单击选中该单选按钮，放映时还是以手动方式进行控制。

3. 自定义幻灯片放映

微课
自定义幻灯片放映

自定义幻灯片放映是指有选择性地放映部分幻灯片，可以将需要放映的幻灯片另存为一个名称再进行放映。这类放映主要适用于内容较多的演示文稿。自定义幻灯片放映的具体操作如下。

① 在"幻灯片放映"选项卡中单击"自定义放映"按钮，打开"自定义放映"对话框，单击"新建"按钮，如图6-41所示，新建一个放映项目。

② 打开"定义自定义放映"对话框，在"在演示文稿中的幻灯片"列表中同时选中需要放映的幻灯片，单击"添加"按钮，将选中的幻灯片添加到"在自定义放映中的幻灯片"列表中。

③ 在"在自定义放映中的幻灯片"列表中通过"上移"按钮和"下移"按钮来调整幻灯片的显示顺序，调整后的效果如图6-42所示。

④ 单击"确定"按钮，返回"自定义放映"对话框，在"自定义放映"列表中已显示出新创建的自定义演示名称，单击"关闭"按钮完成设置。

图6-41　新建放映项目

图6-42　添加和调整放映项目

4. 设置排练计时

对于某些需要自动放映的演示文稿，用户在设置动画效果后，可以设置排练计时，在放映时可根据排练的时间和顺序放映。设置排练计时的具体操作如下。

① 在"幻灯片放映"选项卡中单击"排练计时"按钮，进入放映排练状态，同时打开"预演"工具栏自动为该幻灯片计时，如图6-43所示。

② 单击鼠标或按【Enter】键控制幻灯片中下一个动画出现的时间，如果用户已确定该幻灯片的播放时间，可直接在"预演"工具栏的时间框中输入时间值。

③ 一张幻灯片播放完成后，单击鼠标切换到下一张幻灯片，"预演"工具栏将从头开始为该幻灯片的放映计时。

④ 放映结束后，打开提示对话框，提示排练计时时间，并询问是否保留新的幻灯片排练时间，单击"是"按钮保存，如图6-44所示。

⑤ 打开"幻灯片浏览"视图，每张幻灯片的右下角将显示幻灯片的播放时间，图6-45所示为某幻灯片在"幻灯片浏览"视图中显示的播放时间。

图6-43 "预演"工具栏

图6-44 提示对话框

图6-45 显示播放时间

6.3.2 放映幻灯片

对幻灯片进行放映设置后，即可开始放映幻灯片，在放映过程中演讲者可以进行标记和定位等控制操作。

1. 放映幻灯片

幻灯片的放映包括开始放映和切换放映操作，下面分别进行介绍。

（1）开始放映

开始放映幻灯片的方法有以下3种。

● 在"幻灯片放映"选项卡中单击"从头开始"按钮或按【F5】键，将从第1张幻灯片开始放映。

● 在"幻灯片放映"选项卡中单击"从当前开始"按钮或按【Shift+F5】组合键，将从当前选择的幻灯片开始放映。

● 单击状态栏上的"幻灯片放映"按钮，将从当前幻灯片开始放映。

（2）切换放映

在放映需要讲解和介绍的演示文稿时，如课件类、会议类演示文稿，经常需要切换到上一张或下一张幻灯片，此时就需要使用幻灯片放映的切换功能。

● 切换到上一张幻灯片：按【Page Up】键、按【←】键或按【Back Space】键。

● 切换到下一张幻灯片：单击鼠标左键、按空格键、按【Enter】键或按【→】键。

2. 放映过程中的控制

在幻灯片的放映过程中有时需要对某一张幻灯片进行更多的说明和讲解，此时可以暂停该幻灯片的放映，暂停放映可以直接按"S"键或"+"键，也可在需暂停的幻灯片中单击鼠标右键，在弹出的快捷菜单中选择"暂停"命令。此外，在右键快捷菜单中还可以选择"指针选项"命令，在其子菜单中选择"圆珠笔"或"荧光笔"命令，对幻灯片中的重要内容做标记。

需要注意的是，在放映演示文稿时，无论当前放映的是哪一张幻灯片，都可以通过幻灯片的快速定位功能快速定位到指定的幻灯片进行放映。操作方法：在放映的幻灯片中单击鼠标右键，在弹出的快捷菜单中选择"定位"命令，在弹出的子菜单中选择要切换到的目标幻灯片即可。

6.3.3 输出演示文稿

WPS演示中输出演示文稿的相关操作主要包括打包、打印和转换。读者通过学习应能够熟练掌握输出演示文稿的各种操作方法，让制作出来的演示文稿不仅能直接在计算机中展示，还可以在不同的位置或环境中使用浏览。

1. 打包演示文稿

将演示文稿打包后，复制到其他计算机中，即使该计算机没有安装WPS Office，也可以播放该演示文稿。打包演示文稿的方法：单击"文件"→"文件打包"→"将演示文档打包成文件夹"命令，打开"演示文件打包"对话框，在"文件夹名称"文本框中输入"周年庆活动"文本，在"位置"文本框中输入打包后的文件夹的保存位置，单击"确定"按钮，打开提示对话框，提示文件打包已完成，单击"关闭"按钮，如图6-46所示，完成打包操作。

图6-46 打包演示文稿

2. 打印演示文稿

演示文稿不仅可以现场演示，还可以将其打印在纸张上，手执演讲或分发给观众作为演讲提示等。打印演示文稿的方法：单击"文件"→"打印"→"打印"命令，打开"打印"对话框，在其中可设置演示文稿的打印份数、打印范围等。

3. 将演示文稿转换为 PDF 文档

若要在没有安装WPS Office 的计算机中放映演示文稿，可将其转换为PDF文件，再进行播放。将演示文稿转换为PDF文档的方法：单击"文件"→"输出为PDF"命令，打开"输出为PDF"对话框，在其中可设置输出为PDF的演示文稿的文件、范围等。

6.4 综合案例

本案例将制作一个年终总结演示文稿，主要涉及的操作包括设计幻灯片样式、插入表格

等，其具体操作如下。

① 启动WPS演示，新建一个空白演示文稿。在大纲视图中，利用【Ctlr+C】组合键和【Ctrl+V】组合键，将素材"财务部年度工作总结.wps"文档（配套资源：素材\第6章\财务部年度工作总结.wps）中的全部文字复制到空白演示文稿，如图6-47所示。

② 将鼠标指针定位到文本"（张涯）"的最右侧，然后按【Enter】键新建一张幻灯片。用相同的方法，继续按标题级新建5张幻灯片。按【Enter】键将"一前言"文本重新设置为一段，然后按【Tab】键，将文本调低一个级别，如图6-48所示。用相同的方法，对其他文本的级别进行调整。

图6-47　复制文本

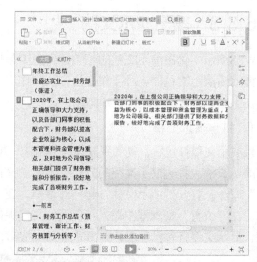

图6-48　更改大纲级别

③ 单击"设计"选项卡的"更多设计"按钮，打开"设计方案"对话框，如图6-49所示。选择右侧"标签"栏的"工作总结"选项，在左侧选择"团队业绩报告"模板，然后单击"应用本模板风格"按钮，如图6-50所示。

图6-49　打开"设计方案"对话框

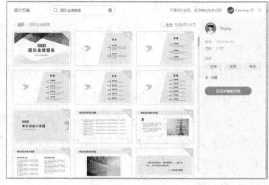

图6-50　应用模板风格

④ 调整幻灯片内的格式，修饰幻灯片（配套资源：\效果\第6章\财务部年度工作总结.dps）。

6.5 扩展阅读

本章主要讲解了WPS演示的相关编辑知识，包括演示文稿的基本设置、幻灯片的编辑、动画效果的设置、放映演示文稿的方法等。

文本是制作演示文稿最重要的元素，不仅要求设计美观，而且要符合观众需求。这里简单介绍日常设计过程中需要遵循的基本原则。

1. 字体设计原则

字体搭配效果与演示文稿的阅读性和感染力息息相关。实际上，字体设计也有一定的原则可循，下面介绍5种常见的字体设计原则。

- 幻灯片标题字体建议选用容易阅读的较粗的字体，正文则使用比标题细的字体，以区分主次。
- 在搭配字体时，标题和正文尽量选用常用的字体，而且要考虑标题字体和正文字体的搭配效果。
- 在演示文稿中若要使用英文字体，可选择Arial与Times New Roman两种英文字体。
- WPS演示文稿不同于WPS文字文档，其正文内容不宜过多，正文中只列出重点的标题即可，其余扩展内容可留给演讲者临场发挥。
- 在商业培训等较正式场合，可使用较正规的字体，如标题使用方正粗宋简体、黑体、方正综艺简体等，正文可使用方正细黑简体、宋体等；在一些相对轻松的场合，字体可随意一些，如方正粗倩简体、楷体（加粗）和方正卡通简体等。

2. 字号设计原则

在演示文稿中，字号的大小不仅会影响观众接受信息的体验，还会从侧面反映出演示文稿的专业度，因此，字号大小的设计非常重要。

字号大小的设计还需根据演示文稿演示的场合和环境来决定，因此，在选用字号时要注意以下两点。

- 如果演示的场合较大，观众较多，那么幻灯片中字体的字号就应该较大，以保证最远位置的观众都能看清幻灯片中的文字。此时，标题建议使用36号以上的字号，正文使用28号以上的字号。为了方便观众查看，一般情况下，演示文稿中的字号不应小于20号。
- 同类型和同级别的标题和文本内容要设置同样大小的字号，这样可以保证内容的连贯性与文本的统一性，让观众能更容易将信息归类，也更容易理解和接受信息。

除了字体、字号，对文本显示影响较大的元素还有颜色，文本一般使用与背景颜色反差较大的颜色，从而方便查看。另外，一个演示文稿中的文本建议用统一的颜色，只有需要重点突出的文本才使用其他颜色。

6.6 习题

1. 新建一个名为"工作总结.dps"的演示文稿，然后对幻灯片进行编辑，要求如下，效果如图6-51所示（配套资源：效果\第6章\工作总结.dps）。

- 启动WPS Office后，选择"工作总结"模板新建一个演示文稿，然后以"工作总结.dps"为名保存在桌面上。
- 在标题幻灯片中输入演示文稿标题和副标题。
- 删除第2～13张幻灯片，然后新建一张"内容与标题"版式的幻灯片，作为演示文稿的目录，再在占位符中输入文本。
- 新建一张"标题和内容"版式的幻灯片，在占位符中输入文本。
- 复制6张与第2张幻灯片内容相同的幻灯片，然后分别在其中输入相应内容。
- 调整第4张幻灯片的位置至第5张幻灯片的后面。
- 在第10张幻灯片中删除副标题文本。

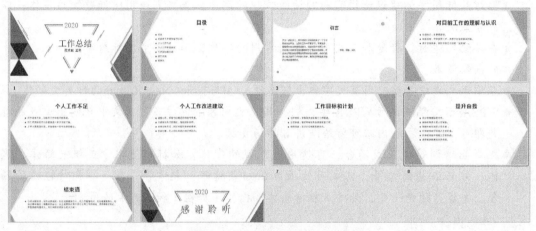

图6-51　制作"工作总结"演示文稿

2. 打开素材文件"产品上市策划.dps"演示文稿（配套资源：素材\第6章\习题\产品上市策划.dps），然后对幻灯片按照以下要求进行编辑，效果如图6-52所示（配套资源：效果\第6章\产品上市策划.dps）。

- 在第4张幻灯片中将第2～4和第6～8段正文文本降级，然后设置降级文本的字体格式为"楷体，22"；设置未降级文本的颜色为"红色"。
- 在第2张幻灯片中插入"填充-金菊黄，着色"艺术字"目录"。移动艺术字到幻灯片顶部，再设置其字体为"华文琥珀"，使用图片"橙汁.jpg"填充艺术字，设置其倒影效果为"半倒影，接触"。
- 在第4张幻灯片中插入"饮料瓶.jpg"图片，缩小后放在幻灯片右边，图片向左旋转一定角度，再删除其白色背景，并设置阴影效果为"透视：左上对角透视"。
- 在第6、第7张幻灯片中各新建一个智能图形，分别为"多向循环""棱锥型列表"，输入文字，在第7张幻灯片中的智能图形中添加一个形状，并输入文字。
- 在第9张幻灯片中绘制"房子"，在矩形中输入"学校"，设置格式为"黑体（正文），18，白色背景1，居中"；绘制折角形，输入"分杯赠饮"，设置格式为"楷体，加粗，28，白色背景1，段落居中"；设置房子的快速样式为第2排最后一个选项；组合绘制的图形，向下垂直复制两个，再分别修改其中的文字内容。

● 在第10张幻灯片中制作一个5行4列的表格，输入内容后增加表格的行距，在最后一列和最后一行后各增加一列和一行，并输入文本，合并最后一行中除最后一个单元格外的所有单元格，设置该行底纹颜色为"浅蓝"；为第一个单元格绘制一条斜线，为表格添加"向下偏移"的阴影效果。

● 在第1张幻灯片中插入一个跨幻灯片循环播放的音乐文件，并设置声音图标在播放时不显示。

图6-52 "产品上市策划"演示文稿

3. 打开素材文件"市场分析.dps"演示文稿（配套资源：素材\第6章\习题\市场分析.dps），然后按照以下要求对幻灯片进行设置，效果如图6-53所示（配套资源：效果\第6章\市场分析.dps）。

● 打开演示文稿，应用"蓝色扁平清新通用"主题，配色方案为"复合"。

● 为演示文稿的标题页设置背景图片"首页背景.png"。

● 在幻灯片母版视图中设置标题占位符字体为"方正中倩简体"，正文占位符的"字号"为"28"，字体为"方正中倩简体"；插入名为"标志.png"的图片并调整位置；插入艺术字，设置字体为"Arial（正文）"，字号为"16"，字体颜色为"橙色"；设置幻灯片的页眉页脚效果；退出幻灯片母版视图。

● 适当调整幻灯片中各个对象的位置，使其符合应用主题和设置幻灯片母版后的效果。

● 为所有幻灯片设置"擦除"切换效果，设置切换声音为"照相机"。

● 为第1张幻灯片中的标题设置"飞入"动画，并设置其播放时间、速度和方向；为副标题设置"缩放"动画，并设置其动画效果选项。

● 为第1张幻灯片中的副标题添加一个名为"更改字体颜色"的强调动画，设置"字体颜色"为最后一个选项，动画开始方式为"单击时"。最后为标题动画添加"打字机"的声音。

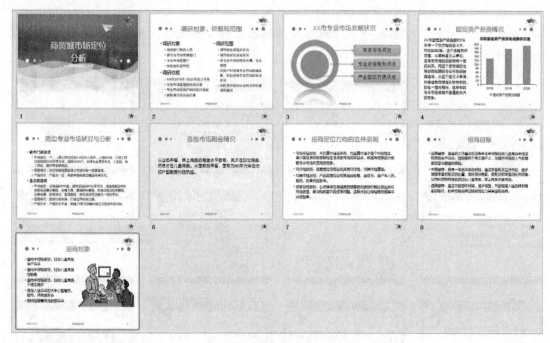

图6-53 "市场分析"演示文稿

第 **7** 章
计算机网络基础

随着信息化技术的不断发展，计算机网络应用成为计算机应用的重要组成部分。计算机网络即将计算机连入网络，然后共享网络中的资源并进行信息传输。现在最常用的网络是Internet，它是一个全球性的网络，能够将全世界的计算机联系在一起，通过这个网络，用户可以实现多种网络功能。

学习目标
- 了解计算机网络。
- 了解局域网和Internet。
- 掌握Internet的基本应用。
- 了解计算机信息安全。

7.1 计算机网络概述

网络化是计算机技术发展的一种必然趋势，下面将介绍计算机网络的定义、发展、分类、体系结构和协议等基础知识。

7.1.1 计算机网络的定义

在计算机网络发展的不同阶段，人们对计算机网络的理解和侧重点不同。针对不同的阶段，人们对计算机网络提出了不同的定义。就目前计算机网络的发展现状来看，从资源共享的观点出发，通常将计算机网络定义为以能够相互共享资源的方式连接起来的独立计算机系统的集合。也就是说，将相互独立的计算机系统以通信线路相连接，按照全网统一的网络协议进行数据通信，从而实现网络资源共享。

从计算机网络的定义中可以看出，构成计算机网络有以下4点要求。
- **计算机相互独立**：从分布的地理位置来看，它们是独立的，既可以相距很近，也可以相隔千里；从数据处理功能来看，它们也是独立的，既可以联网工作，也可以脱离网络独立工作，而且连网工作时，没有明确的主从关系，即网内的任何一台计算机都不能强制性地控制另一台计算机。

- **通信线路相连接**：各计算机系统必须用传输介质和互连设备实现互连，传输介质可以是双绞线、同轴电缆、光纤、微波和无线电等。
- **采用统一的网络协议**：全网中的各计算机在通信过程中必须共同遵守"全网统一"的通信规则，即网络协议。
- **资源共享**：计算机网络中任意一台计算机的资源，包括硬件、软件和信息，可以提供给全网其他计算机系统共享。

7.1.2 计算机网络的发展

计算机网络出现的历史不长，但发展迅速，经历了从简单到复杂、从地方到全球的发展过程，从形成初期到现在大致可以分为4个阶段。

- **第一代计算机网络**：这一阶段可以追溯到20世纪50年代。人们将多台终端通过通信线路连接到一台中央计算机上构成"主机-终端"系统。第一代计算机网络又称为面向终端的计算机网络。这里的终端不具备自主处理数据的能力，仅仅能完成简单的输入/输出功能，所有数据处理和通信处理任务均由主机完成。从现今对计算机网络的定义来看，"主机-终端"系统只能算是计算机网络的雏形，还算不上真正的计算机网络，但这一阶段进行的计算机技术与通信技术相结合的研究，成了计算机网络发展的基础。

- **第二代计算机网络**：20世纪70年代中期开始，许多计算机厂商纷纷开发出自己的计算机网络系统并形成各自不同的网络体系结构。例如，IBM公司开发的系统网络体系结构（Systems Network Architecture，SNA），DEC公司开发的数字网络体系结构（Digital Network Architecture，DNA）。这些网络体系结构有很大的差异，无法实现不同网络之间的互联，因此，网络体系结构与网络协议的国际标准化成了迫切需要解决的问题。1977年，国际标准化组织（International Standards Organization，ISO）提出了开放系统互连参考模型（Open System Interconnection/Reference Model，OSI/RM），形成了计算机网络体系结构的国际标准。尽管Internet上使用的是TCP/IP，但OSI/RM对网络技术的发展产生了极其重要的影响。

- **第三代计算机网络**：尽管Internet上使用的是TCP/IP，但OSI/RM对网络技术的发展产生了极其重要的影响。第三代计算机的特征是全网中所有的计算机遵守同一种协议，强调以实现资源共享（硬件、软件和数据）为目的。

- **第四代计算机网络**：从20世纪90年代开始，Internet实现了全球范围内的电子邮件、WWW、文件传输和图像通信等数据服务的普及，但电话和电视仍各自使用独立的网络系统进行信息传输。人们希望利用同一网络来传输语音、数据和视频图像，因此提出了宽带综合业务数字网（Broadband Integrated Services Digital Network，B-ISDN）的概念。"宽带"是指网络具有极高的数据传输速率，可以承载大数据量的传输；"综合"是指信息媒体，包括语音、数据和图像等可以在网络中综合采集、存储、处理和传输。由此可见，第四代计算机网络的特点是综合化和高速化。支持第四代计算机网络的技术有：异步传输模式（Asynchronous Transfer Mode，

ATM）、光纤传输介质、分布式网络、智能网络、高速网络、互联网技术等。人们对这些新的技术给予极大的热情和关注，正在不断深入地研究和应用。

Internet技术的飞速发展以及在企业、学校、政府、科研部门和千家万户的广泛应用，使人们对计算机网络提出了越来越高的要求。未来的计算机网络应能提供目前电话网、电视网和计算机网络的综合服务；能支持多媒体信息通信，以提供多种形式的视频服务；具有高度安全的管理机制，以保证信息安全传输；具有开放统一的应用环境、智能的系统自适应性和高可靠性，网络的使用、管理和维护将更加方便。总之，计算机网络将进一步朝着"开放、综合、智能"的方向发展，将对未来世界的经济、军事、科技、教育与文化的发展产生重大的影响。

7.1.3　计算机网络的分类

到目前为止，计算机网络还没有一种被普遍认同的分类方法，所以可使用不同的分类方法对其进行分类，如按网络覆盖的地理范围、服务方式、网络的拓扑结构、网络传输介质、网络的使用性质等进行分类。

1. 按网络覆盖的地理范围分类

计算机网络根据覆盖的地理范围与规模可以分为局域网（Local Area Network，LAN）、城域网（Metropolitan Area Network，MAN）、广域网（Wide Area Network，WAN）和国际互联网（Internet Working，Internet）4种类型。

● **局域网**：局域网是将较小地理区域内的计算机或数据终端设备连接在一起的通信网络，局域网覆盖的地理范围比较小，一般在几十米到几千米之间，主要用于实现短距离的资源共享。局域网可以由一个建筑物内或相邻建筑物内的几百台至上千台计算机组成，也可以小到连接一个房间内的几台计算机、打印机和其他设备。图7-1所示为一个简单的企业内部局域网。局域网区别于其他网络主要体现在网络所覆盖的物理范围、所使用的传输技术和拓扑结构3方面。从功能的角度来看，局域网的服务用户数有限，但是局域网的配置容易实现，速率高，一般可达4Mbit/s～2Gbit/s，使用费用也较低。

● **城域网**：城域网是一种大型的通信网络，它的覆盖范围介于局域网和广域网之间，一般为几千米至几万米。城域网的覆盖范围在一个城市内，它将位于一个城市内不同地点的多个计算机局域网连接起来实现资源共享。城域网所使用的通信设备和网络设备的功能要求比局域网高，以便有效地覆盖整个城市的地理范围。一般在一个大型城市中，城域网可以将多个学校、企事业单位、公司和医院的局域网连接起来共享资源。图7-2所示是某城区教育系统的城域网。

● **广域网**：广域网在地域上可以跨越国界、洲界，甚至可以覆盖全球范围。目前，Internet是最大的广域计算机网络，是一个横跨全球、公共商用的广域网络。除此之外，许多大型企业以及跨国公司和组织也建立了的内部使用的广域网络。例如，我国的公用交换电话网（Public Switched Telephone Network，PSTN）、数字数据网（Digital Data Network，DDN）和中国公用分组交换数据网（China Public Packet Switched Data Network，CHINAPAC）等都是广域网。广域网的物理结构如图7-3所示。

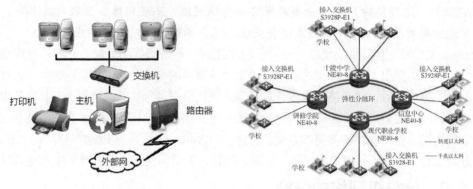

图7-1 企业内部局域网　　　　图7-2 某城区教育系统城域网

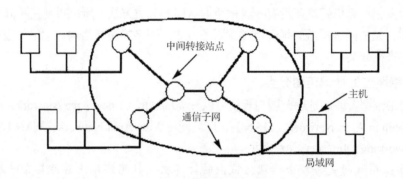

图7-3 广域网的物理结构

- **国际互联网**：目前世界上有许多网络，而不同网络的物理结构、协议和所采用的标准各不相同。如果连接到不同网络的用户需要进行相互通信，就需要将这些不兼容的网络通过称为网关（Gateway）的机器设备连接起来，并由网关完成相应的转换功能。多个网络相互连接构成的集合称为互联网，其最常见形式是多个局域网通过广域网连接起来。判断一个网络是广域网还是通信子网取决于网络中是否包含主机，如果一个网络只含有中间转接站点，则该网络仅仅是一个通信子网；反之，如果网络中既包含中间转接站点，又包含用户可以运行作业的主机，则该网络是一个广域网。

2. 按服务方式分类

　　服务方式是指计算机网络中各台计算机之间的关系，按照这种方式可将计算机网络分为对等网和客户机/服务器网络两种形式，对等网的服务方式是点对点，客户机/服务器网络的服务方式是一点对多点。

- **对等网**：在对等网络中，计算机的数量通常不超过20台，所以对等网络相对比较简单。在对等网络中各台计算机有相同的功能，无主从之分，网上任意节点的计算机都可以作为网络服务器为其他计算机提供资源，也可以作为工作站共享其他服务器的资源；任意一台计算机均可同时作为服务器和工作站，也可只作为其中之一。同时，对等网除了共享文件，还可以共享打印机，对等网上的打印机可被网络上的任一节点使用，如同使用本地打印机一样，图7-4所示为一个对等网。

- **客户机/服务器网络**：在计算机网络中，如果只有一台或者几台计算机作为服务器为网络上的用户提供共享资源，而其他的计算机仅作为客户机访问服务器中提供的各种资源，这样的网络就是客户机/服务器网络。服务器指专门提供服务的高性能计算机或专用设备；客户机指用户计算机。客户机/服务器网络的特点是安全性较高，计算机的权限、优先级易于控制，监控容易实现，网络管理能够规范化。服务器的性能和客户机的数量决定了此种网络的性能。图7-5所示为客户机/服务器网络。

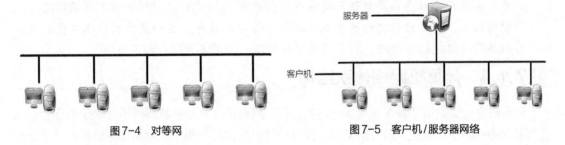

图7-4　对等网　　　　　　　　　　图7-5　客户机/服务器网络

3. 按网络的拓扑结构分类

计算机网络的拓扑结构指网络中的计算机或设备与传输介质形成的节点与线的物理构成模式。网络的节点有两类：一类是转换和交换信息的转接节点，包括节点交换机、集线器和终端控制器等；另一类是访问节点，包括计算机主机和终端等。线则代表各种传输介质，包括有形的线和无形的线。拓扑结构的选择与具体的网络要求相关，网络拓扑结构主要影响网络设备的类型、设备的能力、网络的扩张潜力和网络的管理模式等。

4. 按网络传输介质分类

网络传输介质是指在网络中传输信息的载体，常用的传输介质分为有线传输介质和无线传输介质两大类。

- **有线网**：有线传输介质指在两个通信设备之间实现的物理连接部分，能将信号从一方传输到另一方，主要有同轴电缆、双绞线和光纤。有线网则是使用这些有线传输介质连接的网络。采用同轴电缆连网的特点是经济实惠，但传输速率和抗干扰能力一般，传输距离较短；采用双绞线连网的特点是价格便宜、安装方便，但易受干扰，传输速率较低，传输距离比同轴电缆短；采用光纤连网的特点是传输距离长、传输速率高和抗干扰能力强。双绞线和同轴电缆传输电信号，光纤传输光信号。
- **无线网**：无线传输介质指周围的自由空间，利用无线电波在自由空间的传播可以实现多种无线通信。在自由空间传的电磁波根据频谱可将其分为无线电波、微波、红外线和激光等，信息被加载在电磁波上进行传输。无线网即指采用空气中的电磁波作为载体来传输数据的网络。无线网的特点为联网费用较高、数据传输速率高、安装方便、传输距离长和抗干扰能力不强等。无线网包括无线电话、无线电视网、微波通信网和卫星通信网等。

5. 按网络的使用性质分类

网络的使用性质主要指网络服务的对象和组建的原因，根据这种方式可将计算机网络分为公用网、专用网、利用公用网组建专用网3种类型。

- **公用网**：公用网是指由电信部门或其他提供通信服务的经营部门组建、管理和控制，网络内的传输和转接装置可供任何部门和个人使用的网络。
- **专用网**：专用于一些保密性要求较高的部门的网络，比如企业内部专用网、军队专用网。之所以称为"专用网"，是因为这种网络是为本机构的主机进行内部通信设立的，而不是用于和网络外非本机构的主机通信。
- **利用公用网组建专用网**：许多部门直接租用电信部门的通信网络，并配置一台或者多台主机，向社会各界提供网络服务，这些部门组建的应用网络称为增值网络（或增值网），即在通信网络的基础上提供了增值的服务。这种类型的网络其实就是利用公用网组建的专用网，如中国教育科研网、全国各大银行的网络等。

7.1.4　计算机网络体系结构

计算机之间的通信可看作人与人沟通的过程。网络协议是计算机网络不可缺少的部分，对结构复杂的网络协议来说，最好的组织方式就是通过层次结构模型。网络体系结构定义了计算机网络的功能，而这些功能往往通过硬件与软件来实现。

1. 网络体系结构的定义

从网络协议的层次模型来看，网络体系结构（Architecture）可以定义为计算机网络的所有功能层次、各层次的通信协议以及相邻层次间接口的集合。

网络体系结构的3要素分别是分层、协议和接口，可以表示为网络体系结构={分层、协议、接口}。

网络体系结构是抽象的，网络体系结构仅给出一般性指导标准和概念性框架，不包括实现的方法，其目的是在统一的原则下设计、建造和发展计算机网络。

2. 网络体系结构的分层原则

目前，层次结构被各种网络协议所采用，如OSI/RM、TCP/IP等。由于网络协议的不同，其协议分层的方法有很大差异。通常情况下，网络体系结构分层有以下原则。

- **各层功能明确**：在网络体系结构中分层，需要各层既保持系统功能的完整，又能避免系统功能的重叠，让各层结构相对稳定。
- **接口清晰简洁**：在网络体系结构中，下层通过接口对上层提供服务。在对接口的要求上有两点：一是接口需要定义向上层提供的操作和服务；二是通过接口的信息量最小。
- **层次数量适中**：为了让网络体系结构便于实现，要考虑层次的数量，既不能过多，也不能太少。如果层次过多，会引起系统烦冗和协议复杂化；如果层次过少，会导致一层中拥有多种功能。
- **协议标准化**：在网络体系结构中，各个层次的功能划分和设计应强调协议的标准化。

7.1.5　计算机网络协议

计算机网络协议是为在计算机网络中进行数据交换而建立的规则、标准或约定的统称。在计算机网络中，两个相互通信的实体可能处在不同的地理位置，其中的两个进程要相互通信，则需要通过交换信息来协调两个进程的动作达到同步，而信息的交换必须按照预先共同约定好的规则进行。

目前，大多数网络协议都采用分层体系结构。常见的网络协议有TCP/IP协议、IPX/SPX协议、NetBEUI协议等。TCP/IP协议是这3大协议中最重要的一个，Internet上的计算机使用的就是TCP/IP协议。作为互联网的基础协议，任何和互联网有关的操作都离不开TCP/IP协议。因此，这里主要介绍TCP/IP协议。

伴随着Internet在全世界的飞速发展，TCP/IP的广泛应用对网络技术发展产生了重要的影响。TCP/IP参考模型分为应用层、传输层、网络互连层和网络接口层4个层次。图7-6所示为TCP/IP参考模型和OSI参考模型的对比。

图7-6　TCP/IP参考模型和OSI参考模型的对比

在TCP/IP参考模型中，去掉了OSI参考模型中的会话层和表示层（这两层的功能被合并到应用层中实现），将OSI参考模型中的数据链路层和物理层合并为网络接口层。下面分别介绍各层的主要特点和功能。

- **网络接口层**：网络接口层是TCP/IP参考模型中的最低层，负责网络层与硬件设备的联系。网络接口层实际上并不是因特网协议组中的一部分，但它是数据包从一个设备的网络层传输到另外一个设备的网络层的方法。这个过程可以在网卡的软件驱动程序中控制，也可以在专用芯片中控制。这将完成如添加报头准备发送、通过物理介质实际发送这样的数据链路功能。另一端，链路层将完成数据帧接收、去除报头并将接收到的数据包传到网络层。网络接口层与OSI参考模型中的物理层和数据链路层相对应。网络接口层是TCP/IP与各种LAN或WAN的接口。

- **网络互连层**：网络互连层是整个TCP/IP协议的核心，对应OSI参考模型的网络层，负责对独立传送的数据分组进行路由选择，以保证可以发送到目的主机。由于该层中使用的是IP协议，因此又称为IP层。网络互连层还拥有拥塞控制的功能。网络互连层的主要功能包括3点：处理互连的路径、流程与拥塞问题；处理来自传输层的分组发送请求；处理接收的数据包。

- **传输层**：在TCP/IP模型中，源端主机和目标端主机上的对等实体进行会话属于传输层的功能。传输层解决了传输控制协议（Transmission Control Protocol，TCP）和用户数据报协议（User Datagram Protocol，UDP）两种服务质量不同的问题。TCP协议是一个面向连接的、可靠的协议，它将一台主机发出的字节流无差错地发往互联网上的其他主机。TCP协议还要处理端到端的流量控制。

- **应用层**：TCP/IP模型中，应用层实现了OSI参考模型中应用层、会话层和表示层的功能。在应用层中，能够对不同的网络应用引入不同的应用层协议。其中，有基于TCP协议的应用层协议，如文件传输协议（File Transfer Protocol，FTP）和超文本传输协议（HyperText Transfer Protocol，HTTP）等，也有基于UDP协议的应用层协议。

7.2 局域网

局域网是目前应用最为广泛的一种计算机网络，对于网络信息资源的共享具有重要的作用，并且其是当前计算机网络技术中最活跃的一个分支。而且，从本质上讲，城域网、广域网和Internet可以看成由许多的局域网通过特定的网络设备互连而成的。

7.2.1 局域网的定义

局域网，顾名思义就是局部位置形成的一个区域网络。局域网由计算机设备、网络连接设备、网络传输介质3大部分构成。局域网不同于其他网络，其主要特点如下。

- 局域网覆盖地理范围较小，如一间教室、一栋办公楼等。
- 局域网属于数据通信网络中的一种，只能够提供物理层、数据链路层和网络层的通信功能。
- 可以接入局域网中的数据通信设备非常多，如计算机、终端、电话机及传真机等。
- 局域网的数据传输速率高，能够达到10Mbit/s ~ 10 000Mbit/s，且其误码率较低。
- 局域网十分易于安装、维护及管理，且可靠性高。

由此可见，局域网可以实现文件管理、应用软件共享、打印机共享等功能，在使用过程中，通过维护局域网网络安全，能够有效地保护资料安全，保证局域网网络能够正常稳定地运行。

7.2.2 局域网的拓扑结构

网络拓扑结构是指使用传输介质连接各种设备的物理布局。网络中的计算机等设备要实现互连，就需要以一定的结构方式进行连接，这种连接方式就叫作"拓扑结构"。常见的网络拓扑结构有总线型结构、环形结构、星形结构、树形结构和网状结构等。

1. 总线型结构

总线型结构采用一条通信线路，即总线作为公共的传输通道，所有的节点都通过相应的接口直接连接在总线上，并通过总线进行数据传输，如图7-7所示。

总线型网络使用广播式传输技术，总线上的所有节点都可以发送数据到总线上，数据沿总线传播。但是，由于所有节点共享同一条公共通道，所以在任何时候只允许一个节点发送数据。因此，连接在总线上的设备越多，网络发送和接收数据就越慢。

总线型网络具有结构简单灵活、扩展性好、共享能力强、可靠性高、网络响应快、易于安装、成本低等优点，但同时也有故障诊断、隔离困难且终端必须智能的缺点。

2. 环形结构

环形结构中，各个工作站的地位相同，它们相互顺序连接，构成一个封闭的环，数据在环中可以是单向传送，也可以是双向传送。环形拓扑结构简单，传输延时确定，但是环中的每一个节点与节点之间的通信线路都会成为网络可靠性的瓶颈，环中的任意一个节点出现通信故障，都会造成整个网络的瘫痪，如图7-8所示。

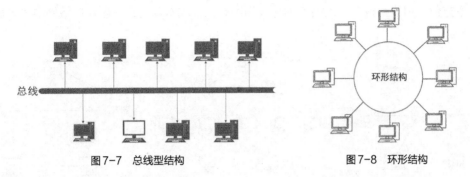

图7-7　总线型结构　　　　　　　　　图7-8　环形结构

环形结构分为单环结构和双环结构两种类型。令牌环是单环结构的典型代表，光纤分布式数据接口是双环结构的典型代表。

在环形网络中，各工作站之间结构简单、关系平等，信息流在网络中沿环单向传送，延时固定，实时性较好；两个节点之间仅有唯一路径，简化了信息流在网络路径中的选择，但可扩充性相对较差，并且可靠性也差，任何线路或节点的故障，都有可能引起全网故障，故障检测也比较困难。

3. 星形结构

星形结构网络中的每个节点都有一条点对点路径与中心交换设备（如交换机、集线器等）相连，如图7-9所示。星形网络中的一个节点若要向另一个节点发送数据，那么首先应将数据发送到中心交换设备，然后由中心交换设备将数据转发到目标节点。信息的传输都通过中心节点的存储转发技术来实现，并且只能通过中心节点与其他节点通信。星形网络是局域网中最常用的拓扑结构。

星形网络采用的传输介质通常是双绞线，其成本低，容易实现；每个连接只有一个设备，可靠性高，故障诊断比较容易；节点扩展时只需要从集线器或交换机等中心交换设备中拉一条线即可，移动也比较方便；同时，网络传输数据非常快。但这种结构的网络对中心节点的依赖性强，结构中的信息采用广播信息方式传送，而这种方式，在任何一个节点发送信息，整个网络中的节点都可以收到，存在一定的安全隐患，但在局域网中使用影响不大。

4. 树形结构

树形结构是从总线型和星形结构演变而来。网络中的节点设备都连接到一个中心设备上，但并不是所有的节点都直接连接到中心设备，而是大多数的节点首先连接到一个次级设备，次级设备再与中心设备相连接，如图7-10所示。

树状结构有两种类型：一种是由总线型拓扑结构演变而来，由多条总线连接而成；另一种是由星形结构演变而来，各节点按一定的层次连接起来，形状像一棵倒置的树，故得名树形结构。在树形结构的顶端有一个中心点，它带有分支，每个分支还可以再带子分支。

树形结构网络易于扩展，故障易隔离，可靠性高；但电缆成本高，对根节点的依赖性大，一旦根节点出现故障，将导致全网不能工作。

5. 网状结构

网状结构中，各个工作站连成一个网状结构，没有主机，也不分层次，通信功能分散在组成网络的各个工作站中，是一种分布式的控制结构，如图7-11所示。网状结构网络可靠性高，资源共享方便，但线路复杂，网络管理也较为困难，且成本较高，一般在广域网中才采用这种拓扑结构。

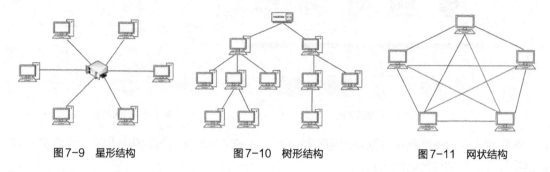

图7-9 星形结构   图7-10 树形结构   图7-11 网状结构

7.2.3 局域网的 MAC 地址

MAC地址就是用来确认网络设备位置的地址。在OSI模型中，网络层负责IP地址，数据链路层负责MAC地址。MAC地址用于在网络中唯一标识一个网卡，一台设备若有一个或多个网卡，则每个网卡都有且只有唯一的MAC地址。

MAC地址的长度为48位，通常表示为12个十六进制数，如01-16-EA-AE-3C-50就是一个MAC地址，其中前6个十六进制数01-16-EA代表网络硬件制造商的编号，它由电气与电子工程师协会（Institute of Electrical and Electronics Engineers，IEEE）分配，而后6个十六进制数AE-3C-50则代表制造商所制造的某个网络产品的系列号。只要不更改MAC地址，MAC地址在世界上就是唯一的。

MAC地址在一定程度上与硬件一致，是基于物理的，能够标识具体的网络节点。MAC地址是固化在网卡里面的。正是由于这一特点，局域网采用了MAC地址来标识具体的用户。无论是局域网还是广域网中的计算机之间进行通信，最终都表现为数据包从某种形式的路径上的一个初始节点出发，从一个节点传送到另一个节点，最终传送到目的节点。数据包在这些节点之间的传送都是由地址解析协议（Address Resolution Protocol，ARP）负责将IP地址映射到MAC地址来完成的。

7.2.4 无线局域网

随着技术的发展，无线局域网已逐渐代替有线局域网，成为现在家庭、小型公司主流的局域网组建方式。无线局域网（Wireless Local Area Networks，WLAN）是利用射频技术，使用电磁波取代双绞线所构成的局域网络。

WLAN的实现协议有很多，其中应用最为广泛的是无线保真技术（Wi-Fi），它提供了一种能够将各种终端都使用无线进行互联的技术，为用户屏蔽了各种终端之间的差异。要实现无线局域网功能，目前一般需要一台无线路由器、多台有无线网卡的计算机和手机等可以上网的智能移动设备。

无线路由器可以看作一个转发器，它将宽带网络信号通过天线转发给附近的无线网络设备，同时它还具有其他的网络管理功能，如动态主机配置协议（Dynamic Host Configuration Protocol，DHCP）服务、网络地址转换（Network Address Translation，NAT）防火墙、MAC地址过滤和动态域名等。

7.3　Internet基础

计算机网络和Internet之间并不能画等号，Internet是使用最为广泛的一种网络，也是现在世界上最大的一种网络，在该网络上可以实现很多特有的功能。

7.3.1　Internet 概述

Internet是全球最大、连接能力最强，由遍布全世界的众多大大小小的网络相互连接而成的计算机网络，是由阿帕网（ARPAnet）发展起来的。Internet主要采用TCP/IP，它使网络上各个计算机可以相互交换各种信息。目前，Internet通过全球的信息资源和覆盖5大洲的数百万个网点，在网上提供数据、电话、广播、出版、软件分发、商业交易、视频会议以及视频节目点播等服务。Internet在全球范围内提供了极为丰富的信息资源，一旦连接到Web站点，就意味着你的计算机已经进入Internet。

Internet将全球范围内的网站连接在一起，形成一个资源十分丰富的信息库，在人们的工作、生活和社会活动中起着越来越重要的作用。

7.3.2　认识 IP 地址和域名系统

Internet连接了众多的计算机，想要有效地分辨这些计算机，需要通过IP地址和域名系统来实现。

1. IP 地址

IP地址即网络协议地址。连接在Internet上的每台主机都有一个在全世界范围内唯一的IP地址。一个IP地址是一串32比特的数字，按照8比特（1字节）为一组分成4组，分别用十进制表示，然后再用圆点隔开。

例如，192.168.1.51就是一个IP地址。

Internet的IP地址可以分为A、B、C、D、E 5类。其中，0～127为A类地址；128～191为B类地址；192～223为C类地址；D类地址留给Internet体系结构委员会使用；E类地址保留给以后使用。也就是说，每字节的数字由0～255的数字组成，大于或小于该数字的IP地址都不正确。通过第一个字节数字所在的区域可判断该IP地址的类别，如表7-1所示。

表7-1　各类IP地址的构成

		8位			8位	8位	8位
A类	0	网络号			主机号	主机号	主机号
B类	1	0	网络号		网络号	主机号	主机号
C类	1	1	0	网络号	网络号	网络号	主机号
D类	1	1	1	0	多播组号		
E类	1	1	1	1	（留待以后用）		

A类地址范围：1.0.0.0～126.255.255.255。

B类地址范围：128.0.0.0～191.255.255.255。

C类地址范围：192.0.0.0～223.255.255.255。

D类地址范围：224.0.0.0～239.255.255.255。

E类地址范围：240.0.0.0～255.255.255.255。

IP地址还提供了私有IP地址。这些地址用于私有网络，私有地址能够节省宝贵的IP地址资源。

A类私有地址：10.0.0.0～10.255.255.255。

B类私有地址：172.16.0.0～172.31.255.255。

C类私有地址：192.168.0.0～192.168.255.255。

IP地址通常可以分为两部分，第一部分是网络号，第二部分是主机号。但仅凭这一串数字我们无法区分哪部分是网络号、哪部分是主机号。在IP地址的规则中，网络号和主机号连起来总共是32比特，但在实际使用中这两部分的具体结构是不固定的。在组建网络时，用户可以自行决定它们之间的分配关系。因此，我们还需要另外的附加信息来表示IP地址的内部结构。

IP地址主体表示方法：192.168.1.51。

采用IP地址主体相同的格式表示子网掩码的方法：192.168.1.51/255.255.255.0。

采用网络号比特位数来表示子网掩码的方法：192.168.1.51/24。

表示子网的地址192.168.1.0/24，主机号部分全部为0，这个地址表示的是整个子网。

表示子网内广播的地址192.168.1.255/24，主机号部分全为1，这个地址表示对整个子网进行广播。

"/24"这一附加信息称为子网掩码。子网掩码是一串与IP地址长度相同的数字。其中，子网掩码为1对应的IP地址组合表示网络号，子网掩码为0对应的IP地址组合表示主机号如表7-2所示。

表7-2　IP地址和子网掩码的对比

	十进制表示	二进制表示			
IP 地址	192.168.1.51	11000000	10101000	00000001	00110011
子网掩码	255.255.255.0	11111111	11111111	11111111	00000000
网络号	192.168.1.0	11000000	10101000	00000001	
主机号	51				00110011

由于网络的迅速发展，已有协议（IPv4）规定的IP地址已不能满足用户的需要，IPv6采用128位地址长度，几乎可以不受限制地提供地址。IPv6除解决了地址短缺问题外，还解决了在IPv4中存在的其他问题，如端到端的IP连接、服务质量、安全性、多播、移动性和即插即用等。IPv6将成为新一代的网络协议标准。

2．域名系统

TCP/IP网络是通过IP地址来确定通信对象的，因此不知道IP地址就无法将消息发送给对方，这和我们打电话的时候必须知道对方的电话号码是一个道理。因此，在访问网络资源时必须先查询好对方的IP地址。尽管IP地址能够唯一地标识网络上的计算机，但IP地址是一长串数字，不直观，而且用户记忆十分不方便，故在实际使用时常采用字符形式的域名来与IP地址相互映射，即域名系统（Domain Name System，DNS）。域名系统由若干子域名构成，子域名之间用圆点分隔。

一个完整的域名由2个或2个以上的部分组成，各部分之间用英文的句号"."来分隔，最后一个"."的右边部分称为顶级域名（TLD），也称为一级域名，最后一个"."的左边部分称为二级域名（SLD），二级域名的左边部分称为三级域名，以此类推，每一级的域名控制它下一级域名的分配。完整域名的结构为"….三级域名.二级域名.顶级域名"。

每一级的子域名都由英文字母和数字组成（不超过63个字符，并且不区分大小写字母），级别最低的子域名写在最左边，而级别最高的顶级域名写在最右边。一个完整的域名不超过255个字符，其子域名级数一般不予限制。

在顶级域名下，二级域名又分为类别域名和行政区域名。类别域名共6个，包括用于科研机构的"ac"、用于工商金融企业的"com"、用于教育机构的"edu"、用于政府部门的"gov"、用于互联网络信息中心和运行中心的"net"、用于非营利组织的"org"；而行政区域名有34个。

7.3.3　接入 Internet

将用户的计算机接入Internet的方法有多种，一般是通过联系Internet服务提供商（Internet Service Provider，ISP），对方派专人根据当前的情况实际查看、连接后，分配IP地址、设置网关及DNS等，从而实现上网。目前，接入Internet的方法主要有非对称数字用户线路（Asymmetric Digital Subscriber Line，ADSL）拨号上网和光纤宽带上网两种，下面对其分别介绍。

- ADSL：ADSL可直接利用现有的电话线路，通过ADSL Modem传输数字信息，理论上ADSL传输速率可达1Mbit/s ~ 8Mbit/s。它具有速率稳定、带宽独享、语音数据不干扰等优点，能够满足家庭、个人等用户的大多数网络应用需求。它可以与普通电话线共存于一条线路上，接听、拨打电话的同时能进行ADSL传输，同时又互不影响。
- 光纤宽带：光纤是目前宽带网络多种传输介质中最理想的一种，它具有传输容量大、传输质量高、损耗小、中继距离长等优点。光纤接入Internet一般有两种方法：一种是通过光纤接入小区节点或楼道，再由网线连接到各个共享点上；另一种是"光纤到户"，将光缆一直扩展到每一台计算机终端上。

7.3.4　设置 Internet 信息服务

Internet信息服务（Internet Information Services，IIS）可以使用户在Internet或Intranet上非常容易地发布信息。IIS包含许多管理网站和Web服务器的功能，而且有编程功能，用户可以利用IIS创建并配置可升级的、灵活的Web应用程序。Windows系统默认不会安装IIS，但可以通过"控制面板"中的"程序和功能"添加，具体操作如下。

微课
设置 Internet
信息服务

① 在任务栏的搜索框中输入"控制面板"，在面板中选择"控制面板"选项，打开"所有控制面板项"窗口，在其中单击"程序和功能"，打开"程序

和功能"窗口，在左侧单击"启用和或关闭Windows功能"。

②打开"Windows 功能"对话框，在其中展开"Internet Information Services"选项，在其中单击选中相关的复选框，如图7-12所示。

③在下方单击"万维网服务"选项将其展开，然后在其中选中相应的复选框，完成后单击"确定"按钮，如图7-13所示。

④此时，在打开的界面中显示正在安装，并显示了安装进度。稍等片刻后，将在打开的界面中提示安装请求已完成，单击"关闭"按钮即可。

图7-12　设置 IIS 选项

图7-13　完成安装

7.4 Internet应用

Internet的实际应用和其提供的服务息息相关，只有Internet提供了相关服务，才能在其中根据服务进行实际应用。

7.4.1　使用 Microsoft Edge 浏览器

使用Microsoft Edge浏览器的目的是浏览Internet上的信息，并实现信息交换的功能。Microsoft Edge浏览器作为Windows操作系统集成的浏览器，拥有浏览网页、保存网页中的资料、使用历史记录和使用收藏夹等多种功能。

1. 浏览网页

使用Microsoft Edge浏览器打开网页，并查看网页中的内容。下面使用Microsoft Edge浏览器打开网易的网页，然后进入"旅游"专题，查看其中的内容，具体操作如下。

微课
浏览网页

①单击任务栏上的Microsoft Edge图标启动浏览器，在上方的地址栏中输入网易网址的关键部分，按【Enter】键确认，Microsoft Edge浏览器会自动补充剩余部分，并打开该网页。

②网页中有很多目录索引，将鼠标指针移动到"旅游"超链接上时，当鼠标指针变为 形状时单击鼠标，打开"旅游"专题，滚动鼠标滚轮上下移动网页，在网页中找到自己感兴趣的

内容的超链接后，再次单击鼠标，将在打开的网页中显示其具体内容。

2. 保存网页中的资料

Microsoft Edge浏览器为用户提供了信息保存功能，当用户浏览的网页中有自己需要的内容时，可将其保存在计算机中，以备使用。下面保存打开的网页中的文字信息和图片信息，最后保存整个网页内容，具体操作如下。

① 打开一个有需要保存的资料的网页，选择需要保存的文字，在被选择的文字区域中单击鼠标右键，在弹出的快捷菜单中选择"复制"命令或按【Ctrl+C】组合键。

② 启动记事本程序或WPS文字软件，按【Ctrl+V】组合键，将从网页中复制的文字信息粘贴到新建的记事本或WPS文档中。

③ 在快速访问工具栏中单击"保存"按钮，在打开的对话框中进行相应的设置后，将文档保存在计算机中。

④ 在需要保存的图片上单击鼠标右键，在弹出的快捷菜单中选择"将图片另存为"命令，打开"另存为"对话框。

⑤ 选择图片的保存位置，在"文件名"文本框中输入要保存图片的名称，这里输入"杜甫草堂"，单击"保存"按钮，即可将图片保存在计算机中，如图7-14所示。

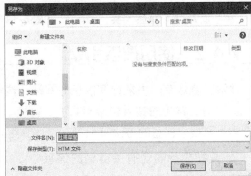

图7-14 保存图片

3. 使用历史记录

用户使用Microsoft Edge浏览器查看过的网页，将被记录在Microsoft Edge浏览器中，当需要再次查看这些网页时，可通过历史记录找到这些网页并打开。下面使用历史记录查看"今天"打开过的一个网页，具体操作如下。

① 在窗口右上角单击"设置及其他"按钮，在打开的下拉列表中选择"历史记录"→"更多选项"→"打开历史记录页面"选项。

② 打开"历史记录"网页页面，在页面左侧下方将以日期形式列出历史记录。选择"今天"选项，在展开的子列表中列出了"今天"查看过的所有网页的文件夹。

③ 选择一个网页文件夹，即可在下方显示出"今天"在该网站查看过的所有网页的列表，选择一个网页选项，即可在网页页面中显示该网页的内容。

4. 使用收藏夹

微课
使用收藏夹

对于需要经常浏览的网页，可以将其添加到收藏夹中，以便快速打开。下面将"京东"网页添加到收藏夹的"购物"文件夹中，具体操作如下。

① 在地址栏中输入"京东"网页的网址，按【Enter】键打开该网页，在右侧单击"收藏夹"按钮 ☆。在网页右侧将打开"收藏夹"窗格，单击上方的"创建新的文件夹"按钮，在添加的文本框中输入"购物"文本，修改文件夹名称，如图7-15所示。

② 在地址栏中单击"收藏"按钮，在"保存位置"下拉列表中选择"购物"选项，单击"添加"按钮，如图7-16所示。

③ 再次打开收藏夹，可发现多了一个"购物"文件夹，选择该文件夹，其下面将显示被保存在该文件夹中的"京东"网页选项，如图7-17所示，单击该选项即可打开该网页。

| 图 7-15　创建文件夹 | 图 7-16　添加到收藏夹 | 图 7-17　收藏后的网页 |

7.4.2　使用搜索引擎

微课
**只搜索标题含有
关键词的信息**

搜索引擎是专门用来查询信息的网站，搜索引擎可以提供全面的信息查询功能。目前，常用的搜索引擎有百度、搜狗、必应、360搜索以及搜搜等。使用搜索引擎搜索信息的方法有很多，下面介绍常用的方法。

1. 只搜索标题含有关键词的信息

输入关键词，搜索引擎会拆分所输入的词语，只要信息中包含所拆分的关键词，不管是标题还是内容都会显示出来，因此会导致用户搜索到很多无用的信息。要想避免这种情况，可通过输入括号来解决。下面在百度搜索引擎中搜索只包含"计算机等级考试"的内容，具体操作如下。

① 在地址栏中输入百度的网页地址，按【Enter】键打开"百度"网站首页。

② 在文本框中输入关键词"（计算机等级考试）"文本，单击"百度一下"按钮。

③ 在打开的网页中将列出搜索到的结果，如图7-18所示，单击任意一个超链接，即可在打开的网页中查看具体内容。

2. 避免同音字干扰搜索结果

用户在使用搜索引擎搜索默认输入的关键字信息时，搜索引擎还会搜索与它同音的关键字的信息，可通过输入双引号的方式来避免这一情况。例如，在搜索框中输入关键字——"赵丽英"，然后单击"百度一下"按钮，如图7-19所示，即可避免同音字干扰。

图7-18　只搜索标题含有关键词的信息

图7-19　避免同音字干扰搜索结果

3. 只搜索标题含有关键字的内容

当希望搜索一些文献或文章时，如果通过直接输入关键字搜索的方式进行搜索，将出现很多无用的信息，此时可通过"intitle:标题"的方法只搜索标题含有关键字的内容。在搜索框中输入关键字"intitle:人间四月天"，单击"百度一下"按钮，即可在窗口显示标题含有"人间四月天"这5个字的相关信息，如图7-20所示。

图7-20　搜索结果

7.4.3　电子邮件

最早也是最广泛的网络应用是接发电子邮件。通过电子邮件，用户可快速地与世界上任何一个网络用户进行联系。电子邮件可以是文字、图像或声音文件，因其使用简单、价格低廉和易于保存等优点而被广泛应用。在写电子邮件的过程中，经常会看到一些专用名词，如收件人、主题、抄送、密件抄送、附件和正文等，其含义如下。

- **收件人**：收件人指邮件的接收者，一般输入收信人的邮箱地址。
- **主题**：主题指信件的主题，即这封信的名称。
- **抄送**：抄送指同时将该邮件发送给其他人。在抄送方式下，收件人能够看到发件人将该邮件抄送给的其他收件人。
- **密件抄送**：密件抄送指用户给收件人发送邮件的同时又将该邮件暗中发送给其他人，与抄送不同的是，收件人并不知道发件人还将该邮件发送给了哪些对象。
- **附件**：附件指随同邮件一起发送的附加文件，附件可以是各种形式的单个文件。
- **正文**：正文指电子邮件的主体部分，即邮件的详细内容。

1. 设置邮件账户和签名

Windows 10自带了"邮件"程序，基本能满足日常的电子邮件发送要求。在使用邮件前，需要先设置邮件账户名称、邮件签名等，具体操作如下。

① 打开"开始"菜单，在中间的列表中选择"邮件"选项，启动"邮件"应用程序，在其中单击"开始使用"按钮。

微课
设置邮件账户和签名

　　②在打开的界面中选择账户，然后单击"准备就绪"按钮。

　　③登录邮箱，在其中可查看收件箱中的邮件，在下方单击"设置"按钮，在打开的窗格中选择"管理账户"选项。

　　④打开"管理账户"窗格，在其中选择当前账户，在打开的列表中选择"更改设置"选项，在打开的"Outlook账户设置"对话框的"账户名称"文本框中输入新名称，然后单击"保存"按钮，如图7-21所示。

　　⑤此时即可看到邮件账户的名称发生了改变，单击"返回"按钮，返回"设置"窗格，在其中选择"签名"选项。打开"电子邮件签名"窗格，在"使用电子邮件签名"开关按钮上单击，使其处于"开"状态，在其下方的文本框中输入签名内容即可，如图7-22所示。

图7-21　输入账户名称

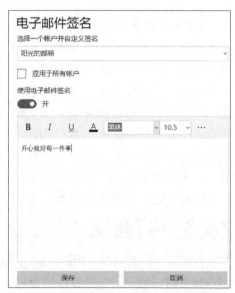

图7-22　设置邮件签名

2. 撰写并发送电子邮件

　　设置好邮箱后就可以开始撰写并发送电子邮件了。在撰写电子邮件时，还可以对其字体进行格式设置，可以插入图片、表格、附件元素等，具体操作如下。

微课
撰写并发送电子邮件

　　①在"邮件"窗口左侧单击"新邮件"选项，进入邮件编辑窗口，在收件人地址文本框中输入收件人的地址。

　　②在"主题"文本框中输入主题内容，然后在下方输入邮件内容，选择内容后，单击"字体"按钮，在打开的下拉列表中设置字体格式和字号，如图7-23所示。

　　③单击"插入"选项卡，在其中单击"添加文件"按钮，打开"打开"对话框，在其中选择要插入电子邮件的文件，然后单击"打开"按钮。

　　④选择的文件被插入电子邮件中，并显示在主题的下方，单击"发送"按钮，如图7-24所示。

图7-23　设置文本格式　　　　　　　　　　图7-24　发送邮件

7.5　信息安全

　　信息技术的发展为社会发展带来了契机，改变了人们的生活方式、工作方式和思想观念，并且成为衡量一个国家现代化程度和综合国力的重要标志，信息安全的研究，直接关系着我国信息化发展的进程。

7.5.1　信息安全概述

　　信息安全是指保护信息和信息系统在未经授权时不被访问、使用、泄露、中断、修改与破坏。信息安全包括的范围很广泛，如防范商业机密泄露、防范个人信息泄露等，都属于信息安全的范畴。

1. 信息安全的影响因素

　　信息技术的飞速发展使人们在享受网络信息带来的巨大利益时，面临着信息安全的严峻考验，政治安全、军事安全、经济安全等均以信息安全为前提条件。影响信息安全的因素很多，下面对其主要影响因素进行介绍。

- **硬件及物理因素**：硬件及物理因素指系统硬件及环境的安全性，如机房设施、计算机主体、存储系统、辅助设备、数据通信设施以及信息存储介质的安全性等。
- **软件因素**：软件因素指系统软件及环境的安全性，软件的非法删改、复制与窃取都可能造成系统损坏、泄密等情况发生，如计算机网络病毒即是以软件为手段侵入系统造成破坏。
- **人为因素**：人为因素指人为操作、管理的安全性，包括工作人员的素质、责任心、严密的行政管理制度、法律法规等。防范人为因素方面的安全，即是防范人为主动因素直接对系统安全所造成的威胁。
- **数据因素**：数据因素指数据信息在存储和传送过程中的安全性，数据因素是计算机犯罪的核心途径，也是信息安全的重点。
- **其他因素**：信息和数据传输通道在传输过程中产生的电磁波辐射，可能被检测或接收，造成信息泄露，同时空间电磁波也可能对系统产生电磁干扰，影响系统的正常运行。此外，一些不可抗力的自然因素，也可能对系统的安全造成威胁。

2. 信息安全策略

信息安全策略是指为保证提供一定级别的安全保护所必须遵守的规则。要保证信息安全，需从以下4方面进行完善。

- **先进的技术**：先进的信息安全技术是网络安全的根本保证，要形成全方位的安全系统，需对自身所面临威胁的风险进行评估，然后对所需要的安全服务种类进行确定，并通过相应的安全机制，集成先进的安全技术。
- **法律约束**：法律法规是信息安全的基石。计算机网络作为一种新生事物，在很多行为上可能会出现无法可依、无章可循的情况，从而无法对网络犯罪进行合理管制，因此，必须建立与网络安全相关的法律法规，对网络犯罪行为进行惩罚。
- **严格的管理**：信息安全管理是提高信息安全的有效手段，对计算机网络使用机构、企业和单位而言，必须建立相应的网络安全管理办法和安全管理系统，加强对内部信息安全的管理，建立起合适的安全审计和跟踪体系，提高网络安全意识。
- **安全教育**：要建立网络安全管理系统，在提高技术、制定法律、加强管理的基础上，还应该开展安全教育，提高人们的安全意识，使人们对网络攻击与攻击检测、网络安全防范、安全漏洞与安全对策、信息安全保密、系统内部安全防范、病毒防范、数据备份与恢复等有一定的认识和了解，及时发现潜在问题，尽早解决安全隐患。

3. 信息安全技术

计算机网络具有连接形式多样性、终端分布不均匀性、网络开放性和互联性等特性，使其不管在单机系统、局域网还是广域网中，都不可避免地存在一些自然或人为因素的威胁。为了保证网络信息的保密性、完整性和可用性，就必须对影响计算机网络安全的因素进行研究，通过各种信息安全技术保障计算机网络信息的安全。下面主要对图7-25所示的关键性信息安全技术进行介绍。

图7-25　关键性信息安全技术

- **密码技术**：密码技术包括加密和解密两部分内容。加密即研究和编写密码系统，将数据信息通过某种方式转换为不可识别的密文；解密即对加密系统的加密途径进行研究，对数据信息进行恢复。加密系统中未加密的信息称为明文，经过加密后即称为密文。在较为成熟的密码体系中，一般算法是公开的，但密钥是保密的。密钥被修改后，加密过程和加密结果都会发生更改。密码技术通过对传输数据进行加密来保障数据的安全，是一种主动的安全防御策略，是信息安全的核心技术，也是计算机系统安全的基本技术。

- **认证技术**：认证是指对证据进行辨认、核实和鉴别，从而建立某种信任关系。对通信认证而言，主要包括两个阶段：一是提供证据或标识；二是对证据或标识的有效性进行辨认、核实和鉴别。

- **访问控制技术**：访问控制技术是按用户身份和其所归属的某项定义组来限制用户对某些信息项的访问权或对某些控制功能的使用权的一种技术。访问控制主要是对信息系统资源的访问范围和方式进行限制，通过对不同访问者的访问方式和访问权限进行控制，达到防止合法用户非法操作的目的，从而保障网络安全。访问控制通常用于系统管理员控制用户对服务器、目录、文件等网络资源的访问，涉及的技术比较广，包括入网访问控制、网络权限控制、目录级安全控制、属性安全控制和服务器安全控制等多种手段。

- **防火墙技术**：防火墙是一种位于内部网络与外部网络之间的网络安全防护系统，有助于实施一个比较广泛的安全性政策。防火墙可以依照特定的规则允许或限制传输的数据通过，网络中的"防火墙"主要用于对内部网和外部网进行隔离，使一个网络不受另一个网络的攻击。防火墙系统的主要功能是控制对受保护网络的往返访问，是网络通信时的一种尺度，只允许符合特定规则的数据通过，最大限度地防止黑客访问，阻止他们对网络进行非法操作。防火墙不仅可以有效地监控内部网和Internet之间的活动，保证内部网络的安全，还可以将局域网的安全管理集中起来，屏蔽非法请求，防止跨权限访问。防火墙是网络安全的屏障，可以强化网络安全策略，对网络存取和访问进行监控审计，能够防止内部信息泄露，实现远程管理，并且能实现流量控制、统计分析和流量计费等。

7.5.2 信息安全防护

随着计算机信息技术的飞速发展，计算机信息已经成为不同领域、不同职业的重要信息交换媒介，在经济、政治、军事等领域都有着举足轻重的地位。全球信息化的逐步实现，使计算机信息安全问题渗透到社会生活的各个方面，计算机用户必须了解计算机信息安全的脆弱性和潜在威胁的严重性，采取强有力的安全策略，对计算机信息安全问题进行防范。

1. 计算机病毒及其防范

计算机病毒是指能通过自身复制传播而产生破坏的一种计算机程序，它能寄生在系统的启动区、设备的驱动程序、操作系统的可执行文件中，甚至任何应用程序上，并能够利用系统资源进行自我繁殖，从而达到破坏计算机系统的目的。计算机病毒主要有传染性、危害性、隐蔽性、潜伏性和诱惑性等特点，常见的计算机病毒种类主要有文件型病毒、"蠕虫"病毒、开机型病毒、复合型病毒、宏病毒、复制型病毒。

（1）计算机感染病毒的表现

计算机感染病毒后，根据感染的病毒不同，其症状差异也较大，当计算机出现以下情况时，可以考虑对计算机进行病毒扫描。

- 计算机系统引导速度或运行速度减慢，经常无故发生死机。
- Windows操作系统无故频繁出现错误，计算机屏幕上出现异常显示。
- Windows操作系统异常，无故重新启动。
- 计算机存储的容量异常减少，执行命令出现错误。
- 在非要求输入密码的时候，要求用户输入密码。
- 不应驻留内存的程序一直驻留在内存中。
- 磁盘卷标发生变化，或不能识别硬盘。
- 文件丢失或文件损坏，文件的长度发生变化。
- 文件的日期、时间、属性等发生变化，文件无法正确读取、复制或打开。

（2）计算机病毒的防治防范

计算机病毒的危害性很大，用户可以采取一些方法来防范病毒的感染。在使用计算机的过程中注意以下方法技巧可减少计算机感染病毒的概率。

- **切断病毒的传播途径**：最好不要使用和打开来历不明的光盘和可移动存储设备，使用前最好先进行查毒操作以确认这些介质中无病毒。
- **良好的使用习惯**：网络是计算机病毒最主要的传播途径，因此，上网时不要随意浏览不良网站，不要打开来历不明的电子邮件，不下载和安装未经过安全认证的软件。
- **提高安全意识**：在使用计算机的过程中，应该有较强的安全防护意识，如及时更新操作系统、备份硬盘的主引导区和分区表、定时体检计算机、定时扫描计算机中的文件并清除威胁等。
- **安装杀毒软件**：杀毒软件是一种反病毒软件，主要用于对计算机中的病毒进行扫描和清除。杀毒软件通常集成了监控识别、病毒扫描清除和自动升级等多项功能，可以防止病毒和木马入侵计算机、查杀病毒和木马、清理计算机垃圾和冗余注册表、防止进入钓鱼网站等，有的杀毒软件还具备数据恢复、防范黑客入侵、网络流量控制、保护网购、保护用户账号、安全沙箱等功能，是计算机防御系统中一个重要的组成部分。现在市面上提供杀毒功能的软件非常多，如金山毒霸、瑞星杀毒软件、诺顿杀毒软件等。

2. 网络黑客及其防范

黑客伴随着计算机和网络的发展而成长，其一般精通各种编程语言和各类操作系统，拥有熟练的计算机技术。根据黑客的行为，行业内对黑客的类型进行了细致的划分。在未经许可的情况下，载入对方系统的一般被称为黑帽黑客，黑帽黑客对计算机安全和账户安全都具有很大的威胁。调试和分析计算机安全系统时被称为白帽黑客，白帽黑客有能力破坏计算机安全但没有恶意目的，他们一般有明确的道德规范，其行为也以发现和改善计算机安全弱点为主。

（1）网络黑客的攻击方式

根据黑客攻击手段的不同，可将黑客攻击分为非破坏性攻击和破坏性攻击两种类型。非破坏性攻击一般指只扰乱系统运行，不盗窃系统资料的攻击，而破坏性攻击则可能会侵入他人计算机系统盗窃系统保密信息，破坏目标系统的数据。黑客主要采用获取口令、放置特洛伊木马、WWW欺骗技术、电子邮件攻击、网络监听、寻找系统漏洞、利用账号等方式进行攻击。

（2）网络黑客的防范

黑客攻击会造成不同程度的损失，为了将损失降到最低，计算机用户一定要对网络安全观念和防范措施进行了解，下面对防范网络黑客攻击的策略进行介绍。

- **数据加密**：数据加密可以保护信息系统内的数据、文件、口令和控制信息等，提高网上传输数据的可靠性。如果黑客截获了网上传输的信息包，一般也无法获得正确信息。
- **身份认证**：身份认证是指通过密码或特征信息等确认用户身份的真实性，并给予通过确认的用户相应的访问权限。
- **建立完善的访问控制策略**：设置入网访问权限、网络共享资源的访问权限、目录安全等级控制、网络端口和节点安全控制、防火墙安全控制等，通过各种安全控制机制的相互配合，最大限度地保护系统。
- **安装补丁程序**：为了更好地完善系统，防止黑客利用漏洞进行攻击，可定时对系统漏洞进行检测，安装好相应的补丁程序。
- **关闭无用端口**：计算机要进行网络连接必须通过端口，黑客控制用户计算机也必须通过端口，如果是暂时无用的端口，可将其关闭，减少黑客的攻击途径。
- **管理账号**：删除或限制Guest账号、测试账号、共享账号，可以在一定程度上减少黑客攻击计算机的路径。
- **及时备份重要数据**：黑客攻击计算机时，可能会对数据造成损坏，使数据丢失，因此对于重要数据，需及时进行备份，避免损失。
- **良好的上网习惯**：不随便从Internet上下载软件，不运行来历不明的软件，不随便打开陌生邮件中的附件，使用反黑客软件检测，拦截和查找黑客攻击，经常检查系统注册表和系统启动文件的运行情况，养成这些良好的习惯，可以有效预防黑客攻击。

7.5.3　网络道德规范

网络不仅仅是简单的网络，它更像一个由很多人组成的网络"社会"，为了保证这个社会的秩序，所有网络参与者都要对自己的"网络行为"有一个正确的认识，并遵循网络社会中的规范。

1. 使用计算机应遵守的若干原则

无规矩不成方圆，"网络行为"和其他"社会行为"一样，都需要具备一定的规矩，对网络参与者的行为进行约束。下面对网络参与者应该遵循的基本行为准则进行介绍。

- 不应用计算机伤害别人。
- 不应用计算机干扰别人工作。
- 不应窥探别人的计算机。
- 不应用计算机进行偷窃。
- 不应用计算机做伪证。

- 不应使用或复制未付钱的软件。
- 不应未经许可使用别人的计算机资源。
- 不应盗用别人的成果。
- 慎重使用自己的计算机技术，不做危害他人或社会的事，认真考虑所编写程序的社会影响和社会后果。

2. 我国信息安全法律法规的相关规定

随着Internet的发展，各项涉及网络信息安全的法律法规相继出台。我国颁布的关于网络信息安全方面的法律法规有很多，如《计算机软件保护条例》《中国公用计算机互联网国际联网管理办法》《中华人民共和国计算机信息系统安全保护条例》等，它们都对网络信息安全进行了约束和规范，读者也可查询和参考相关的法律书籍，了解更多的法律法规知识。

7.6 扩展阅读

本章主要讲解了计算机网络的相关知识，包括计算机网络的基础知识、局域网、Internet等，还讲解了计算机信息安全技术。下面扩展介绍计算机网络的功能。

1. 数据通信

通信功能是计算机网络最基本的功能，也是计算机网络其他各种功能的基础，所以它是计算机网络最重要的功能。通信功能用来快速传送计算机与终端、计算机与计算机之间的各种信息，包括文字信件、新闻消息、咨询信息、图片资料和报纸版面等，利用这一特点，可将分散在各个地区的单位或部门用计算机网络联系起来，进行统一的调配、控制和管理。

2. 资源共享

资源是指网络中所有的软件、硬件和数据资源；共享则是指网络中的用户都能够部分或全部享用这些资源。例如，某些地区或单位的数据库可供全网使用；某种软件可供需要的用户有偿调用或办理一定手续后调用；一些外部设备，如打印机，可面向用户，使不具有这些设备的用户也能使用这些设备。如果不能实现资源共享，各用户都需要有一套完整的软、硬件及数据资源，这将大大增加全系统的投资费用。

3. 提高系统的可靠性

在一个系统中，当某台计算机、某个部件或某个程序出现故障时，必须通过替换资源的办法来维持系统的继续运行，以避免系统瘫痪。而在计算机网络中，各台计算机可彼此互为后备机，每一种资源都可以在两台或多台计算机上进行备份，当某台计算机、某个部件或某个程序出现故障时，其任务就可以由其他计算机或其他备份的资源所代替，避免了系统瘫痪带来的一系列问题，提高了系统的可靠性。

4. 分布处理

网络分布式处理是指把同一任务分配到网络中地理位置分散的节点机上协同完成。通常，对于复杂的、综合性的大型任务，可以采用合适的算法，将任务分散到网络中不同的计算机上去执行。另一方面，当网络中某台计算机、某个部件或某个程序负担过重时，通过网络操作系统的合理调度，可将其一部分任务转交给其他较为空闲的计算机或资源完成。

5. 分散数据的综合处理

网络系统还可以有效地将分散在网络各计算机中的数据资料信息收集起来，从而达到对分散的数据资料进行综合分析处理，并把正确的分析结果反馈给各相关用户的目的。

7.7 习题

一、选择题

1. 以下各项中，属于正确的MAC地址的是（　　　）。

    A. 01-16-EA-AE-3C-50　　　　　　　　B. 134.168.2.10.2

    C. 202.202.1　　　　　　　　　　　　D. 202.132.5.168

2. 不属于TCP/IP协议层次的是（　　　）。

    A. 网络访问层　　　B. 交换层　　　　C. 传输层　　　　　D. 应用层

3. 未来的IP是（　　　）。

    A. IPv4　　　　　　B. IPv5　　　　　C. IPv6　　　　　　D. IPv7

4. 若家中有两台计算机，如果条件允许，可以使用（　　　）来建立简单的对等网，以实现资源共享和共享上网连接。

    A. 网卡　　　　　　B. 集线器　　　　C. ADSL Modem　　　D. 网线

5. 下列不属于信息安全影响因素的是（　　　）。

    A. 硬件因素　　　B. 软件因素　　　C. 人为因素　　　　D. 常规操作

6. 下列不属于信息安全技术的是（　　　）。

    A. 密码技术　　　　　　　　　　　　B. 访问控制技术

    C. 防火墙技术　　　　　　　　　　　D. 系统安装与备份技术

7. 下列不属于计算机病毒特点的是（　　　）。

    A. 传染性　　　　　B. 危害性　　　　C. 暴露性　　　　　D. 潜伏性

二、操作题

1. 打开网易的主页，进入体育频道，浏览其中的任意一条新闻。

2. 在百度网页中搜索"流媒体"的相关信息，然后将流媒体的信息复制到记事本文档中，并将记事本文档保存到桌面。

3. 将百度网页添加到收藏夹中。

4. 在百度网页中搜索"FlashFXP"相关信息，然后将该软件下载到计算机的桌面上。

5. 使用邮件程序给老师发送一封电子邮件，邮件内容为"计算机一级考试"，然后插入一个附件"计算机考试.doc"。

第7章
习题参考答案

第8章
网页设计与制作

随着互联网的发展，越来越多的企业开始转战互联网，跨入电子商务领域。进入互联网行业前，企业需要在互联网中有宣传和展示自身产品或信息的平台和页面，这就需要进行网页设计与制作。

学习目标

- 了解网页设计基础知识和制作网页的基本操作方法。
- 掌握DIV+CSS统一网页风格的方法。
- 掌握表单的使用方法。
- 熟悉网站的测试和发布方法。

8.1 网页设计基础

在网络中，几乎所有的网络活动都与网页有关，要想学习网页制作，就需要先了解一些网页的基础知识，如网页与网站的定义、网页的构成要素、网站开发的工具等，本节将详细讲解这些知识。

8.1.1 网页与网站的定义

互联网是由成千上万个网站组成的，而每个网站又由诸多网页构成，因此，可以说网站是由网页组成的一个整体。下面分别对网站和网页进行介绍。

- **网站**：网站是指在互联网上根据一定的规则，使用HTML工具制作的、用于展示特定内容的一组网页的集合。通常情况下，网站只有一个主页，主页中会包含该网站的Logo和指向其他页面的链接，用户可以通过网站来发布想要公开的资讯，或利用网站来提供相关的网络服务，也可以通过网页浏览器来访问网站，获取自己需要的资讯或享受网络服务。

● 网页：网页是组成网站的基本单元，用户上网浏览的一个个页面就是网页。网页又称为Web页，一个网页通常就是一个单独的HTML文档，其中包含文字、图像、声音和超链接等元素。

8.1.2　网页的构成要素

在网页中，文字和图像是构成网页的两个基本元素。除此之外，构成网页的元素还包括Logo、表单元素、导航、超链接、动画、音频和视频等。下面介绍网页各构成要素的作用。

● 文字：文字是网页中最基本的组成元素，是网页主要的信息载体，通过它可以非常详细地将信息传递给用户。文字在网络上的传输速率较快，用户可方便地浏览和下载文字信息。

● 图像：图像也是网页中不可或缺的元素，它具有比文字更直观和生动的表现形式，并且可以传递一些文字不能传递的信息。

● Logo：在网页设计中，Logo起着相当重要的作用。一个好的Logo不仅可以为企业或网站树立好的形象，还可以传达丰富的行业信息。

● 表单元素：表单是功能型网站的一种元素，是用于收集用户信息、帮助用户进行功能性控制的元素。表单的交互设计与视觉设计是网站设计中相当重要的环节。在网页中小到搜索框，大到注册表都需要使用它。

● 导航：导航是网站设计中必不可少的基础元素之一，它是网站结构的分类，用户可以通过导航识别网站的内容及信息。

● 动画：网页中常用的动画格式主要有两种，一种是GIF动画，另一种是SWF动画。GIF动画是逐帧动画，相对比较简单；SWF动画则更富表现力和视觉冲击力，还可结合声音和互动功能，带给用户强烈的视听感受。

● 超链接：用于指定从一个位置跳转到另一个位置的超链接，可以是文本链接、图像链接、锚链接等。超链接可以在当前页面中进行跳转，也可以在页面外进行跳转。

● 音频：音频文件可以使网页效果更加多样化，网页中常用的音频格式有MID、MP3等。MID格式文件是通过计算机软硬件合成的，不能被录制；MP3文件为压缩文件，其压缩率非常高，音质也不错，是背景音乐的首选。

● 视频：网页中的视频文件一般为FLV格式。它是一种基于Flash MX的视频流格式，具有文件小、加载速度快等特点，是网络视频格式的首选。

8.1.3　网站开发工具

Dreamweaver CC是集网页制作和网站管理于一身的网页编辑器，是第一套针对专业网页设计师特别研发的视觉化网页开发工具，利用它可以轻而易举地制作出跨越平台限制和跨越浏览器限制的网页。选择"开始"→"Adobe Dreamweaver CC 2019"命令，可快速启动Dreamweaver CC 2019，其工作界面如图8-1所示。

● 文档窗口：文档窗口主要用于显示当前所创建和编辑的HTML文档内容。文档窗口由标题栏、视图栏、编辑区和状态栏组合而成。

- **面板组**：面板组是停靠在操作窗口右侧的浮动面板集合，其包含网页文档编辑的常用工具。Dreamweaver CC 2019的面板组主要包括"插入""属性""CSS设计器""文件""资源""代码片段""DOM"等浮动面板。
- **"属性"面板**："属性"面板主要用于显示文档窗口中所选元素的属性，并允许用户在该面板中对元素属性进行修改。默认状态下不显示面板，选择"窗口"→"属性"命令可打开该面板。在网页中选择的元素不同，其"属性"面板中的各参数也会不同，如选择表格，那么"属性"面板上将会出现关于设置表格的各种属性。
- **工具栏**：工具栏位于窗口左侧，默认只有"打开文档"和"文件管理"两个工具，用户可单击"自定义工具栏"按钮，在打开的"自定义工具栏"对话框中设置需要显示在工具栏中的工具按钮。

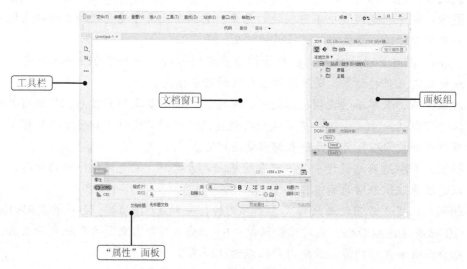

图8-1　Dreamweaver CC 2019的工作界面

8.2　制作基本网页

使用Dreamweaver可以快速、轻松地完成网页设计、网站开发、网站维护和Web应用程序开发的全部过程，不仅适合初学者使用，也适合专业的网页设计师使用。本章节介绍使用Dreamweaver CC 2019制作基本网页的方法。

微课
创建本地站点

8.2.1　创建本地站点

在Dreamweaver CC 2019中新建网页前，最好先创建本地站点，然后在本地站点中创建网页。这样可方便在其他计算机中进行预览。在Dreamweaver CC 2019中创建本地站点相当简单，下面创建一个名称为"wzsj"的本地站点，具体操作如下。

① 启动Dreamweaver CC 2019，选择"站点"→"新建站点"命令，打开"站点设置对象未命名站点1"对话框。

② 在"站点名称"文本框中输入站点名称，这里输入"wzsj"，单击对话框中的任一位

置，确认站点名称的输入，此时对话框的名称会随之改变。在"本地站点文件夹"文本框后单击"浏览文件夹"按钮。

③ 打开"选择根文件夹"对话框，在该对话框中选择存放站点的路径，然后单击"选择文件夹"按钮。

④ 返回"站点设置对象wzsj"对话框，在"本地站点文件夹"对话框中会显示存放站点的路径，单击"保存"按钮，如图8-2所示。

⑤ 返回Dreamweaver CC 2019工作界面，在"文件"面板中可看到创建的wzsj站点，效果如图8-3所示。

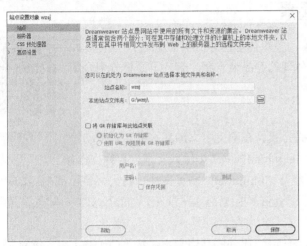

图8-2 "站点设置对象wzsj"对话框

图8-3 查看创建的站点

8.2.2 管理站点中的文件和文件夹

为了更好地管理网页和素材，新建站点后，需要将制作网页所需的所有文件都存放在站点根目录中。用户可以在站点中进行站点文件或文件夹的添加、移动、复制、删除及重命名等操作。

1. 添加文件或文件夹

网站内容的分类决定了站点中创建文件和文件夹的个数，通常，网站中每个分支的所有文件统一存放在单独的文件夹中，根据网站的大小，又可进行细分。例如，把图书室看作一个站点，则每架书柜相当于一个文件夹，书柜中的书本则相当于文件。在站点中添加文件或文件夹的方法：在需要添加文件或文件夹的选项上单击鼠标右键，在弹出的快捷菜单中选择"新建文件"或"新建文件夹"命令，即可新建文件或文件夹。

2. 移动和复制文件或文件夹

新建文件或文件夹后，若对文件或文件夹的位置不满意，可对其进行移动操作。为了加快新建文件或文件夹的速度，用户还可通过复制的方法来快速新建文件或文件夹。在"文件"面板中选择需要移动的文件或文件夹，将其拖曳到需要的新位置即可完成移动操作；若在移动的同时按住【Ctrl】键不放，可实现复制文件或文件夹。

3. 删除文件或文件夹

若不再使用站点中的某个文件或文件夹，可将其删除。选中需删除的文件或文件夹，单击鼠标右键，在弹出的快捷菜单中选择"编辑"→"删除"命令，或直接按【Delete】键，在打开的对话框中单击"是"按钮，即可删除文件或文件夹。

4. 重命名文件或文件夹

选中需重命名的文件或文件夹并单击鼠标右键，在弹出的快捷菜单中选择"编辑"→"重命名"命令，使文件或文件夹的名称呈可编辑状态，在可编辑的名称框中输入新名称即可。

8.2.3 创建网页基本元素

微课
在网页中添加文本

在网页中，主要包含文本、图像、多媒体等基本元素，通过这些基本元素，设计者可以更好地展现网页所要体现的产品信息和内容。下面将分别介绍创建网页基本元素的相关方法。

1. 在网页中添加文本

文本是网页中最常见也是最基本的元素，在网页中添加文本可通过手动输入、复制粘贴等方法来实现。下面在"hhjj.html"网页中输入文本，具体操作如下。

① 启动Dreamweaver CC 2019，打开"hhjj.html"网页文件，将光标定位到内侧DIV中，输入"花火植物家居馆……"文本（配套资源：素材\第8章\花火简介.txt），输入完成后按【Enter】键分段，如图8-4所示。

② 打开"花火简介.txt"文件，选择除第1段外的其他文本，按【Ctrl+C】组合键复制，返回"hhjj.html"网页文件，然后按【Ctrl+V】组合键粘贴，效果如图8-5所示。

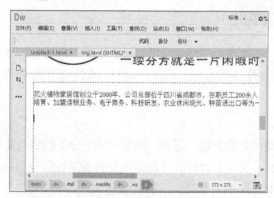

图8-4　直接输入文本

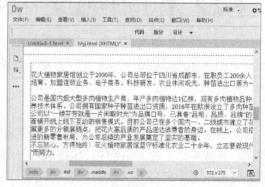

图8-5　复制粘贴文本

2. 在网页中添加图像

适量地使用图像，不仅可以帮助设计者制作出华丽的网站页面，还可以提高网页的下载速度。网页中常用的图像格式包括JPEG和GIF两种，图像过大会影响网页的下载速度。在网页中使用图像时，不在于多，而在于精，并且插入图像后，还可以根据相应的情况对其属性进行设置。

（1）插入图像

在网页恰当的位置插入图像，不仅可以为网页增彩增色，还可以使整个网页更有说服力，从而吸引更多浏览者。

除了通过选择"插入"→"image"命令插入图像，还可以在"插入"面板的"HTML"分类下选择"Image"选项，如图8-6所示，打开"选择图像源文件"对话框，插入所需图像。

（2）插入鼠标经过图像

插入鼠标经过图像是指当鼠标经过图像时变化成另一张图像，它是网页中较为常见的一种操作。

选择"插入"→"HTML"→"鼠标经过图像"命令，打开"插入鼠标经过图像"对话框，如图8-7所示，在其中进行设置，单击"确定"按钮即可。

图8-6　插入图像

图8-7　"插入鼠标经过图像"对话框

3. 在网页中添加多媒体元素

在网页中，还可以添加一些Flash动画和视频等元素，使整个网页更有生命力，更能吸引浏览者。下面将介绍一些在Dreamweaver CC 2019中添加多媒体元素的操作方法。

（1）插入HTML5 Video

HTML5最重要的特性就是对音频和视频的支持，如视频的在线编辑、音频的可视化构造等。而HTML5 Video是一种将视频和电影嵌入网页中的标准格式。在Dreamweaver CC 2019中插入HTML5 Video文件，可以使用菜单命令、"插入"面板、HTML代码和组合键，下面分别进行介绍。

- **使用菜单命令**：将光标定位到需要插入HTML5 Video文件的位置，然后选择"插入"→"HTML"→"HTML5 Video"命令，即可插入HTML5 Video文件。
- **使用"插入"面板**：将光标定位到需要插入HTML5 Video文件的位置，然后在"插入"面板的"HTML"分类下选择"HTML5 Video"选项即可。
- **使用HTML代码**：切换到"代码"或"拆分"视图中，将光标定位到<body></body>标签内需要插入HTML5 Video文件的位置，输入<video controls></video>标签即可。
- **使用组合键**：按【Ctrl+Shift+Alt+V】组合键，快速插入HTML5 Video文件。

（2）插入HTML5 Audio音频文件

HTML5 Audio是HTML5提供的一种将音频内容嵌入网页中的标准格式。同样，HTML5音频文件在插入时，只是以一个占位符的形式进行显示。

在Dreamweaver CC 2019中插入HTML5音频文件与插入HTML5视频文件的方法基本相同，都可以使用菜单命令、"插入"面板和HTML代码插入，下面分别介绍其具体方法。

- **使用菜单命令**：将光标定位到需要插入HTML5音频文件的位置，然后选择"插入"→"HTML"→"HTML5 Audio"命令即可。

● 使用"插入"面板：将光标定位到需要插入HTML5音频文件的位置，然后在"插入"面板的"HTML"分类下选择"HTML5 Audio"选项即可。

● 使用HTML代码：切换到"代码"或"拆分"视图中，在<body></body>标记中输入<audio controls></audio>代码即可。

（3）插入Flash文件并设置其属性

动态元素是一种重要的网页元素，其中Flash是使用较多的动态元素之一。Flash元素表现力丰富，可以给人极强的视听感受。而且它的体积较小，可以被大多数浏览器支持，因此，它被广泛应用于网页中。

在Dreamweaver CC 2019中插入Flash文件相当方便，与HTML5视频文件和HTML5音频文件的插入方法相同，并且在插入Flash文件后，也可以进行相应的属性设置。插入Flash文件的方法：选择"插入"→"HTML"→"Flash SWF"命令，或按【Ctrl+Alt+F】组合键快速打开"选择SWF"对话框，选择Flash文件并进行插入即可。插入Flash文件后将打开Flash的"属性"面板，如图8-8所示。

图8-8　Flash的"属性"面板

（4）插入Flash Video视频文件

Flash视频即扩展名为".flv"的Flash文件，在网页中插入Flash视频的操作与插入Flash动画的方法类似，插入Flash视频后还可通过设置的控制按钮来控制视频的播放。插入Flash Video的方法：选择"插入"→"HTML"→"Flash Video"命令，打开"插入FLV"对话框，设置后单击按钮即可，如图8-9所示。

图8-9　插入Flash Video

8.2.4　创建网页超链接

链接是一个网站的灵魂，在网站的各个网页中不仅要知道如何创建链接，还需要了解链接路径的真正意义。在Dreamweaver CC 2019中有各种类型的超链接，下面将分别对文本超链接、图像超链接、热点超链接、电子邮件超链接、下载超链接的创建方法进行介绍。

1. 创建文本超链接

在网页中，文本超链接是最常见的一种超链接，它通过让文本作为源端点来创建超链接。在网页中创建文本超链接相对比较简单，但使用方法有多种，下面分别进行介绍。

● **通过菜单命令创建文本超链接**：在需要插入超链接的位置选择"插入"→"Hyperlink"命令，在打开的"Hyperlink"对话框中进行链接文本、链接文件和目标打开方式的设置，如图8-10所示。

● **通过"属性"面板创建文本超链接**：在网页中选择要创建超链接的文本，在"属性"面板的"链接"文本框中直接输入链接的URL地址或完整的路径和文件名即可，如图8-11所示。

● **通过"浏览文件"按钮▭创建文本超链接**：单击"链接"文本框后的"浏览文件"按钮▭，在打开的"选择文件"对话框中选择需要链接的文件，单击"确定"按钮即可，或按住"链接"文本框后的"指向文件"按钮⊕，拖曳到右侧的"文件"面板，并指向需要链接的文件即可。

● **HTML代码**：切换到"代码"或"拆分"视图中，直接在\<body>\</body>标签间输入\<a href="链接路径及名称">链接内容\</a>即可。

图8-10　创建文本超链接　　　　　　图8-11　在"链接"文本框中输入链接的URL地址

2. 创建图像超链接

在网页中创建图像超链接与创建文本超链接的操作方法基本相同，都是先选择需要创建超链接的对象，然后在"属性"面板中设置图像链接的路径及名称。

3. 创建热点超链接

创建热点超链接的原理：利用HTML语言在图像上定义不同形状的区域，然后再为这些区域添加超链接。这些区域被称为热点。

在创建热点超链接时，先选择需要创建热点的图像，再在"属性"面板中选择不同的热点形状，在图像中绘制热点区域后，在其"属性"面板的"链接"文本框中输入链接路径或名称即可。

4. 创建电子邮件超链接

电子邮件超链接可让浏览者启动电子邮件客户端，向指定邮箱发送邮件。在网页中创建电子邮件超链接的对象可以是文本，也可以是图像。下面介绍创建电子邮件超链接的方法。

● **通过菜单命令创建电子邮件超链接**：将光标定位到需要创建电子邮件超链接的位置，选择"插入""电子邮件链接"命令，打开"电子邮件链接"对话框，在该对话框中输入链接文本和邮件地址，单击"确定"按钮即可。同样也可以在"属性"面板中进行属性设置，如图8-12所示。

图8-12　设置电子邮件超链接

- ●通过"插入"面板创建电子邮件超链接：在"插入"面板的"HTML"分类下选择"电子邮件链接"选项，打开"电子邮件链接"对话框，在该对话框中输入链接文本和邮件地址，单击"确定"按钮即可。
- ●通过HTML代码创建电子邮件超链接：切换到"代码"或"拆分"视图中，在<body></body>标记中输入<a href="mailto:链接地址">链接内容</a>，如<a href="mailto:12××××××@qq.com">有意见联系我们哦!</a>，表示单击文本后启动电子邮件程序，自动填写收件人12×××××@qq.com地址。

5. 创建下载超链接

下载超链接与其他超链接的不同之处在于链接的对象不是网页而是一些单独的文件。在单击浏览器中无法显示的链接文件时，会自动打开"文件下载"对话框。一般扩展名为".gif"或".jpg"的图像文件或文本文件（".txt"）都可以在浏览器中直接显示，但一些压缩文件（".zip"".rar"等）或可执行文件（".exe"）则不可以显示在浏览器中，因此，会打开"文件下载"对话框进行下载。

8.3　使用DIV+CSS统一网页风格

一个标准的网页设计，需要实现结构、表现和行为三者的分离。而通过利用DIV+CSS布局页面，则可方便、快速地实现该目的。下面先介绍CSS样式的基础知识，然后再对DIV+CSS布局的相关知识及应用进行详细介绍。

8.3.1　CSS 样式的基本语法

CSS样式的主要功能就是将某些规则应用于网页中同一类型的元素中，以减少网页中大量多余烦琐的代码，并减少网页制作者的工作量。在Dreamweaver CC 2019中，要正确地使用CSS样式，首先需要知道CSS样式的基本语法。

1. 基本语法规则

在每条CSS样式规则中，都包含两个部分的规则：选择器（选择符）和声明。选择器就是用于选择文档中应用样式的元素，而声明则是属性及属性值的组合。每个样式表都是由一系列的规则组成的，如图8-13所示。但并不是每条样式规则都出现在样式表中。

2. 多个选择器

在网页中，如果想把一个CSS样式引用到多个网页元素中，则可使用多个选择器，即在选择器的位置引用多个选择器名称，并且选择器名称之间用逗号分隔，如图8-14所示。

`p{text-align:center;}`

图8-13　CSS样式基本语法规则

`p,H1,H2{text-align:center; color:#F00;}`

图8-14　多个选择器的使用

8.3.2　创建样式表

微课
创建样式表

在Dreamweaver中，将CSS样式按照使用方法进行分类，可以分为内部样式和外部样式。如果CSS样式创建到网页内部，则可以选择创建内部样式，但创建的内部样式只能应用到一个网页文档中。如果想在其他网页文档中应用，则需创建外部样式。下面制作一个名称为"style.css"的样式文件，具体操作如下。

① 启动Dreamweaver CC 2019，新建一个HTML空白网页，然后打开"CSS设计器"面板，在"源"文本框右侧单击"添加CSS源"下拉按钮，在打开的下拉列表中选择"创建新的CSS文件"选项，打开"创建新的CSS文件"对话框，在"文件/URL"文本框后单击"浏览"按钮，如图8-15所示。

② 打开"将样式表文件另存为"对话框，在"保存在"下拉列表框中选择保存路径，然后在"文件名"文本框中输入CSS文件的名称，这里输入"style"，最后单击"保存"按钮，如图8-16所示。

图8-15　准备创建新的CSS文件

图8-16　设置存储CSS文件的路径及名称

③ 返回"创建新的CSS文件"对话框，可在"文件/URL"文本框中看到创建的CSS文件的保存路径，其他保持默认设置，单击"确定"按钮，在"源"列表中则可看到创建的CSS文件，如图8-17所示。

④ 切换到"代码"视图，在<head></head>标记中自动生成链接新建的CSS样式文件的代码，如图8-18所示。

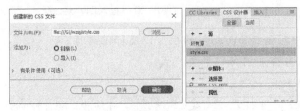

图8-17　查看创建的CSS文件

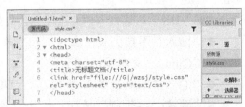

图8-18　查看链接CSS文件的代码

8.3.3　认识 DIV 标签

DIV（Divsion）区块，也可以称为容器，在Dreamweaver中可使用DIV标签与其他HTML标签。在布局设计中，DIV承载的是结构，采用CSS可以有效地对页面中的布局、文字等进行精确控制，DIV+CSS完美实现了结构和表现的结合，对于传统的表格布局是一个很大的冲击。

8.3.4　认识 DIV+CSS 布局模式

DIV+CSS布局模式是根据CSS规则中涉及的"margin"（边界）、"border"（边框）、"padding"（填充）和"content"（内容）来建立的一种网页布局方法，图8-19所示为一个标准的DIV+CSS布局结构，左侧为代码，右侧为效果图。

盒子模型是DIV+CSS布局的通俗说法，即将每个HTML元素当作一个可以装东西的盒子，盒子里面的内容到盒子的边框之间的距离为填充（padding），盒子本身有边框（border），而盒子边框外与其他盒子之间还有边界（margin）。每个边框或边距，又包括上、下、左、右4个属性，如"margin-bottom"表示盒子的下边界属性。在设置DIV大小时需要注意，CSS中的宽和高指的是填充以内的内容范围，即一个DIV元素的实际宽度为左边界+左边框+左填充+内容宽度+右填充+右边框+右边界，实际高度为上边界+上边框+上填充+内容高度+下填充+下边框+下边界。盒子模型是DIV+CSS布局页面时非常重要的概念，只有掌握了盒子模型和其中每个元素的使用方法，才能正确布局网页中各个元素的位置。

```
.div1{
    height:266px;
    width:290px;
    margin-top:10px;
    margin-right:20px;
    margin-bottom:10px;
    margin-left:20px;
    padding-top:5px;
    padding-right:10px;
    padding-bottom:5px;
    border:10px solid #C00;
    background-color:#6CC;
}
```

```
<div class="div1">
<img src="file:///E|//tcpg1.png" alt="" width="285" height="261" />
</div>
```

图8-19　"DIV+CSS"布局

8.3.5　插入 DIV 标签

在Dreamweaver CC 2019中插入DIV元素的方法相当简单，只需定位光标后，选择"插入"→"Div"命令或选择"插入"→"HTML"→"Div"命令，打开"插入Div"对话框，如图8-20所示。设置Class和ID名称等后，单击"确定"按钮即可。

图8-20　"插入 Div"对话框

"插入Div"对话框中相关选项的含义如下。

● **"插入"下拉列表**：在该下拉列表中可选择DIV标签的位置以及标记名称。

● **"Class"文本框**：用于显示或输入当前应用标记的类样式。

● **"ID"文本框**：用于选择或输入DIV的ID属性。

● **"新建CSS规则"按钮**：单击该按钮，可打开"新建CSS规则"对话框，为插入的DIV标签创建CSS样式。

8.3.6　HTML5 结构

在Dreamweaver CC 2019中，不仅可以单独插入DIV元素，还可以使用HTML5结构元素插入有结构的DIV元素。新增的结构元素包括页眉、段落、导航、侧边、文章、章节、页脚等，如图8-21所示。另外，HTML5还增加了一些新特性，包括画布、图、音频和视频元素等，HTML5结构元素的插入方法与DIV标签的插入方法完全相同。

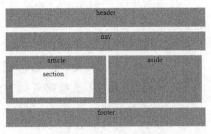

图8-21　HTML5 结构

新增结构元素的代码标记及作用介绍如下。

- 页眉（header）：主要用于定义文档的页眉，在网页中表现为信息介绍部分。
- 段落（P）：主要用于定义页面中文字的段落。
- 导航（navigation）：主要用于定义导航链接的部分。
- 侧边（aside）：用于定义文章（article）以外的内容，并且aside的内容应该与article中的内容相关。
- 文章（article）：主要用于定义页面中与上下文不相关的独立内容，如论坛帖子和用户评论等。
- 章节（section）：主要用于定义文档中的各个章节或区段，如章节、页眉、页脚或文档中的其他部分。
- 页脚（footer）：主要用于定义section或文档的页脚，如页面中的版权信息。
- 画布（canvas）：HTML5中的画布元素是动态生成的图形容器。这些图形是在运行时使用脚本语言创建的，在画布中可以绘制路径、矩形、圆形、字符并添加图像等，并且这些画布元素包含ID、高度（height）和宽度（width）等属性。
- 图（figure）：主要用于规定流内容，如图像、图表、照片或代码等，并且figure元素内容应与主内容相关，如果被删除，也不会影响文档流。另外，该标记还包含<figcaption>标记，用于定义该元素的标题。
- 音频（audio）：主要用于定义声音或音乐内容。
- 视频（video）：主要用于定义视频或影片内容。

8.4　使用表单

网页中的调查、定购或搜索等功能，一般是使用表单来实现。表单一般是由表单元素的HTML源代码，以及客户端的脚本或服务器端用来处理用户所填信息的程序组成的。

8.4.1　认识表单

表单可以认为是从Web访问者那里收集信息的一种方法，它不仅可以收集访问者的浏览情况，还可以多种形式出现。下面将介绍表单的常用形式及组成表单的各种元素。

1. 表单形式

在各种类型的网站中，都会有不同的表单。下面介绍3种经常出现表单的网页类型及表单的表现形式。

- ●注册网页：在会员制网页中，要求输入的会员信息，大部分是采用表单元素进行制作的，当然在表单中也包括各种表单元素。
- ●登录网页：有注册网页的网站，一般有登录网页，该页面的主要功能是要求输入用户名和密码，再单击"登录"按钮后进行登录操作，而这些操作会使用到表单中的文本、密码及按钮元素。
- ●留言板或电子邮件网页：在网页的公告栏或留言板上发表文章或建议时，输入用户名和密码并填写实际内容的部分用的全是表单元素。另外，网页访问者输入标题和内容后，可以直接给网页管理者发送电子邮件，而发送电子邮件的样式大部分也是用表单制作的。

2. 表单的组成要素

在网页中，组成表单样式的各个元素称为域。在Dreamweaver CC 2019的"插入"面板的"表单"分类列表中，可以看到表单中的所有元素，如图8-22所示。

3. HTML 中的表单

在HTML中，表单是使用<form></form>标记表示的，并且表单中的各种元素都必须存在于该标记之间，如图8-23所示的表单代码，表示名为form1的表单，使用post方法提交到邮箱。

图8-22 表单及表单中的各元素

图8-23 表单代码

8.4.2 创建表单并设置属性

在Dreamweaver CC 2019中不仅可以方便快捷地插入表单，还可以对插入的表单进行属性设置，下面将分别进行介绍。

1. 创建表单

在Dreamweaver CC 2019中插入表单只需选择"插入"→"表单"→"表单"命令或在"插入"面板的"表单"分类列表中选择"表单"选项，即可在网页文档中插入一个以红色虚线显示的表单，如图8-24所示。

图8-24 表单效果

2. 设置表单属性

在网页文档中插入表单后，会在"属性"面板中显示与表单相关的属性，而通过表单的"属性"面板，可对插入的表单进行名称、处理方式、发送方法等设置，如图8-25所示。

图8-25　表单的"属性"面板

8.4.3　插入表单元素

创建表单后，可在表单中插入各种表单元素，实现表单的具体功能。另外，Dreamweaver CC 2019中的表单元素较多，下面将分类别进行介绍。

1. 文本输入类元素

文本输入类元素主要包括常用的与文本相关的表单元素，如文本、电子邮件、密码、Url、Tel、搜索、数字、范围、颜色、月、周、日期、时间、日期时间、日期时间（当地）和文本区域等。元素的插入方法都相同，因此，下面重点介绍了文本元素的插入方法和属性作用。

- **文本元素**：文本（Text）元素是可以输入单行文本的表单元素，也就是通常登录页面上输入用户名的部分。在Dreamweaver CC 2019中插入文本元素只需要选择"插入"→"表单"→"文本"命令或在"插入"面板的"表单"分类列表中单击"文本"按钮即可。

- **电子邮件元素**：电子邮件（E-mail）元素主要用于编辑在元素值中给出电子邮件地址的列表。其插入方法与文本元素的插入方法相同，外观也基本相同，只是电子邮件文本框前面的标签显示的是"Email"。

- **密码元素**：密码（Password）元素主要用于输入密码。其外观与文本元素基本相同，只是在密码文本框中输入密码后，会以"*"或"."符号进行显示。其属性设置与文本元素的属性设置基本相同，只是密码元素少了"list"属性。

- **Url元素**：Url（地址）元素主要用来编辑在元素值中给出绝对Url地址的情况，Url的"属性"面板与文本元素的"属性"面板完全相同。

- **Tel元素**：Tel（电话）元素是一个单行纯文本编辑控件，主要用于输入电话号码。其"属性"面板与文本元素的"属性"面板完全相同。

- **搜索元素**：搜索（Search）元素是一个单行纯文本编辑控件，主要用于输入一个或多个搜索词，其"属性"面板与文本元素的"属性"面板完全相同。

- **数字元素**：数字（Number）元素中输入的内容只包含数字字段，其"属性"面板比文本元素的"属性"面板多了"Min""Max"和"Step"属性，其中，"Min"属性用来规定输入字段的最小值；"Max"属性用来规定输入字段的最大值；"Step"属性用来规定输入字段的合法数字间隔。

- **范围元素**：范围（Range）元素主要用来设置包含某个数字的值范围，其"属性"

面板与数字元素的"属性"面板基本相同，只是少了"Required"和"Read Only"复选框。

- **颜色元素**：颜色（Color）元素主要用来输入颜色值，该元素的"Value"值后增加了一个"颜色值"按钮，单击该按钮，在打开的"颜色"面板中，可选择任一颜色作为"Value"文本框中的初始值。
- **月元素**：月（Month）元素的主要作用是让用户可以在该元素的文本框中选择月和年，该元素的"属性"面板与数字元素的"属性"面板基本相同，只是设置属性的显示方式不同。
- **周元素**：周（Week）元素的主要作用是让用户可以在该元素的文本框中选择周和年，其"属性"面板与月元素的"属性"面板基本相同。
- **日期、时间元素**：日期（Data）元素主要用来帮助用户选择日期，时间（Time）元素主要用来帮助用户选择时间，这两个元素的"属性"面板与月元素的"属性"面板基本相同。
- **日期时间、日期时间（当地）元素**：日期时间元素的主要作用是使用户可以在该元素的文本框中选择带时区的日期和时间；而日期时间（当地）元素的主要作用是使用户在该元素的文本框中选择不带时区的日期和时间。这两个元素的属性面板基本相同。
- **文本区域元素**：文本区域（Text Area）元素是指可输入多行文本的表单元素，如网页中常见的"服条条款"功能。使用该元素，可以为网页节省版面，因为超出的文本可通过滚动条查看。

2．选择类元素

选择类元素主要是在多个项目中选择其中一个选项，在页面中一般以矩形区域的形式进行显示。另外，选择功能与复选框和单选按钮的功能类似，只是显示的方式不同。

- **选择元素**：选择（Select）元素，也可以称为列表/菜单元素，在网页中使用该元素不仅可以提供多个选项供浏览者选择，还可以节省版面。
- **单选按钮和单选按钮组元素**：单选按钮（Radio）元素只能在多个项目中选择一个项目。另外，超过两个以上的单选按钮应将其组成一个组，并且同一个组中应使用同一个组名，为"Value"属性设置不同的值，因为用户选择项目值时，单选按钮所具有的值会传到服务器上。
- **复选框和复选框组元素**：复选框（Checkbox）元素可以在多个项目中选择多个项目，并且复选框与单选按钮一样可以组成组，即复选框组。其"属性"面板与单选按钮相同。

3．文件元素

文件（File）元素可用于在表单文档中制作文件附加项目，由文本框和按钮组成。单击按钮，在打开的对话框中可添加上传的文件或图像等，而文本框中则会显示文件或图像的路径。

4．按钮和图像域

按钮和图像域有一个共同点，即都可在单击后与表单进行交互。按钮包括普通按钮、提交按钮和重置按钮，而图像域也可以称为图像按钮。

- **按钮元素**：按钮（Button）元素是指网页文件中表示按钮时使用到的表单元素。
- **提交按钮元素**：提交（Submit）按钮在表单中起到至关重要的作用，可以使用"发送"和"登录"等替换"提交"字样，但把用户输入的信息提交给服务器的功能是始终没有变化的。
- **重置按钮**：重置（Reset）按钮可删除输入的所有内容，即重置表单。重置按钮的属性与提交按钮的属性基本相同。
- **图像按钮**：在表单中可以将提交通过图像按钮（imgeField）来实现。网页中大部分的提交按钮都采用图像形式，如登录按钮。图像按钮也只能用作表单的提交按钮，而且在一个表单中可以使用多个图像按钮。另外，使用菜单命令或"插入"面板插入图像按钮时，会打开"选择图像源文件"对话框，选择图像按钮进行插入，则选择的图像会成为图像按钮。

5. 隐藏元素

隐藏（Hidden）元素主要用于传送一些不能让用户查看到的数据。在表单中插入隐藏元素后，其是以图标显示的，而且该元素只有"Name""Value""Form"3个属性。

6. 标签和域集

在表单中插入标签可以在其中输入文本，但Dreamweaver CC 2019只能在"代码"视图中使用HTML代码进行编辑。而域集可以将表单的一部分打包，生成一组与表单相关的字段。

8.5 网站测试与发布

网站制作完成后，还需要对网站进行测试，然后再将其发布到网络中，并且在后期还需要对网站进行维护和更新。

8.5.1 网站的测试

在发布站点前需要先对站点进行测试，通常可根据PC端要求和网站大小等进行测试。测试方法通常是将站点移到一个模拟调试服务器上进行。

1. 兼容性测试

对站点进行兼容性测试可以检查网页中是否存在目标浏览器不支持的标签或属性，若包含目标浏览器不支持的属性，则会导致网页显示不正常或部分功能不能正常发挥作用。目标浏览器检查提供了3个级别的潜在问题信息，即告知性信息、警告和错误。

- **告知性信息**：表示代码在特定浏览器中不支持，但没有可见的影响。
- **警告**：表示某段代码将不能在特定浏览器中正确显示，但不会导致任何严重的显示问题。
- **错误**：表示代码可能在特定浏览器中导致严重的、可见的问题，如导致页面的某些部分消失。

2. 检查并修复链接

为确保网页中的超链接全部可靠、有效，在发布站点前还需检查所有超链接的URL地址是否正确，若有错误，需及时修改，以保证浏览者在单击链接时能准确跳转到目标位置。Dreamweaver可以检查3种类型的链接，分别为断掉的链接、外部链接和孤立文件。

- **断掉的链接**：检查文档中是否存在断开的链接。
- **外部链接**：检查外部链接。
- **孤立文件**：检查站点中是否存在孤立文件。

3. 测试网站注意事项

在测试站点时，应注意以下4点。

- 在创建网站的过程中，由于各站点重新设计、重新调整，可能使指向页面的超链接被移动或删除，此时可运行超链接检查报告，测试超链接是否有断开的情况。
- 监测页面的文件大小以及下载速度。
- 对浏览器兼容性进行检查，使页面原来不支持的样式、层和插件等在浏览器中能兼容且功能正常。使用"检查浏览器"功能，软件自动检查页面在用户指定浏览器中出现的错误，此方法可帮助用户解决在较早版本的浏览器中无法运行页面的问题。
- 在不同的浏览器和平台上预览页面，查看网页布局、字体大小、颜色和默认浏览器窗口大小等。

8.5.2　网站的发布

发布站点前需要在Internet上申请一个主页空间，指定网站或主页在Internet上的位置。发布站点时可使用SharePoint Designer或Dreamweaver对站点进行发布，也可使用FTP（远程文件传输）软件将文件上传到服务器上对应的文件目录下。

8.5.3　网站的维护

将站点上传到服务器后，需要每隔一段时间对站点中的某些页面进行更新，保持网站内容的时效性以吸引更多的用户浏览。此外，还应定期打开浏览器检查页面元素和各种超链接是否正常，以防止链接出现错误；需要检测后台程序是否被不速之客篡改或驻入，以便即时进行修正。

8.6　综合案例

本例将搭建"冷饮"网站的站点及网站的首页，使用DIV标签对页面进行结构划分，并输入相应的文本内容，制作链接，再制作各CSS样式表，分别在各CSS样式表中设置页面的结构属性、页面中所使用的颜色属性及文本和链接的属性，然后将其集成在一个样式表中，并且链接到页面中。具体操作如下。

① 启动Dreamweaver CC 2019，建立一个站点名为"冷饮加盟"的站点，并在站点下创建"images" "styles" "scripte" 3个文件夹，然后再在该站点中建立5个HTML网页，并分别命名

为"index.html""about.html""contact.html""photos.html""live.html",如图8-26所示。

②将提供的网页所要使用的素材图像复制到站点文件夹下的"images"文件夹中,而在"images"文件夹下创建一个名为"photos"的文件夹,将网页中特色冷饮的图片放置其中(配套资源:效果\第8章\冷饮\images\photos\)。

③在站点中选择"scripte"文件夹,在其中分别创建名为"about.js""contact.js""global.js""home.js""live.js""photos.js"的脚本文件。选择"styles"文件夹,在其中分别创建名为"basic.css"(基本样式)、"color.css"(颜色样式)、"layout.css"(布局样式)和"typography.css"(印刷样式)的样式文件。

④选择"index.html"文件,在"插入"浮动面板的"HTML"分类中,选择"Div"选项,在打开对话框的"ID"文本框中输入"header",如图8-27所示,单击"确定"按钮,可在"index.html"网页中看到插入的Div标签,然后选择Div标签中的文本,按【Delete】键,将其删除。

⑤将文本插入点定位到插入的Div标签中,然后选择"插入"→"Image"命令,在打开的"选择图像源文件"对话框中选择站点下"images"文件夹中的"logo_large.png"图像,单击"确定"按钮,插入图像,选择插入的图像,在"属性"面板中设置宽和高分别为"320"和"150",效果如图8-28所示。

 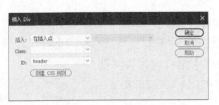 

图8-26　创建站点、文件夹和网页　　　图8-27　插入Div标签　　　图8-28　插入图像

⑥在文档窗口的视图栏中单击"拆分"选项卡,切换到"拆分"视图中,然后将光标定位到</div>标签的后面,在"插入"浮动面板的"HTML"分类中选择"Div"选项,在打开对话框的"ID"文本框中输入"navigation"。

⑦单击"确定"按钮,在插入的Div标签中删除其文本,然后将光标定位到navigation标签中,选择"插入"→"无序列表"命令,插入一个无序列表,再选择"插入"→"列表项"命令,输入文本"回到首页",使用相同的方法插入"携手自由时光""特色冷饮""分店信息""在线咨询"列表项,如图8-29所示。

⑧在无序列表中选择"回到首页"文本,在"属性"面板的"链接"文本框后,单击"指向文件"按钮,并按住鼠标左键不放,将其拖曳到"文件"浮动面板下的"index.html"网页文件的位置,然后释放鼠标左键,为所选择文本制作超链接,该超链接的目标是"index.html"网页,如图8-30所示。

⑨使用相同的方法为无序列表中的其他文本制作超链接,其链接目标分别为"about.html""photos.html""live.html""contact.html"网页。在"拆分"视图中,将光标定位到<div id="navigation"></div>标签后,按【Enter】键进行换行,在"插入"浮动面板中的"HTML"分类下选择"Div"选项,在打开对话框的"ID"文本框中输入"content",单击"确定"按钮,将插入的Div标签中的文本删除。

图8-29　制作无序列表

图8-30　制作超链接

⑩ 将光标定位到<div id="content"></div>标签中，然后输入文本"自由时光-珍爱冰"，并选择输入的文本，在"属性"面板中的"格式"下拉列表中选择"标题1"选项，为所选文本应用标题1格式，如图8-31所示。

⑪ 在</h1>结束标签后，输入文本"关于我们　特色冷饮　详细信息　在线咨询"，然后选中输入的文本，在"属性"面板中的"格式"下拉列表中选择"段落"选项，并为其中的"关于我们""特色冷饮""详细信息""在线咨询"文本添加超链接，其目标分别指向"about.html""photos.html""live.html""contact.html"页面。

⑫ 在"拆分"视图中，将光标定位到</body>结束标签前面，按【Enter】键进行切换，输入代码<div id="intro"></div>，将光标定位到"intro"的Div标签后面，按【Enter】键进行换行，输入Div标签代码<div id="copyright"></div>，然后在该标签中输入版权信息，并选择所输入的版权信息，在"属性"面板中的"格式"下拉列表中选择"段落"选项，完成首页的结构制作，如图8-32所示，按【Ctrl+S】组合键保存文件。

图8-31　制作标题文本

图8-32　添加Div标签并输入版权信息

⑬ 在"文件"浮动面板中，展开"styles"文件夹，双击"layout.css"文件将其打开，在"CSS选择器"面板中单击"添加选择器"按钮+，在文本框中输入"*"，添加一个名为"*"的样式，并在"属性"面板的"布局"列表下设置"margin"和"padding"的属性值为0，在"layout.css"文件中会自动产生相应的CSS样式代码。

⑭ 在"CSS设计器"浮动面板中单击"添加选择器"按钮，在文本框中输入"body"，然后在下方"属性"栏中设置"margin""background-image""background-attachment""background-position""background-repeat"和"max-width"的属性值分别为"0px auto"（空间距离为0px，左右自动居中）、"url(../images/bg.jpg)"、"fixed"（背景固定不动）、"top left"（背景位置为居左上）、"repeat-x"（背景沿x轴横向重复）和"80em"（最大宽度为80em），如图8-33所示。

⑮ 在"CSS选择器"面板中单击"添加选择器"按钮，在文本框中输入"#header"，设置该规则的背景、边框和布局样式。继续单击"添加选择器"按钮，在文本框中输入"#navigation"，为该规则设置背景、边框和布局样式，主要用于设置页面主体导航的位置样式，如图8-34所示。

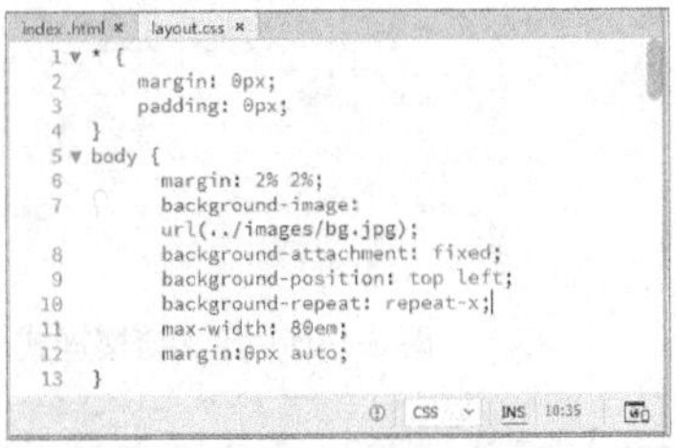

图8-33　设置"body"规则的样式　　　　　　图8-34　设置"#navigation"规则的样式

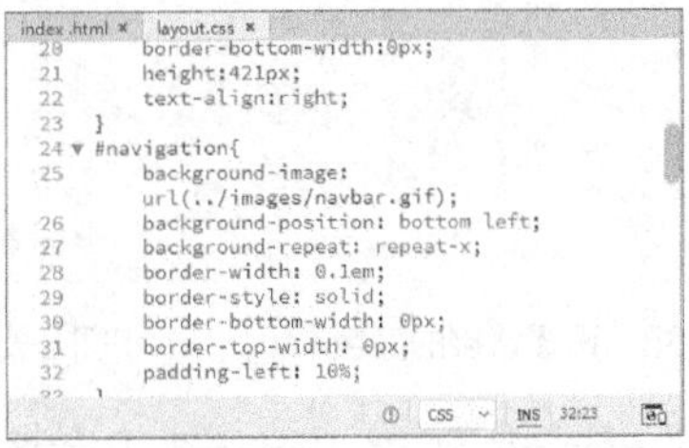

⑯ 在"CSS选择器"浮动面板中单击"添加选择器"按钮，在文本框中输入"#navigation ul"，添加该规则样式，设置主体导航中无序列表的位置样式，其中包括方框宽度、溢出文本、左侧边框宽度和左侧边框样式。

⑰ 在"CSS设计器"浮动面板的"设计器"面板中添加"#navigation li"和"#navigation li a"规则样式，分别设置无序列表中存在的链接样式，以及设置其布局、边框等样式。

⑱ 将光标定位到"layout.css"文件的末尾，按【Enter】键进行换行，然后直接输入"#content"规则样式，在该规则中输入属性及属性值，设置页面中间部分的规则样式，其具体的规则样式代码如图8-35所示。

⑲ 将光标定位到"layout.css"文件的末尾，按【Enter】键进行换行，输入"#copyright"和"#copyright p"规则，并在规则中添加CSS样式，设置其版权信息标签的高度及文本的对齐方式，其具体样式代码如图8-36所示。

⑳ 将光标定位到"layout.css"文件的"#content"规则样式的末尾处，按【Enter】键进行换行，然后输入"#content img"规则，设置页面中间位置图像的样式，其具体样式代码如图8-37所示。按【Ctrl+S】组合键保存该文件（配套资源：效果\第8章\冷饮\styles\layout.css）。

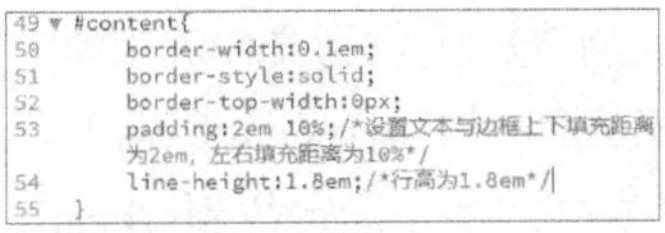

图8-35　"#content"样式

图8-36　"#copyright"和
"#copyright p"样式

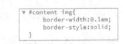

图8-37　"#content img"样式

㉑ 在"文件"浮动面板中打开"color.css"文件，将光标定位到该文件的末尾处，然后输入"#body"规则，即"color:#fb5;"、"margin:0px auto;"样式代码，设置主体的背景颜色和空间的边距。

㉒ 将光标定位到"color.css"文件的末尾，然后输入链接的4种状态的样式颜色，即定义未操作时链接的颜色、鼠标经过时的颜色、正在激活状态的链接颜色及访问后的链接颜色，其具体代码如图8-38所示。

㉓ 使用相同的方法将光标定位到"color.css"文件的末尾，然后输入页面头部、导航、内容、版权4个部分的前景色、背景色、边框色，其具体代码如图8-39所示。

㉔ 使用相同的方法在"color.css"文件的末尾，定义导航区块中的列表、链接和当前栏目链接的前景色、背景色和边框色，其具体代码如图8-40所示。

图8-38　设置链接的颜色　　　　图8-39　定义颜色　　　　图8-40　定义链接样式

㉕ 将光标定位到"color.css"文件的末尾，按【Enter】键进行换行，然后定义"content"区域中图像的边框颜色。按【Ctrl+S】组合键将"color.css"文件保存（配套资源：效果\第8章\冷饮\styles\color.css）。

㉖ 在"文件"浮动面板中双击"typography.css"文件将其打开，将光标定位到该文件的末尾，定义"body"标记的样式。

㉗ 将光标定位到"typography.css"文件的末尾，按【Enter】键进行换行，定义"a"标记样式的加粗和文字修饰属性。

㉘ 将光标定位到"typography.css"文件的末尾，按【Enter】键进行换行，定义导航和导航中链接"a"标记的字体、文字修饰和加粗样式，其具体代码如图8-41所示。

㉙ 将光标定位到"typography.css"文件的末尾，按【Enter】键进行换行，定义内容部分和内容段落标记的行高和上下边距及左右边框的样式。

㉚ 将光标定位到"typography.css"文件的末尾，按【Enter】键进行换行，定义版权部分和版权段落标记的行高和上下边距及左右边距。

㉛ 将光标定位到"typography.css"文件的末尾，按【Enter】键进行换行，定义标题1（h1）和标题2（h2）文本的字体、字号和顶部间距的样式，其具体代码如图8-42所示。按【Ctrl+S】组合键进行保存（配套资源：效果\第8章\冷饮\styles\typography.css）。

㉜ 在"文件"浮动面板中双击"basic.css"文件将其打开，将光标定位到文件的末尾，然后输入代码。按【Ctrl+S】组合键保存该文件（配套资源：效果\第8章\冷饮\styles\basic.css）。

㉝ 切换到"index.html"页面中，然后切换到"代码"视图中，将光标定位到</head>结束标签前面，然后在"CSS设计器"浮动面板的"源"栏中单击"添加CSS源"按钮，在弹出的下拉列表中选择"附加现有的CSS文件"选项，如图8-43所示。

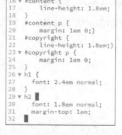

图8-41　定义样式1　　　　图8-42　定义样式2　　　　图8-43　链接外部样式表

㉞ 打开"使用现有的CSS文件"对话框，在"文件/URL"文本框中输入需要链接的CSS文件的路径，这里输入"styles/basic.css"，选中"链接"单选按钮，单击"确定"按钮。

㉟ 返回到"index.html"页面，可在光标处查看到链接外部样式所生成的HTML链接代码。选择"无标题文档"文本，将其修改为"自由时光——珍爱冰"，设置标题文本。按【Ctrl+S】组合键保存"index.html"网页，部分效果如图8-44所示（配套资源：效果\第8章\冷饮\index.html）。

图8-44　主页效果

8.7 扩展阅读

想设计出精美的网页，就需要在网页中添加图像、按钮和动画。因此，读者不仅要掌握网页制作软件，还需要掌握一些制作网页的辅助软件，若在掌握这些辅助软件的基础上再学会一些三维软件和网页程序设计语言，则会为网页制作锦上添花。下面将介绍图像制作、动画制作和程序语言的相关软件与知识。

1. 网页设计的其他常用软件

要想网页设计得精美，制作起来方便，则需要掌握网页设计中常用的几种软件，除了前面介绍的Dreamweaver CC 2019，还需要其他辅助软件，如Photoshop CC和Animate等软件，其功能和作用分别介绍如下。

● Photoshop CC软件：Photoshop CC是由Adobe开发和发行的图像处理软件，主要用于处理由像素构成的数字图像。平面设计是Photoshop CC应用最为广泛的领域，如图书封面、海报及网页平面设计等。因此，在进行网页页面设计时，Photoshop CC是必不可少的图像处理软件，图8-45所示为Photoshop CC的工作界面。

● Animate软件：它是Adobe Flash Professional的升级版本，除保留原有的Flash开发工具，Animate还新增了HTML5创作工具，为网页开发者提供了更适应现有网页应用的音频、图片、视频、动画等创作支持。尤其是Animate在继续支持Flash SWF、AIR格式的同时，还支持HTML5Canvas、WebGL，并能通过可扩展架构支持包括SVG在内的几乎任何动画格式，图8-46所示为Animate的工作界面。

图8-45　Photoshop CC 的工作界面　　　　　　图8-46　Animate 的工作界面

2. 制作网页的核心语言

在制作网页方面，一些新技术、新应用层出不穷，但不管怎样变化，读者都需要掌握最基础、最重要的网页核心语言，如HTML语言、HTML5语言和JaveScript脚本语言，下面分别进行简单介绍。

（1）HTML语言

HTML语言是一套指令，通过指令让浏览器识别页面类别，而浏览器识别页面类别是通过页面的起始标记<html>和结束标记</html>实现的。由此可见，在网页中大多数标记都是成对出现的，而每个标记的结束标记都是以右斜杠加关键字来表示的。另外，HTML页面主要有两个部分，分别为头部和主体，下面分别进行介绍。

● **头部**：所有关于整个文档的信息都包含在头部中，即<head></head>标记之间，如网页标题、描述及关键字等。另外，在头部的<head></head>标记之间还包括<title></title>标记，主要用于设置页面标题，但此标题并不会出现在浏览器窗口中，而是显示在浏览器的标题栏中。

● **主体**：可以调用的任何语言的子程序都包含在主体中，网页中的所有标记内容都放在主体中，即<body></body>标记之间，如文本、图形、嵌入的动画、Jave小程序以及其他页面元素等。

在HTML语言中，各标记不区分大小写，但为了编码的美观，建议统一使用小写。下面将介绍HTML语言中常用的标记符号。

● **格式标记**：在HTML语言中用于设置格式的标记主要有分段标记（<p></p>）、换行标记（
）、两边缩进标记（<blockquote> </blockquote>）、级别标记（<dl></dl>、<dt> </dt>和<dd> </dd>）、列表标记（<ol> </ol>、<ul> </ul>和<li> </li>）、层标记（<div> </div>）。

● **文本标记**：文本标记主要用于设置文本格式，如预处理标记（<pre> </pre>）、标题格式标记（<h1> </h1>…<h6> </h6>）、默认字体格式标记（<tt> </tt>）、斜体标记（<cite> </cite>）、斜体并黑体标记（<em> </em>）、加粗并黑体标记（<strong> </strong>）等。

- **图像标记**：用于添加图像的标记，即<img></img>。
- **表格标记**：主要用于添加表格，即<table></table>，可通过表格属性标记设置其表格格式。
- **链接标记**：在网页文档中添加各种链接，即<a href=""></a>。
- **表单及表单元素标记**：主要用于添加表单及在表单中添加表单元素，如表单标记（<form> </form>）、输入区标记（<input type="">）、下拉列表标记（<select></select>）、列表标记（<option>）、多行文本框区域标记（<textarea></textarea>），需要注意的是，表单元素标记都必须放在表单标记中。

（2）HTML5语言

在HTML5中提供了一些新的元素和属性，下面将分别介绍。

- **搜索引擎标记**：主要是有助于索引整理，同时方便小屏幕装置和视力较差的人使用，如<nav></nav>和<footer></footer>。
- **视频和音频标记**：主要用于添加视频和音频文件，如<video controls></video>和<audio controls></audio>。
- **文档结构标记**：主要用于在网页文档中进行布局分块，整个布局框架都使用<div>标记进行制作，如<header>、<footer>、<dialog>、<aside>和<fugure>。
- **文本和格式标记**：在HTML5语言中的文本和格式标记与HTML语言中的基本相同，但是去掉了<u>、<font>、<center>和<strike>标记。
- **表单元素标记**：HTML5与HTML相比，在表单元素标记中，添加了更多的输入对象，即在<input type="">中添加了如电子邮件、日期、URL和颜色等输入对象。

（3）JavaScript脚本语言

JavaScript是一种脚本编程语言，支持在客户机和服务器中进行网页应用程序的开发。在客户机中，它可用于编写网页中的各种动态功能，由网页浏览器解释并执行，为用户提供流畅美观的浏览效果；在服务器中，它可用于编写服务器程序，网页服务器程序用于处理浏览器页面提交的各种信息并更新浏览器显示的信息。因此，JavaScript语言是一种基于对象和事件驱动且具有安全性能的脚本语言。

在网页中使用JavaScript脚本语言可以与HTML语言一起实现在一个网页页面中与用户交互的作用，并且它是通过嵌入或调入标准的HTML语言中来发挥作用的，弥补了HTML语言的缺陷。在Dreamweaver CC 2019中，JavaScript脚本语言是引用在<script></script>标记之间的，如果经常重复或使用的是JavaScript程序，则可将这些代码作为一个单独的文件进行存放，其扩展名为".js"。

8.8 习题

一、选择题

1. 构成网页的基本元素不包括（　　）。

    A. 图像　　　　　　B. 文字　　　　　　C. 站点　　　　　　D. 超链接

2. 文本超链接以文字作为超级链接的源端点，在Dreamweaver中创建文本超链接后，其文字下方通常会有（　　　）。

    A. 颜色标识　　　　B. 下画线　　　　C. 手形符号　　　　D. 特殊字符

3. 下面不属于文本类表单对象的是（　　　）。

    A. 文本字段　　　　B. 隐藏域　　　　C. 文本区域　　　　D. 文件域

二、操作题

1. 制作"flowers.html"网页（配套资源：效果\第8章\习题\flower\flowers.html），该网页是一个鲜花网页，主要用于展示店铺的鲜花产品。要求采用DIV+CSS来完成布局，制作完成后的参考效果如图8-47所示。

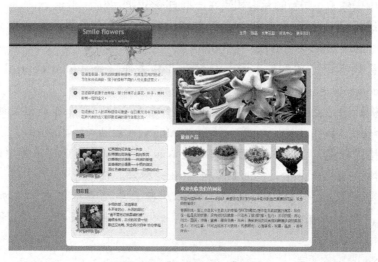

图8-47　"flowers.html"网页

2. 在网页中通过表单来制作注册页面的基本内容，然后使用行为实现交互功能，完成后的参考效果如图8-48所示（配套资源：效果\第8章\习题\gsw_dl.html、gsw_zc.html）。

第8章
习题参考答案

图8-48　注册页面效果

第 9 章
数据库技术基础

数据库技术是数据管理的技术，是计算机科学的重要分支，包括对数据的分类、组织、编码、存储、检索和维护等。数据库技术是一门综合学科，涉及操作系统、数据结构、算法设计、程序设计和数据管理等多方面知识，它的不断发展使人们可以科学地组织存储数据、高效地获取和处理数据，它是现代信息技术的重要组成部分。目前，大多数计算机系统和信息系统都是以数据库为基础和核心的，因此，掌握数据库技术及其应用是非常有必要的。

学习目标

- 了解数据库的基础知识。
- 了解关系数据库的基础知识。
- 了解SQL的基础知识。
- 掌握使用SQL语言进行数据库操作的方法。
- 掌握使用SQL语言进行表的操作的方法。
- 掌握使用SQL语言进行表的数据操作的方法。

9.1 数据库概述

早期，当人们将计算机应用于档案管理、财务管理、图书资料管理等领域时，发现需要处理的数据不仅种类众多，而且数量惊人。为了更有效地管理和利用这些数据，就产生了数据管理技术。数据管理技术是对数据进行分类、组织、编码、存储、检索和维护的技术，是数据处理的核心。而数据处理是各种数据进行收集、存储、加工和传播的一系列活动的总和。

9.1.1 数据库的应用与发展

在应用需求的推动下，以及在计算机硬件、软件发展的基础上，数据管理技术经历了人工管理、文件系统、数据库系统3个阶段。

1. 人工管理阶段

20世纪50年代中期以前，计算机主要用于科学计算。在这一阶段，计算机还没有能够直接存取数据的设备（如磁盘、硬盘等），也没有专门用于管理数据的软件，数据处理的方式是批处理。数据的组织和管理完全靠程序员手工完成，效率非常低。这一阶段的特点如下。

- **数据不保存**：此阶段计算机主要用于科学计算，数据一般不需要长期保存，只在计算某一课题时批量输入数据，数据处理完后也不保存原程序和数据。
- **程序员管理数据**：由于没有相应的软件系统负责数据的管理，数据的管理都由程序员自己完成。程序员在开发程序时，不仅要规定数据的逻辑结构，还要设计数据的物理结构，包括存储结构、存取方法、输入方式等，因此，程序员的负担很重。
- **数据不共享**：一组数据只对应一个程序，数据是面向应用的。各个程序的数据各自组织，无法互相利用和参照，因此，程序与程序之间有大量的冗余数据。
- **数据不具有独立性**：数据的逻辑结构和物理结构不具有独立性，当数据的逻辑结构或物理结构发生变化后，程序也必须做相应的修改，从而给程序员带来了沉重的负担。

2. 文件系统阶段

20世纪50年代后期到60年代中期，计算机不仅用于科学计算，也大量用于数据处理方面。在硬件方面已有了磁盘、磁鼓等可以直接存取数据的设备；在软件方面，操作系统有了专门的数据管理软件，一般称为文件系统；在处理方式上，不仅有批处理，还有联机实时处理。

（1）文件系统的优点

用文件系统管理数据具有以下特点。

- **数据可以长期保存**：数据可以长期保存在外部存储设备上，以反复进行查询、修改、插入和删除等操作。
- **由文件系统管理数据**：由专门的软件即文件系统来管理数据。文件系统把数据组织成一个个相互独立的数据文件，利用"按文件名访问、按记录进行存取"的管理技术，对文件中的数据进行修改、插入和删除等操作。程序和数据之间由文件系统提供存取方法进行转换，使程序与数据之间有了一定的独立性，数据在存储上的改变不一定反映在程序上，程序员可以不用过多地考虑数据的存储细节，可以将精力更多地集中在程序的算法上，从而减轻程序员的负担。

（2）文件系统的缺点

尽管文件系统有上述优点，但它仍存在一些缺点，主要表现在以下4个方面。

- **数据共享性差，冗余度大**：在文件系统中，数据的建立、存取仍依赖于程序，一个（或一组）文件基本上对应一个程序，即数据仍然是面向应用的。当不同的程序具有部分相同的数据时，也必须建立各自的文件，而不能共享相同的数据。因此，数据的冗余度大，浪费存储空间。同时由于相同数据的重复存储和各自管理，容易造成数据的不一致，给数据的修改和维护带来困难。

● **数据独立性差**：文件系统中的文件是为某一特定程序服务的，文件的逻辑结构对该程序来说是优化的，因此，要想在现有的数据上增加一些新的程序会很困难，系统不容易扩充。一旦数据的逻辑结构改变，必须修改程序。另外，由于语言环境的改变需要修改应用程序时，也将引起文件数据结构的改变。因此，数据与应用程序之间的逻辑独立性不强。

● **并发访问容易产生异常**：文件系统缺少对并发操作进行控制的机制，所以当多个用户同时访问数据时，可能会由于并发操作而相互影响，从而产生数据不一致的情况。

● **数据的安全控制难以实现**：文件系统在数据的结构、编码、表示格式、命名以及输出格式等方面不容易做到规范化、标准化，所以其安全性、完整性得不到可靠的保证，而且文件系统也难以实现对不同用户使用不同访问权限的功能。

3. 数据库系统阶段

20世纪60年代末期开始，计算机的应用范围越来越广，管理的数据规模越来越大，数据量急剧增加，人们对数据处理的速度和共享性的要求也越来越高。在这种背景下，以文件系统作为数据管理的手段已经不能满足实际的数据管理需求。与此同时，磁盘技术也取得了长足发展，磁盘的容量越来越大，这为数据库技术的发展提供了物质条件。随之，数据库技术应运而生，该技术将数据存储在数据库中，由数据库管理系统对其进行统一管理，应用程序也通过数据库管理系统来访问数据。数据库系统的特点如下。

● **数据结构化**：数据面向全局应用，从全局来分析和描述数据，用数据模型来描述数据与数据之间的联系。数据结构化是数据库与文件系统的本质区别。

● **数据可共享性高、冗余度低**：数据库系统不再面向某个应用而是面向整个系统，因此，数据可以被多个用户、多个应用共享使用，减少了数据冗余度，节省了存储空间，保证了数据的一致性。

● **数据独立性高**：数据独立性包括数据的物理独立性和逻辑独立性。物理独立性是指程序与数据库中的数据是相互独立的，数据在数据库中是如何存储的，程序不需要了解，这样数据的物理存储即使改变了，应用程序也不用修改。逻辑独立性是指应用程序与数据库的逻辑结构是相互独立的，也就是说，数据的逻辑结构改变了，应用程序的逻辑结构不变。

● **统一管理和控制**：数据的管理和控制由数据库管理系统统一完成，数据库管理系统通常能够提供数据安全性保护、数据完整性检查、并发控制以及故障恢复等功能。

9.1.2 数据的定义

在大多数人的意识中，数据就是各种数值，如77、1 920、-44.8、-77.6等，但这只是一类最简单的数据，是对数据的狭义理解。广义上的数据，种类有很多，包括文本（Text）、图形（Graph）、图像（Image）、音频（Audio）、视频（Video）、学生的档案记录、货物的运输情况等。

我们可以对数据做如下定义：数据是反映客观事物的存在方式和运动状态的符号记录，是信息的载体。记录事物的符号可以是数字，也可以是文字、图形、图像、声音、语言等，数据有多种表现形式，它们都可以经过数字化后存入计算机。

把数据存入计算机中后，还需要把相关的数据组织在一起，组成一个记录。例如，某校计算机系一位同学的基本情况为"李萌萌，女，2000年7月出生，四川省成都市人，2020年入学"，在计算机中常常描述为"（李萌萌，女，200007，四川省成都市，计算机系，2020）"，即把学生的姓名、性别、出生年月、出生地、所在院系、入学时间等组织在一起，形成一个记录。

9.1.3　数据库的定义

数据库（Database，DB）是长期储存在计算机内、有组织的、可共享的大量数据的集合。数据库中的数据按一定的数据模型组织、描述和储存，具有较小的冗余度、较高的数据独立性和易扩展性，并可被各种用户共享。

数据库的概念包括以下两层含义。

- 数据库是一个实体，它是能够合理保管数据的"仓库"，用户在该"仓库"中存放要管理的事务数据，"数据"和"库"两个概念结合成为数据库。
- 数据库是数据管理的新方法和技术，能更合适地组织数据、更方便地维护数据、更严密地控制数据和更有效地利用数据。

9.1.4　数据库管理系统

数据库管理系统（Database Management System，DBMS）是位于用户与操作系统之间，具有数据定义、管理和操纵功能的软件集合。数据库管理系统能够对数据库进行统一的管理和控制，以保证数据库的安全性和完整性。用户需要通过数据库管理系统访问数据库中的数据，数据库管理员也需要通过数据库管理系统进行数据库的维护工作。数据库管理系统允许多个应用程序和用户以不同的方法在相同或不同时刻去建立、修改和询问数据库。

9.2　关系数据库

关系数据库是埃德拉·弗兰克·科德（E.F.Cold）在20世纪70年代提出的数据库模型，自20世纪80年代以来，新推出的数据库管理系统几乎都支持关系数据模型。MySQL就是一种典型的关系数据库管理系统。

9.2.1　关系模型的相关概念

下面以学生信息表为例，介绍关系模型中的相关术语。

- 关系：一个关系就是一个二维表，每个关系有一个关系名称，即表名，图9-1所示为学生

学号	姓名	性别	籍贯	出生日期
2020030001	张海明	男	四川成都	2002-10-09
2020030002	赵成斌	男	四川绵阳	2001-07-26
2020030003	李春华	女	浙江金华	2002-08-04
2020030004	耿耀英	女	福建莆田	2002-11-14
NULL	NULL	NULL	NULL	NULL

图9-1　学生信息表

信息表。

- **元组**：在一个关系（二维表）中，每行为一个元组。一个关系可以包含若干个元组，它由叫"主键"的属性进行唯一标识。在MySQL中，一个元组称为一个记录。例如，学生信息表就包含了多个记录。
- **属性**：表中的列称为属性。每一列都有一个属性名，在同一个关系中不允许有重复的属性名。在MySQL中，属性称为字段，一个记录可以包含多个字段，如学生信息表中有"学号"字段、"姓名"字段等。
- **域**：域是属性的取值范围。如学生信息表的学号字段为10位数字字符串，姓名字段为2或3位字符串，性别字段只能是"男"或"女"，出生年月字段为日期等。
- **主键**：主键是表中的某个属性组，由一个或多个属性组成，用于唯一标识一个记录。在MySQL中，主键可以由一个或多个字段组成。例如，学生信息表中的"学号"字段可以区别表中的各个记录，所以"学号"字段就成为学生信息表的主键。
- **外键**：表与表之间的关系是通过外键来建立的。如果表中的一个属性不是表的主键，但它是另外一个表的主键，则该属性称为外键，也称为外部键。
- **关系模式**：对关系的描述称为关系模式，一个关系模式对应一个关系的结构，其表示格式如下。

关系名（属性名1，属性名2，…，属性名n）

图9-1所示的学生信息表可以描述为：学生信息表（学号，姓名，性别，籍贯，出生日期）。

9.2.2　关系完整性

关系完整性指关系数据库中数据的正确性和可靠性，用于实现对数据的约束。关系数据库管理系统的一个重要功能就是保证关系的完整性。关系完整性包括实体完整性、值域完整性、参照完整性和用户定义完整性。

- **实体完整性**：实体完整性指数据表中记录的唯一性，即同一个表中不允许出现重复的记录。设置数据表的主键可便于保证数据的实体完整性，主键的字段值不能相同，也不能为空。例如，学生信息表中的"学号"字段为主键，若编辑"学号"字段时出现相同的学号，数据库管理系统就会提示用户，并拒绝修改字段。
- **值域完整性**：值域完整性指数据表中记录的每个字段的值应在允许范围内。例如，可规定"学号"字段必须由数字组成，并且字段值不能超过10个字符。
- **参照完整性**：参照完整性指相关数据表中的数据必须保持一致。例如，学生信息表中的"学号"字段和成绩表中的"学号"字段应保持一致。若修改了学生信息表中的"学号"字段，则应同时修改成绩记录表中的"学号"字段，否则会导致参照完整性错误，如图9-2所示。

图9-2　参照完整性

●**用户定义完整性**：用户定义完整性指用户根据实际需要而定义的数据完整性。例如，可规定"性别"字段值为"男"或"女"，"成绩"字段值必须是0～100范围内的整数。

9.2.3 关系模型的范式

规范化是保持存储数据完整性并且使冗余数据最少的结构过程。规范化的数据库即符合关系模型规则的数据库，这些规则称为范式。范式包括第一范式、第二范式和第三范式。

1. 第一范式

第一范式满足以下两个条件。

●记录的每个属性只能包含一个值。

●关系中的每个记录一定不能相同。

如表9-1所示，其中第一个记录违反了第一范式，"课程名称"属性和"课时"属性都包含两个值，可以通过添加"教师编号"属性和"课程编号"属性，把原来的一个表分离为3个表，如表9-2、表9-3及表9-4所示，这样3个表都符合第一范式。

表9-1 违反第一范式的关系

教师	课程名称	课时
赵老师	MySQL 数据库开发，Python 程序开发	48，60
钱老师	Dreamweaver CC 网页设计	48
孙老师	计算机基础	32
李老师	C++ 程序设计	60

表9-2 分离的表1

课程编号	课程名称	课时
001	MySQL 数据库开发	48
002	Python 程序开发	60
003	Dreamweaver CC 网页设计	48
004	计算机基础	32
005	C++ 程序设计	60

表9-3 分离的表2

教师编号	教师
01001	赵老师
01002	钱老师
01003	孙老师
01004	李老师

表9-4　分离的表3

教师编号	课程编号
01001	001
01001	002
01002	003
01003	004
01004	005

2. 第二范式

第二范式规定关系必须满足第一范式，并且关系中的所有属性都依赖于候选键。候选键是一个或多个唯一标识每个记录的属性集合。

如表9-5所示，可以将"教师"和"课程名称"属性指定为候选键，它们可以唯一标识每个记录，但是"课时"属性只依赖"课程名称"属性，不依赖"教师"属性。

表9-5　符合第二范式的关系

教师	课程名称	课时
赵老师	Access 数据库开发培训教程	48
赵老师	SQL Server 编程教程	60
钱老师	Dreamweaver CC 网页设计教程	48

3. 第三范式

第三范式规定关系必须满足第二范式。此外，非候选键相互之间必须无关，且必须依赖于候选键。

如表9-6所示，候选键是"教师编号"属性。"课程名称"和"系别编号"都依赖该候选键，并且相互之间无关，但是"系领导"不依赖候选键，因此，它违反了第三范式。

表9-6　违反第三范式的关系

教师编号	课程名称	系别编号	系领导
01001	Access 数据库开发培训教程	0101	张主任
01002	Dreamweaver CC 网页设计教程	0102	王主任
01003	计算机基础	0103	刘主任

9.2.4　关系运算

关系运算就是从关系中查询需要的数据。关系运算主要有选择、投影、联接和自然联接4种。

1. 选择

从关系中找出符合条件的元组的操作称为选择。图9-3所示为对关系1中的"班级"属性值为"001"的数据进行选择运算。

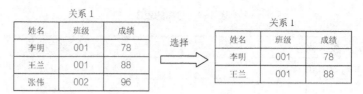

图9-3　选择运算

2. 投影

从关系中选取若干个属性构成新关系的操作称为投影。图9-4所示为对关系1中的"姓名"和"班级"属性进行投影运算。

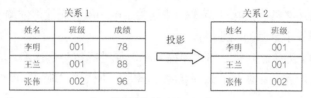

图9-4　投影运算

3. 联接

联接指将多个关系的属性组合构成一个新的关系。图9-5所示为对关系1和关系2进行联接运算。

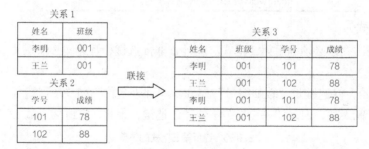

图9-5　联接运算

4. 自然联接

在联接运算中，按字段值相等执行的联接称为等值联接，去掉重复值的等值联接称为自然联接。图9-6所示为对关系1和关系2进行自然联接运算。

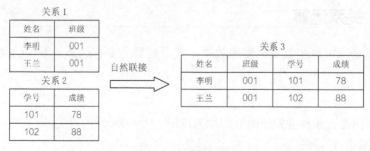

图9-6　自然联接运算

9.3 MySQL数据库概述

MySQL是一个小型的关系型数据库管理系统，对一般的个人使用者和中、小型企业来说，MySQL提供的功能已经绰绰有余，因此，它被广泛地应用在Internet上的中、小型网站中。目前Internet上流行的网站架构方式是LAMP（Linux+Apache+MySQL+PHP）和WAMP(Windows+Apache+ MySQL+PHP)。由于LAMP架构中的4个软件都是免费软件或开放源码软件，因此，使用者用其可以轻松建立起一个稳定、免费的网站系统。

MySQL的版本有企业版（MySQL Enterprise Edition）、标准版（MySQL Standard Edition）、经典版（MySQL Classic Edition）、集群版（MySQL Cluster CGE）和社区版（MySQL Community Edition）。MySQL社区版是世界上流行的、免费下载的开源数据库管理系统。商业用户可灵活地选择企业版、标准版和集群版等版本，以满足特殊的商业和技术需求。

要在计算机上使用MySQL，需要经过3个步骤：下载MySQL；在计算机上安装MySQL；打开管理程序连接到MySQL。

1. 下载 MySQL

MySQL社区版是免费的，我们可以从MySQL的Web站点获取。

我们用Web浏览器访问MySQL的Web站点，单击"MySQL Community Downloads"超链接，在打开的页面中单击"MySQL Installer for Windows"，打开的页面如图9-7所示。

微课
安装和配置
MySQL 的方法

图9-7　MySQL Installer下载页面

2. 安装 MySQL

找到已经下载的文件（它可能在Downloads文件夹中）并双击它，运行并安装MySQL服务器程序MySQL Server及其图形管理工具MySQL Workbench，详细安装说明可扫描右侧二维码观看。

3. 连接 MySQL

上述安装完成后将自动启动MySQL Workbench，单击"Local instance MySQL80"按钮，再输入用户名和密码，即可对已安装的MySQL服务器进行操作和管理，如图9-8所示。

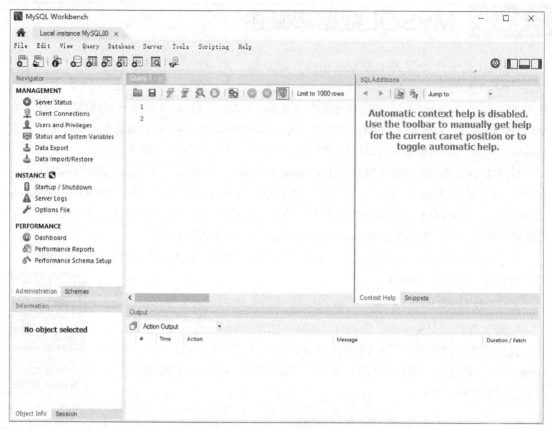

图9-8　MySQL 图形管理工具

9.4 使用SQL语言进行数据库操作

数据库的操作包括创建数据库、修改数据库和删除数据库，下面分别进行讲解。

9.4.1 创建数据库

使用CREATE DATABASE或CREATE SCHEMA命令可以创建数据库，其语法结构如下。

```
CREATE {DATABASE | SCHEMA} [IF NOT EXISTS] 数据库名称
[DEFAULT] CHARACTER SET 字符集名称
| [DEFAULT] COLLATE 校对规则名称
```

其中各部分的作用如下。

- **IF NOT EXISTS**：如果已存在某个数据库，再创建一个同名的数据库时，会出现错误信息。为避免错误信息，可以加上IF NOT EXISTS命令，只有要创建的数据库不存在时，才执行CREATE DATABASE命令。
- **DEFAULT CHARACTER SET**：指定数据库的默认字符集。创建数据库时宜指定字符集。这样，在该数据库建立的表的字符集默认为数据库的字符集，表中各字段的字符集也默认为数据库的字符集。

● COLLATE：指定字符集的校对规则。

【**例9-1**】创建TEST数据库（配套资源：\效果\第9章\9-1.sql）。

① 启动MySQL Workbench并连接服务器，在中间的编辑框中输入以下代码。

```
CREATE DATABASE TEST;
```

② 单击"保存"按钮，将文件保存为"9-1.sql"文件。

③ 单击"执行"按钮运行创建的数据库，如图9-9所示。

【**例9-2**】创建XSGL数据库，并指定字符集和校对规则（配套资源：\效果\第9章\9-2.sql）。

① 选择"File"→"New Query Tab"命令，新建一个脚本文件，并输入以下代码。

```
CREATE DATABASE XSGL
DEFAULT CHARACTER SET gb2312
COLLATE gb2312_chinese_ci;
```

② 单击"保存"按钮，将文件保存为"9-2.sql"文件。

③ 单击"执行"按钮运行创建的数据库，如图9-10所示。

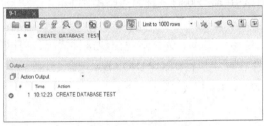

图9-9 创建TEST数据库   图9-10 创建XSGL数据库

用SHOW DATABASES命令可以查看服务器中有哪些数据库，输入命令后选择"SHOW DATABASES"代码，单击"执行"按钮将只执行选择的代码部分，如图9-11所示。

创建了一个数据库后，并没有选定和使用它，而要选定或使用一个数据库，则必须使用USE命令，如在使用TEST数据库时，输入以下代码，其执行后的效果如图9-12所示。

```
USE TEST;
```

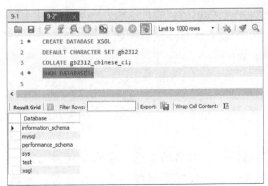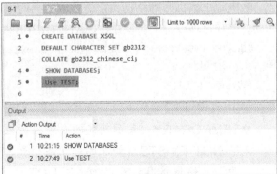

图9-11 显示数据库   图9-12 使用数据库

9.4.2 修改数据库

数据库创建后，如果需要修改数据库的参数，可以使用ALTER DATABASE命令，其语法结构如下。

```
ALTER {DATABASE | SCHEMA} 数据库名称
[DEFAULT] CHARACTER SET 字符集名称
| [DEFAULT] COLLATE 校对规则名称
```

【例9-3】修改TEST数据库的字符集和校对规则（配套资源：\效果\第9章\9-3.sql），代码如下。

```
ALTER DATABASE TEST
DEFAULT CHARACTER SET gb2312
COLLATE gb2312_chinese_ci;
```

9.4.3 删除数据库

对于已经存在的数据库，可使用 DROP DATABASE 命令删除，其语法结构如下。

```
DROP DATABASE [IF EXISTS] 数据库名称
```

当指定的数据库不存在时，执行删除命令会出现错误提示。为了避免出现这种情况，可以加上IF EXISTS命令。这样，只有当指定的数据库存在时才执行DROP DATABASE命令。

【例9-4】删除TEST库（配套资源：\效果\第9章\9-4.sql），代码如下。

```
DROP DATABASE TEST;
```

9.5 使用SQL语言进行表的操作

一个新建的数据库是空的，里面没有任何内容，此时，就需要在数据库中创建表。创建表以后，还可以进行查看表、修改表、复制表和删除表的操作，下面分别进行介绍。

9.5.1 创建表

表决定了数据库的结构，它是存放数据的地方。一个数据库需要什么表，各表中有什么样的列，是要合理设计的。使用CREATE TABLE命令可创建表，其语法结构如下。

```
CREATE [TEMPORARY] TABLE [IF NOT EXISTS] 表名称
[ ( [字段定义] , ... | [索引定义] ) ]
[表选项]
```

其中各部分的含义如下。

- TEMPORARY：表示创建的表为临时表。
- IF NOT EXISTS：如果已存在某个表，再创建一个同名的表时，会出现错误信息。为避免错误信息，可以加上IF NOT EXISTS命令，只有要创建的表不存在时，才执行CREATE TABLE命令。
- 字段定义：定义表的字段信息，包括字段名、数据类型、是否允许空值、默认值、主键约束、唯一性约束、注释字段名、是否为外键及字段类型的属性等。

●**索引定义**：为表的相关字段指定索引。

●**表选项**：设置表的属性选项。

其中字段定义部分的语法如下。

```
字段名称 [NOT NULL | NULL] [DEFAULT 默认值]
[AUTO_INCREMENT] [UNIQUE [KEY] | [PRIMARY] KEY]
[COMMENT '备注内容']
```

其中各个部分的含义如下。

●**NULL（NOT NULL）**：表示字段是否可以是空值。

●**DEFAULT**：指定字段的默认值。

●**AUTO_INCREMENT**：设置自增属性，只有整数类型才能设置此属性。设置自增属性后该字段的值从1开始，每增加一个记录，自动增加1。

●**PRIMARY KEY**：对字段指定主键约束。

●**UNIQUE**：对字段指定唯一性约束。

●**COMMENT**：设置备注。

【例9-5】创建STUDENTS表，其字段结构如表9-7所示（配套资源：\效果\第9章\9-5.sql）。

表9-7　STUDENTS表的字段结构

字段名	数据类型	长度	是否空值	是否主键/外键	默认值	备注
ID	自增整型 TINYINT		NO	主键		ID
s_no	定长字符型 CHAR	4	NO			学号
s_name	定长字符型 CHAR	4	NO			姓名
sex	ENUM('男','女')		NO		男	性别
birthday	日期型 DATE		NO			出生日期
address	变长字符 VARCHAR	20	NO			家庭地址
phone	变长字符 VARCHAR	12	NO			联系电话
photo	二进制 BLOB		NO			照片

代码如下。

```
CREATE TABLE IF NOT EXISTS STUDENTS
(
ID TINYINT NOT NULL AUTO_INCREMENT,
s_no char(4) NOT NULL COMMENT '学号',
s_name char(4) NOT NULL COMMENT'姓名',
sex ENUM('男', '女') NOT NULL DEFAULT '男' COMMENT '性别',
birthday date NOT NULL COMMENT'出生日期',
address varchar(20) NOT NULL COMMENT'家庭地址',
phone varchar(12) NOT NULL COMMENT'联系电话',
photo blob NOT NULL COMMENT'照片',
PRIMARY KEY (ID)
```

```
) ENGINE=InnoDB DEFAULT CHARSET=gb2312;
```

9.5.2 查看表

创建数据表后，使用SHOW TABLES命令可以查看数据库中已创建的表，其语法结构如下。

SHOW TABLES

运行结果如图9-13所示。

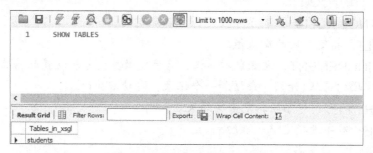

图9-13 查看数据库中已创建的表

使用DESC命令可以查看指定表的结构，其语法结构如下。

DESC 表名

如要查看STURENTS表的结构，输入以下代码即可。

DESC STURENTS;

运行结果如图9-14所示。

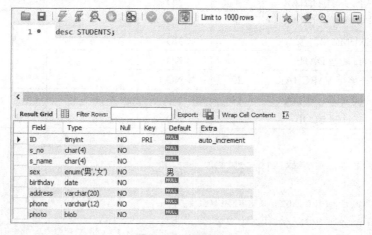

图9-14 查看表结构

9.5.3 修改表

可以使用ALTER TABLE命令对表进行修改，例如，修改表名、增加字段、删除字段、重命名字段、修改/删除字段默认值、修改字段数据类型等。

●**修改表名：**使用ALTER TABLE命令修改表名的语法结构如下。

```
ALTER TABLE 表名 RENAME TO 新表名
```

● **增加字段**：使用ALTER TABLE命令增加字段的语法结构如下。

```
ALTER TABLE 表名 ADD 字段属性 [FIRST | AFTER 字段名]
```

其中，FIRST表示在最前面添加字段，AFTER表示在指定的字段后添加字段。

● **删除字段**：使用ALTER TABLE命令删除字段的语法结构如下。

```
ALTER TABLE 表名 DROP 字段名
```

● **重命名字段**：使用ALTER TABLE命令重命名字段的语法结构如下。

```
ALTER TABLE 表名 CHANGE字段名 新字段名
```

● **修改/删除字段默认值**：使用ALTER TABLE命令修改/删除字段默认值的语法结构如下。

```
ALTER TABLE 表名 ALTER 字段名 {SET DEFAULT 默认值 | DROP DEFAULT}
```

其中，SET DEFAULT表示设置默认值，DROP DEFAULT表示删除默认值。

● **修改字段数据类型**：使用ALTER TABLE命令修改字段数据类型的语法结构如下。

```
ALTER TABLE 表名 MODIFY 数据类型 [NOT NULL]
```

【例9-6】对STUEDNTS表进行修改，具体要求如下（配套资源：\效果\第9章\9-6.sql）。

① 修改表名为“学生表”。

② birthday字段后增加一个admissionDate字段，数据类型为date，不能为空，默认值为“2020-9-1”，备注为“入学日期”。

③ 删除sex字段的默认值。

④ 修改photo字段可以为空。

⑤ 显示修改后的表结构。

代码如下。

```
ALTER TABLE STUDENTS RENAME TO 学生表;
ALTER TABLE 学生表 ADD admissionDate date NOT NULL DEFAULT '2020-9-1'
COMMENT'入学日期' ALTER birthday;
ALTER TABLE 学生表 ALTER sex DROP DEFAULT;
ALTER TABLE 学生表 MODIFY photo blob;
DESC学生表;
```

运行后的效果如图9-15所示。

Result Grid | Filter Rows: | Export: | Wrap Cell Content:

Field	Type	Null	Key	Default	Extra
ID	tinyint	NO	PRI	NULL	auto_increment
s_no	char(4)	NO		NULL	
s_name	char(4)	NO		NULL	
sex	enum('男','女')	NO		NULL	
birthday	date	NO		NULL	
admissionDate	date	NO		2020-09-01	
address	varchar(20)	NO		NULL	
phone	varchar(12)	NO		NULL	
photo	blob	YES		NULL	

图9-15 修改后的表结构

9.5.4 复制表

用CREATE TABLE命令可以复制一个表的结构或数据，其语法结构如下。

```
CREATE [TEMPORARY] TABLE [IF NOT EXISTS] 表名
[LIKE 旧表名] | [AS 选择语句]
```

- **复制表结构**：使用LIKE可以复制一个表的结构，例如，将"学生表"的结构复制到新表"学生表1中"，输入以下代码即可。

```
CREATE TABLE 学生表1 LIKE 学生表;
```

- **复制表数据**：使用AS可以通过选择语句（有关选择语句的知识将在9.6.2节中讲解）复制其他表中的数据，例如，将"学生表"中的所有数据都复制到新表"学生表2"中，输入以下代码即可。

```
CREATE TABLE 学生表2 AS SELECT * FROM 学生表;
```

9.5.5 删除表

使用DROP TABLE命令可以删除不再需要的表，其语法结构如下。

```
DROP TABLE [IF EXISTS] 表名1 [, 表名2] ...
```

例如，要删除"学生表1"和"学生表2"，输入以下代码即可。

```
DROP TABLE 学生表1,学生表2;
```

9.6 使用SQL语言进行表的数据操作

表的数据操作主要包括插入数据、搜索数据、修改数据和删除数据等，下面分别进行讲解。

9.6.1 插入数据

使用INSERT INTO命令可以向表中插入数据，其语法结构如下。

```
INSERT INTO 表名 [(字段名1,字段名2,…)] VALUES (数值1,数值2,…)
```

【例9-7】在学生表中输入表9-8所示数据（配套资源：\效果\第9章\9-7.sql）。

表9-8 学生表数据

s_no	s_name	sex	birthday	address	phone
1001	华春雨	男	2002-7-25	四川成都	131****2322
1002	李冬梅	女	2002-3-23	四川宜宾	139****8457
1003	许子言	男	2001-12-5	安徽合肥	137****2302
2001	穆春花	女	2001-8-14	广东深圳	138****6587
2002	张丽丽	女	2003-1-13	山东济南	133****2894
2003	黄聪慧	男	2003-2-10	山东青岛	133****7832

代码如下。

```
INSERT INTO 学生表 (s_no,s_name,sex,birthday,address,phone) VALUES
('1001', '华春雨', '男', '2002-7-25', '四川成都', '131****2322'),
('1002', '李冬梅', '女', '2002-3-23', '四川宜宾', '139****8457'),
('1003', '许子言', '男', '2001-12-5', '安徽合肥', '137****2302'),
('2001', '穆春花', '女', '2001-8-14', '广东深圳', '138****6587'),
('2002', '张丽丽', '女', '2003-1-13', '山东济南', '133****2894'),
('2003', '黄聪慧', '男', '2003-2-10', '山东青岛', '133****7832');
```

9.6.2　搜索数据

使用SELECT语句可以从一个或多个表中选取特定的行和列，结果通常是生成一个临时表。其语法结构如下。

```
SELECT [ALL|字段名]
[FROM 表名[，表名]…]
[WHERE]
[GROUP BY 子句]
[HAVING 子句]
[ORDER BY 子句]
[LIMIT 子句]
```

其中各部分的含义如下。

- SELECT：SELECT后面为要搜索的字段名，如果为ALL（可以简略为*），表示搜索所有字段。
- FROM：指定要搜索的表，可以指定1个或2个以上的表，表与表之间用逗号隔开。
- WHERE：指定要搜索的条件。
- GROUP BY：用于对搜索结构进行分组。
- HAVING：指定分组的条件，通常用在GROUP BY命令之后。
- ORDER BY：用于对搜索结果进行排序。
- LIMIT：限制搜索结果的数量。

【例9-8】搜索"学生表"中的所有数据（配套资源：\效果\第9章\9-8.sql），代码如下。

```
SELECT * FROM 学生表;
```

运行结果如图9-16所示。

【例9-9】搜索"学生表"中sex字段为"男"的数据，并且只显示s_name、address和phone字段的内容（配套资源：\效果\第9章\9-9.sql），代码如下。

```
SELECT s_name,address,phone FROM 学生表 WHERE sex='男';
```

运行结果如图9-17所示。

图9-16　搜索全部数据　　　　　　　　　　　图9-17　按条件搜索

【例9-10】搜索"学生表"中的前3条记录（配套资源：\效果\第9章\9-10.sql），代码如下。

```
SELECT * FROM 学生表 LIMIT 3;
```

运行结果如图9-18所示。

【例9-11】搜索"学生表"中所有记录，并按sex字段降序排列，按birthday字段升序排列（配套资源：\效果\第9章\9-11.sql），代码如下。

```
SELECT * FROM 学生表 ORDER BY sex DESC,birthday ASC;
```

运行结果如图9-19所示。

图9-18　搜索前3条记录　　　　　　　　　图9-19　对搜索结果进行排序

9.6.3　修改数据

使用UPDATE...SET...命令可以对表中的数据进行修改，其语法结构如下。

```
UPDATE表名
SET 字段1=数值1 [,字段2=数值2,…]
[WHERE 子句]
```

【例9-12】将"学生表"中s_no为"1002"的记录的s_name字段值改为"马冬梅"，admissionDate字段值改为"2020-8-31'"（配套资源：\效果\第9章\9-12.sql），并显示修改后的记录，代码如下。

```
UPDATE 学生表 SET s_name='马冬梅',admissionDate='2020-8-31' WHERE s_no='1002';
SELECT * FROM 学生表 WHERE s_no='1002';
```

运行结果如图9-20所示。

图9-20　修改数据

9.6.4　删除数据

使用DELETE FROM命令可以删除表中的数据，其语法结构如下。

```
DELETE FROM tbl_name
[WHERE 子句]
```

【例9-13】将"学生表"中s_no大于2 000的记录删除（配套资源：\效果\第9章\9-13.sql），并显示删除后表中的数据，代码如下。

```
DELETE FROM 学生表 WHERE s_no>'2000';
SELECT * FROM 学生表;
```

运行结果如图9-21所示。

	ID	s_no	s_name	sex	birthday	admissionDate	address	phone	photo
▶	1	1001	华春雨	男	2002-07-25	2020-09-01	四川成都	131****2322	NULL
	2	1002	马冬梅	女	2002-03-23	2020-08-31	四川宜宾	139****8457	NULL
	3	1003	许子言	男	2001-12-05	2020-09-01	安徽合肥	137****2302	NULL
*	NULL	NULL	NULL	NULL	NULL	NULL	NULL	NULL	NULL

图9-21 删除数据

9.7 综合案例

本案例将使用MySQL制作一个"商品管理"数据库（配套资源：\效果\第9章\9-14.sql），并在其中创建一个"商品信息"表，"商品信息"表的字段信息如表9-9所示，数据信息如表9-10所示。

表9-9 "商品信息"表的字段信息

字段名	数据类型	长度	是否空值	是否主键	默认值
ID	自增整型 tinyint		NO	主键	
商品编号	定长字符型 char	6	NO		
商品名称	定长字符型 char	10	NO		
产地	变长字符 varchar	20	NO		
进价	浮点数		NO		
售价	浮点数		NO		

表9-10 "商品信息"表的数据信息

商品编号	商品名称	产地	进价	售价
SP0001	×××方便面	四川成都	2.30	3.88
SP0002	×××蛋糕	四川绵阳	3.10	4.16
SP0003	×××面包	四川广汉	5.00	6.66
YL0001	×××可乐	浙江杭州	8.30	12.00
YL0002	×××雪糕	黑龙江哈尔滨	6.22	8.88
YL0003	×××牛奶	内蒙古呼和浩特	12.00	16.80

代码如下。

```
CREATE DATABASE 商品管理
DEFAULT CHARACTER SET gb2312 COLLATE gb2312_chinese_ci;
USE 商品管理;
CREATE TABLE IF NOT EXISTS 商品信息
(
ID TINYINT NOT NULL AUTO_INCREMENT,
商品编号 char(6) NOT NULL,
商品名称 char(10) NOT NULL,
产地 varchar(20) NOT NULL,
进价 float NOT NULL,
售价 float NOT NULL,
PRIMARY KEY (ID)
) ENGINE=InnoDB DEFAULT CHARSET=gb2312;
INSERT INTO 商品信息 (商品编号,商品名称,产地,进价,售价) VALUES
('SP0001', '×××方便面', '四川成都', 2.30, 3.88),
('SP0002', '×××蛋糕', '四川绵阳', 3.10, 4.16),
('SP0003', '×××面包', '四川广汉', 5.00, 6.66),
('YL0001', '×××可乐', '浙江杭州', 8.30, 12.00),
('YL0002', '×××雪糕', '黑龙江哈尔滨', 6.22, 8.88),
('YL0003', '×××牛奶', '内蒙古呼和浩特', 12.00, 16.80);
SELECT * FROM 商品信息;
```

运行结果如图9-22所示。

ID	商品编号	商品名称	产地	进价	售价
1	SP0001	×××方便面	四川成都	2.3	3.88
2	SP0002	×××蛋糕	四川绵阳	3.1	4.16
3	SP0003	×××面包	四川广汉	5	6.66
4	YL0001	×××可乐	浙江杭州	8.3	12
5	YL0002	×××雪糕	黑龙江哈尔滨	6.22	8.88
6	YL0003	×××牛奶	内蒙古呼和浩特	12	16.8
NULL	NULL	NULL	NULL	NULL	NULL

图9-22 "商品管理"数据库

9.8 扩展阅读——Access

Access数据库是微软公司开发的数据库系统，是Microsoft Office的组件之一，其特点是将数据库引擎的图形用户界面和软件开发工具结合在一起。Access可广泛应用于多个领域，主要体现在以下两个方面。

- **数据分析**：Access有强大的数据处理、统计分析能力，利用Access的查询功能，可以方便地进行各类汇总、平均等统计计算，并可灵活设置统计的条件。在Access中统计分析上万条记录、十几万条记录甚至更多的数据时，速度快且操作方便，这一点是Excel无法与之相比的。
- **开发软件**：Access可用来开发软件，如生产管理、销售管理、库存管理等各类企业管理软件。和其他Office组件一样，Access支持VBA，VBA是面向对象的编程语言，可以引用各种对象，包括数据访问对象（Data Access Object，DAO）、ActiveX组件以及声明和调用Windows操作系统的API函数等。

9.9 习题

一、选择题

1. 若要删除数据库中已经存在的表S，可用（　　）。
   - A. DELETE TABLE S;
   - B. DELETE S;
   - C. DROP S;
   - D. DROP TABLE S;
2. SELECT语句中的条件子句使用的是（　　）。
   - A. THEN
   - B. WHILE
   - C. WHERE
   - D. IF
3. 要修改数据表中的一条记录，需要使用（　　）。
   - A. CREATE
   - B. INSERT
   - C. SAVE
   - D. UPDATE

二、操作题

使用MySQL制作一个"会员管理"数据库（配套资源：\效果\第9章\练习题.sql），并在其中创建一个"会员信息"表，"会员信息"表的字段信息如表9-11所示，数据信息如表9-12所示。

表9-11 "会员信息"表的字段信息

字段名	数据类型	长度	是否空值	是否主键	默认值
序号	自增整型 tinyint		NO	主键	
卡号	定长字符型 char	6	NO		
姓名	定长字符型 char	10	NO		
联系电话	定长字符 varchar	12	NO		
生日	日期 date		NO		
办卡日期	日期 date		NO		
充值金额	浮点数 float		NO		
剩余金额	浮点数 float		NO		

表9-12　"会员信息"表的数据信息

卡号	姓名	联系电话	生日	办卡日期	充值金额	剩余金额
100001	高信	131****5789	1975-07-25	2020-10-11	1000	300
100002	梅美	133****2322	1990-05-22	2020-05-01	800	580
200005	张大山	139****9263	2000-04-18	2019-04-03	800	430
200006	马大海	138****4321	2001-05-28	2018-12-11	600	220
300008	孙晓梅	137****0806	1995-12-14	2020-03-01	600	400
300012	谢丽安	132****9926	1998-10-18	2018-10-28	1000	110

第9章
习题参考答案

第**10**章
Python程序设计基础

Python是一种面向对象的解释型计算机程序设计语言，自20世纪90年代初Python语言诞生至今，它已被逐渐应用于系统管理任务的处理和Web编程。Python的语法简洁清晰，具有丰富且强大的库，能够把用其他语言制作的各种模块很轻松地联结在一起，因此，其常被称为"胶水语言"。

学习目标

- 了解程序设计的基础知识。
- 了解Python的基础知识。
- 掌握Python的表达式与运算符。
- 掌握Python的控制流程。
- 掌握Python的函数。
- 掌握Python的异常处理。

10.1 程序设计概述

程序的概念非常普遍，人们在完成一项复杂的任务时，需要进行一系列的具体工作，这些按一定的顺序安排的工作就是完成该任务的程序。一个完善的程序需要描述完成某项功能所涉及的对象和动作规则，并且这些动作有先后顺序。

在计算机领域，"程序"一词特指计算机程序，即计算机为完成某一个任务所执行的一系列有序指令的集合。

计算机程序包含数据结构和算法两方面的内容。

- **数据结构**：对数据的描述，在程序中要指定数据的类型和数据的组织形式。
- **算法**：对操作的描述，即操作步骤。

10.1.1　程序语言

语言是人类进行交流的工具，不同的语言其表现形式和结构各不相同。程序语言是人类用来和计算机沟通的工具，是指挥计算机进行运算或工作的指令集合。最早的程序语言是机器语言，是由0和1组成的二进制代码序列，计算机只能直接执行机器语言编写的程序，然而直接用机器语言编写程序非常困难，效率也非常低。

为了解决这个问题，诞生了各种各样的程序语言，这些程序语言更加接近人类的语言和思维，不过必须通过翻译才能被计算机所执行。翻译的方式有两种，即编译和解释。

- **编译**：编译是在程序写完之后，将程序代码编译成为机器语言文件，如Windows操作系统中的".exe"文件，在执行时就可以直接运行，程序执行效率高。
- **解释**：解释性语言的程序不需要编译，在运行时通过专门的解释器将代码翻译成机器语言进行执行即可，但每执行一次就要翻译一次，因此效率较低。

程序语言由最早期的机器语言发展至今，已经发展了4代。

1. 第一代程序语言——机器语言

机器语言（Machine Language）是计算机指令的集合，由1和0两种符号构成，是最早期的程序语言，也是计算机能够直接阅读与执行的基本语言，任何程序或语言在执行前都必须被转换为机器语言。

机器语言中的每一条语句就是一段二进制的指令代码，如"10111001 00000010"表示"将变量A的值设定为数值2"，这对普通人来说如同"天书"，用它编程不仅工作量大，而且难学、难记、难修改，只适合专业人员使用。而且不同品牌和型号的计算机，其指令系统也会有差异，因此，用机器语言编写的程序只能在相同的硬件环境下使用，程序的可移植性差。当然，机器语言也有编写的程序代码不需要翻译、占用空间少、执行速度快等优点。

2. 第二代程序语言——汇编语言

汇编语言（Assembly Language）通过指令符号来编制程序。这种指令符号是计算机指令的英文缩写，因而较机器语言的二进制指令代码更容易学习和记忆。

汇编语言在一定程度上克服了机器语言难学、难记、难修改的缺点，同时保持了编程质量高、占用空间少、执行速度快的优点。在对实时性要求较高时，仍经常使用汇编语言。

但与机器语言一样，汇编语言也是面向机器的语言，其编写的程序不仅通用性较差，而且可读性也差。

3. 第三代程序语言——高级语言

高级语言（High-level Language）是相当接近人类所使用语言的程序语言，并且高级语言完全与计算机的硬件无关，程序员在编写程序时，不用与计算机的硬件打交道，无须了解计算机的指令系统。这样，程序员在编写程序时就不用考虑计算机硬件的差异，因而编程效率大大提高。由于与具体的计算机硬件无关，因此使用高级语言编写的程序通用性强、可移植性高、易学、易读、易修改，被广泛应用于商业、科学、教学、娱乐等领域。

4. 第四代程序语言——非过程化语言

非过程化语言（Non-procedural Language）的特点是程序员不必关心问题的解法和处理的

具体过程，只需说明所要完成的目标和条件，就能得到所要的结果，而其他的工作都由系统来完成。

数据库的结构化查询语言（Structural Query Language，SQL）就是非过程化语言的一个颇具代表性的例子。例如，通过"SELECT name,sex,age FROM学生WHERE class=1"这一语句就可以直接从学生表中查询出class为1的学生的name、sex和age信息。而读取数据、比较数据、显示数据等一系列的具体操作由系统自动完成。

相比于高级语言，非过程化语言使用起来更加方便，但是非过程化语言目前只适用于部分领域，其通用性和灵活性不如高级语言。

10.1.2　程序设计的一般流程

程序设计的一般流程：分析问题；设计程序；程序编码的编辑、编译和连接；测试程序；编写程序文档。前两个步骤非常重要，做好了，后面的步骤中就会节省不少的时间和精力。

1. 分析问题

分析问题就是要弄清楚编写这个程序的目的是什么，要解决什么实际问题？需要将一个实际问题，抽象为一个计算机可以处理的模型。这一步骤主要需要明确以下5点。

● 要解决的问题目标是什么？

● 问题的输入是什么？已知什么？还要给什么？使用什么格式？

● 期望的输出是什么？需要什么类型的报告、图表或信息？

● 数据具体的处理过程和要求是什么？

● 要建立什么样的计算模型？

2. 设计程序

在分析问题的基础上，可用算法来描述模型，但算法不是计算机可以直接执行的程序，只是编制程序代码前对处理思想的一种描述。

当要处理的问题较复杂时，可将要解决的问题分解成一些容易解决的子问题，每个子问题将作为程序设计的一个功能模块，然后再考虑如何组织程序模块。

3. 程序编码的编辑、编译和连接

现在的程序设计语言一般有一个集成开发环境，自带编辑器，在其中可以输入程序代码，并可对输入的程序代码进行复制、删除、移动等编辑操作。编辑完成后，可以将程序代码以源程序的形式进行保存。

源程序并不能被计算机直接运行，还必须通过编译程序将源程序翻译成目标程序。在编译的过程中编译程序会检查源程序的语法和逻辑结构。检查无误后，将生成目标程序。

生成的目标程序还不能被执行，还需要通过连接程序，将目标程序和程序中所需要的系统中固有的目标程序模块（如调用的标准函数模块，执行的输入、输出操作模块）连接后生成可执行文件。

4. 测试程序

程序是由人设计的，其中难免会有各种错误和漏洞，因此，为了证明和验证程序的正确

性，就需要进行测试。

测试是为了找出程序中的错误，在程序通过编译，没有语法和连接上的错误的基础上，通过让程序试运行多组数据，看是否能达到预期的效果。这些测试数据应是以"任何程序都是有错误的"假设为前提精心设计出来的。

5. 编写程序文档

程序文档非常重要，它相当于一个产品说明书，对今后程序的使用、维护、更新都有很重要的作用。程序文档主要包括程序使用说明书和程序技术说明书。

- **程序使用说明书**：程序使用说明书可让用户清楚如何使用该程序，其内容包括程序运行需要的软件、硬件环境，程序安装、启动的方法，程序的功能，需要输入的数据的类型、格式和取值范围，涉及文件的数量、名称、内容，存放的路径等。
- **程序技术说明书**：编写程序技术说明书是为了便于今后对程序进行维护，其内容包括程序各模块的描述，程序所使用硬件的有关信息，主要算法的解释和描述，各变量的名称、作用、程序代码清单等。

10.1.3　程序设计方法

不同的程序员有不同的程序设计逻辑，但都遵循一些程序设计方法和规范，以让程序代码具备可读性和良好的可维护性。目前，程序设计方法主要有面向过程的程序设计方法、面向对象的程序设计方法和面向问题的程序设计方法等。

1. 面向过程的程序设计方法

面向过程的程序设计方法是一种以过程为中心的编程思想，就是分析出解决问题所需要的步骤，并通过函数的形式一步一步实现这些步骤。这样就可以将一个大程序分割成若干个较小、较容易管理的小程序模块。然后将功能相近的函数放在同一函数库中，当需要使用某一个函数时，再由主程序调用函数库中的函数。

2. 面向对象的程序设计方法

面向对象的程序设计方法是将存在于日常生活中的对象概念应用到软件设计思维中，让程序员在设计程序的，以一种更生活化、可读性更高的观念来进行设计，并且使所开发出来的程序更容易扩充、修改及维护。

面向对象的程序设计方法具备封装、继承与多态3大特性。简单来说，封装是将客观事物抽象化为"类"，而"继承"则类似现实生活中的遗传，程序员可以定义一个新的类（子类）来继承已有的类（父类），而子类可以继承父类的属性和方法，并可以进行修改或增加新的属性和方法。多态是让具有继承关系的不同类的对象，可以调用具有相同名称并产生不同结果的方法。

3. 面向问题的程序设计方法

面向问题的程序设计方法不关心问题的求解算法和求解的过程，只需指出要计算机做什么以及数据的输入和输出形式，就能得到所需结果。它是采用快速原型法开发应用软件的强大工具，能够快速地构造应用系统，大大提高了软件的开发效率。

10.1.4　程序的基本结构

程序的基本结构包括顺序结构、判断结构和循环结构3种。

- **顺序结构**：顺序结构是最简单的程序结构，它是由若干个依次执行的程序块组成的，如图10-1所示。只有在执行完A程序块后，才能接着执行B程序块。
- **判断结构**：在处理实际问题时，只有顺序结构是不够的，经常会遇到一些条件的判断，流程根据条件是否成立有不同的流向。如图10-2所示，程序根据给定的条件是否成立而选择执行A程序块或B程序块。这种先根据条件做出判断，再决定执行哪一种操作的结构称为分支结构，也称为选择结构。

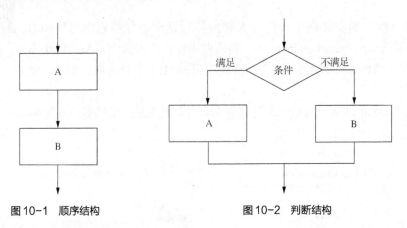

图10-1　顺序结构　　　　　　　图10-2　判断结构

- **循环结构**：在解决一些问题时，经常需要重复执行一些操作，如计算1+2+3+…+100的和，这时可以利用循环结构按照一定的条件或次数重复执行相应的代码。循环结构包括当型循环和直到型循环两种。当型循环，如图10-3所示，是指当给定的条件满足时，执行A程序块，不满足时执行后面的语句。直到型循环，如图10-4所示，是指执行A程序块直到满足给定的条件为止。这两种循环的区别：当型循环先判断条件再执行，A程序块可能一次也不会被执行；而直到型循环是先执行后判断，A程序块至少会执行一次。

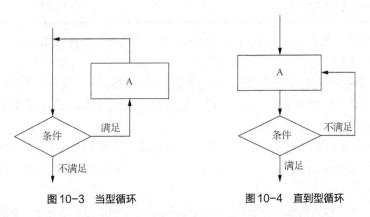

图10-3　当型循环　　　　　　　图10-4　直到型循环

微课
**搭建 Python
开发环境**

10.2 Python基础

在使用Python编程之前，需要先搭建Python开发环境，并对Python语言的标识符、关键字与变量、数据类型以及输入/输出指令等基础内容有所了解。

10.2.1 搭建 Python 开发环境

目前，Python的最新版是3.9.0，在Python的官网上下载Python安装程序进行安装即可。下面安装Python 3.9.0，并输入和运行第一个Python程序，具体操作如下。

① 双击下载好的安装程序，打开安装向导对话框。保持选中"Install launcher for all users（recommended）"复选框不变，单击选中"Add Python 3.9 to PATH"（将Python安装路径添加到环境变量PATH中）复选框，如图10-5所示。

② 单击"Install Now"按钮，即可将Python安装到系统提供的默认安装路径中，如图10-6所示。

图10-5　安装向导对话框

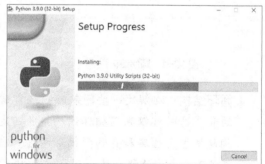

图10-6　安装Python

◎ **提示** 如果想自定义安装路径，可以单击"Customize installation"，在打开的界面中自行选择Python的安装路径。

③ 安装完成后，将打开"Setup was successful"对话框，单击"Close"按钮退出安装即可，如图10-7所示。

④ 安装成功后，还需要查看安装的程序是否能正常运行（这里以Windows 10系统为例）。按【Win+R】组合键打开"运行"对话框，在其中输入"cmd"，然后单击"确定"按钮，如图10-8所示。

⑤ 打开"命令提示符"窗口，在其中输入"python"并按【Enter】键。此时将显示Python的版本信息并进入Python命令行（3个大于号">>>"），说明Python的开发环境已经安装成功了，如图10-9所示。

⑥ 此时可以直接输入Python指令，如输入print指令可以输出指定字符串，如图10-10所示。

图10-7　安装成功

图10-8　"运行"对话框

图10-9　进入Python命令行

图10-10　输入print指令

⑦ 选择"开始"→"Python 3.9"→"IDLE"命令，打开"Python 3.9.0 Shell"窗口，这个窗口是Python的集成开发环境，在其中可以进行程序的编辑、编译、执行与除错等操作，如图10-11所示。

⑧ 选择"File"→"New File"命令，打开程序编辑窗口，在其中输入代码"print("我的第一个Python程序")"，如图10-12所示。

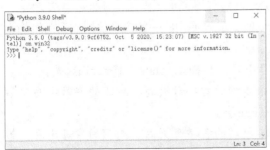

图10-11　"Python 3.9.0 Shell"窗口

图10-12　输入程序代码

⑨ 选择"File"→"Save"命令，在打开的"另存为"对话框中，将程序保存为"first.py"文件（配套资源：\效果\第10章\first.py），如图10-13所示。

⑩ 选择"Run"→"Run Module"命令运行程序，在"Python 3.9.0 Shell"窗口将显示运行结果，如图10-14所示。

图10-13　保存程序

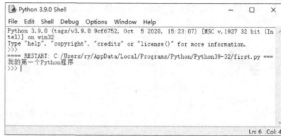

图10-14　运行结果

10.2.2　标识符、关键字与变量

在使用Python编程之前，需要先了解Python的标识符、关键字和变量等基础知识。

1. 标识符

标识符是程序员自己规定的具有特定含义的词，在Python中，类、对象、变量、方法、函数等的名称，都需要使用标识符来表示。

Python中标识符的命名必须遵循以下规则。

● 标识符可以由数字、字母、下画线（ _ ）组成。

● 数字不能作为标识符的首字母。

● 标识符中不可以包含空格、@、%、$等特殊字符。

● 标识符不能使用Python的关键字。

● 标识符的长度没有限制。

● Python中标识符对大小写敏感，如name、Name、NAME是不同的标识符。

例如，S12、Name、displayMessage、set_age等都是合法的标识符，而3A、x-2、$13等是非法的标识符。当程序中存在非法的标识符时，Python解释器会识别出来，并报告语法错误。

为了使编写的程序更加规范，在为标识符命名时，最好使用统一的命名法则。目前较为常用的命名法则为驼峰命名法，其规则如下。

● 类名的每个单词的首字母大写，其余字母小写，如Test、Date、TimerTask等。

● 方法名的第一个单词的首字母小写，其余单词的首字母大写，剩下的字母小写，第一个单词通常为动词，如setTime、showTime等。

● 变量名的第一个单词的首字母小写，其余单词的首字母大写，剩下的字母小写，第一个单词通常不用动词，如age、oldDateTime等。

● 常量名全部使用大写字母，单词与单词之间用下画线分割，如SIZE_NAME。

特别提醒　Python中的标识符除了可以使用英文字母，还可以使用中文等语言的字符，如"姓名""年龄"等也可以作为标识符。但为了输入方便及规范，不建议在标识符中使用中文。

2. 关键字

Python语言把一些具有特殊用途的单词作为关键字。这些关键字有些表示数据类型，有些表示程序的结构，不能用作标识符。Python中一共有33个关键字，如表10-1所示。

表10-1　Python的关键字

and	as	assert	break	class
continue	def	del	elif	else
except	finally	for	from	False
global	if	import	in	is
lambda	nonlocal	not	None	or
pass	raise	return	try	True
while	with	yield		

3. 变量

变量是指程序在执行的过程中其值可以发生改变的量，在Python程序中，每个变量在使用前都必须赋值，赋值以后该变量才会被创建。为变量赋值的语法结构如下。

变量名=值

在Python中，变量没有具体的数据类型，其数据类型可以根据其中保存的值的数据类型随意切换。

【例10-1】变量数据类型的转换（配套资源：\效果\第10章\10-1.py），代码如下。

```
x = "年龄" # 给变量x赋值字符串型的数值
print(x) # 打印变量x的值
print(type(x)) # 打印变量x的数据类型
x = 28 # 给变量x赋值整型的数值
print(x) # 打印变量x的值
print(type(x)) # 打印变量x的数据类型
```

运行程序，输出结果如下。

```
年龄
<class 'str'>
28
<class 'int'>
```

这里的变量x，首先赋值为"年龄"。由于"年龄"为字符串型数值，因此变量x即为字符串型；然后赋值为28，由于28为整型数值，因此变量x就变成整型了。

10.2.3　数据类型

不同数据类型的数据具有不同的特性，如在存储器中所占的空间大小、所允许储存的数据类型、数据操控的方式等。

1. Python的数据类型

Python中的数据类型可以分为基本数据类型和复合数据类型两大类。

（1）基本数据类型

Python中的基本数据类型有整数（Int）、浮点数（Float）、布尔值（Bool）和字符串

（Str）4种。

- **整数**：整数数据类型用来储存不含小数点的数据，与数学上的整数意义相同，如 −100、−2、−1、0、1、2、100等。
- **浮点数**：带有小数点的数字，也就是数学上所指的实数。除了可用小数点表示，还能使用科学计数法进行表示，如6e-2，表示6×10-2。
- **布尔值**：布尔值是一种表示逻辑的数据类型，只有True（真）与False（假）两个值。布尔数据类型通常用于流程控制和逻辑判断。可以使用数值1或0来表示True或False。
- **字符串**：用于存储一连串的文本字符，在使用时需要用单引号或双引号括起来。如'梦想成真'或"梦想成真"等。

（2）复合数据类型

Python中的复合数据类型有列表（List）、元组（Tuple）、字典（Dict）和集合（Set）4种。

- **列表**：列表是一个数据的集合，用中括号表示，如list1 = []、score = [98, 85, 76, 64,100]等。列表中的数据有顺序性，可以通过序号（从0开始）获取某个元素的值，如score[0]的值为98。列表是可变的，可以修改列表的长度和其中元素的值。
- **元组**：元组与列表一样也是数据的集合，用小括号表示，如tupledata = （'733249', 'Michael', 185）等，也可以通过序号获取其中元素的值。与列表不同的是，元组是不可变的，一旦建立，就不能任意更改其中元素的个数与元素值，所以也称元组为不能更改的序列。
- **字典**：字典的元素放置于大括号{}内，以"键值对"的形式呈现，例如dic = {'length':4, 'width':8, 'height':12}，其中每一个元素就是一个键值对，冒号前面的字符串是元素的关键字，冒号后面为元素。字典中的数据不具有顺序性，不能使用序号进行访问，只能使用元素的关键字进行访问，如dic.length的值为4。
- **集合**：集合与字典一样都是把元素放在大括号{}内，不过集合没有键只有值，类似数学里的集合，如animal = {"tiger", "sheep", "elephant"}。集合可以进行并集（|）、交集（&）、差集（-）、或（^）等运算。另外，集合里的元素没有顺序之分，而且相同元素不可重复出现。

2. 数据类型转换

在一个程序中，通常会有多种不同数据类型的变量，当它们之间需要进行运算时，就需要进行数据类型的转换。数据类型的转换有自动转换和强制转换两种。

（1）自动转换

自动转换是由解释器来自动进行判断的，如当整数与浮点数进行运算时，系统会事先将整数转换为浮点数之后再进行运算，运算结果为浮点数，如下所示。

```
total=7+3.5 # 其运算结果为浮点数10.5
```

不过整数与字符串无法自动转换数据类型，当对整数与字符串进行加法运算时，就会产生错误。例如输入"print("总分："+98)"，就会产生"can only concatenate str (not "int") to str"

的错误，如图10-15所示。

（2）强制转换

除了由系统自动转换，程序员还可以通过数据类型转换函数将一种数据类型转换为其他的数据类型。最常见的Python强制数据类型转换函数主要有以下4种。

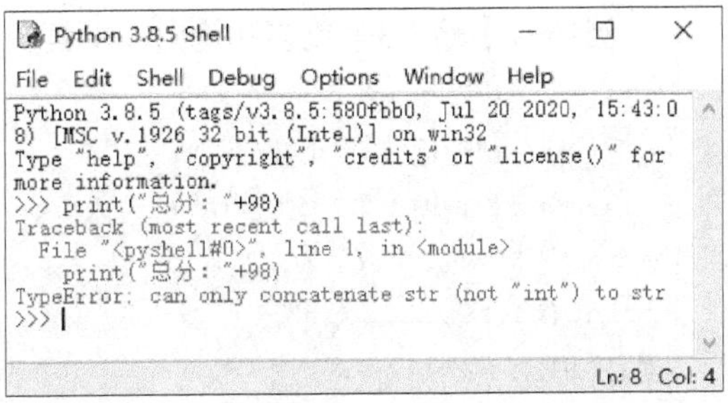

图10-15　整数与字符串相加时所产生的错误

- int()：将数据强制转换为整数数据类型。

- float()：将数据强制转换为浮点数数据类型。

- bool()：将数据强制转换为布尔值数据类型。

- str()：将数据强制转换为字符串数据类型。

10.2.4　方便实用的输入／输出指令

任何程序都有输入与输出操作，通过输入操作接收用户的数据，再通过输出操作将运算后的结果返回给用户。Python中的输入与输出操作是通过输入指令input和输出指令print实现的。

1. 输入指令——input

input指令是将用户由键盘输入的数据传送给指定的变量，其语法结构如下。

```
变量 = input(提示字符串)
```

当程序运行到input指令时，会显示"提示字符串"的内容，用户输入数据并按下【Enter】键后，就会将输入的数据传送给指定的变量。

 特别提醒　通过input输入的数据的数据类型是字符串类型，如果需要其他数据类型，就需要使用int()、float()、bool()等函数将输入的字符串转换为整数、浮点数或布尔值数据类型。

2. 输出指令——print

print指令是Python用来输出指定的字符串或数值的指令，默认情况下是指输出到屏幕。print的语法结构如下。

```
print(项目1[,项目2,…,sep=分隔字符,end=结束字符])
```

- 项目1,项目2,…：print指令可以输出多个项目，每个项目之间必须以逗号","隔开。

- sep：分隔字符，使用print指令输出多个项目时，每个项目之间必须以分隔符区隔，默认的分隔符为空格" "。

- end：结束字符，是指在所有项目都输出完毕后自动加入的字符，默认为换行符"\n"。

特别提醒　语法格式中使用中括号"[]"括起来的内容为可选内容，表示可以有，也可以没有。

【例10-2】 输入3个数字并输出（配套资源：\效果\第10章\10-2.py）。

```
n1=input("请输入第1个数字：")
n2=input("请输入第2个数字：")
n3=input("请输入第3个数字：")
print("输入的3个数字为：",end="")
print(n1,n2,n3,sep=",")
```

运行程序，结果如下。

```
请输入第1个数字：1
请输入第2个数字：2
请输入第3个数字：3
输入的3个数字为：1,2,3
```

这里首先用3个input指令输入3个数字，然后用一个print指令输出一个"输入的3个数字为："字符串，并将结束字符改为空字符串""，这样下一个print指令输出的内容就不会换行，最后再使用一个print语句输出3个数字，并将分隔符改为逗号。

print语句还可以配合format指令来对输出的内容进行格式化操作，其语法结构如下。

```
print(字符串.format(参数1,参数2,…))
```

例如输入以下代码。

```
print("{0}身高{1}米。".format("张三",1.84))
```

输出结果如下。

```
张三身高1.84米。
```

其中{0}表示使用参数1，{1}表示使用参数2，以此类推。如果{}内省略数字编号，就会按照顺序依次填入。

在{}内也可以使用参数名称，例如输入以下代码。

```
print("{name}{month}月工资为{wages}元。".format(name="李四",month=3,wages=5000))
```

输出结果如下。

```
李四3月工资为5000元。
```

10.3 表达式与运算符

计算机程序中的表达式与数学公式一样，是由运算符与操作数所组成的。例如，"A=(B+C*2) / (D+30) * 7"就是一个表达式，其中=、+、*、/称为运算符，而变量"A""B""C""D"及常数2、30、7都属于操作数。

Python中的运算符总共有算术运算符、赋值运算符、关系运算符、逻辑运算符、位逻辑运算符和移位运算符6大类，下面分别进行介绍，并且最后还将介绍运算符的优先级。

10.3.1 算术运算符和赋值运算符

算术运算符是程序语言中使用率最高的运算符，常用于四则运算，Python中各种算术运算符的功能说明和实例如表10-2所示。

表10-2　算术运算符的功能说明和实例

算术运算符	功能说明	实例
+	加法	$a+b$
−	减法	$a-b$
*	乘法	$a*b$
**	乘幂（次方）	$a**b$
/	除法	a/b
//	整数除法	$a//b$
%	取余数	$a\%b$

赋值运算符即"="符号，它会将其右侧的常数、变量或表达式的值赋给左侧的变量。示例如下。

```
n=10  # 执行后n的值为10
n=n+3  # 执行后n的值为13
```

其中，第1句是将常数10的值赋给变量n，此时n的值为10；第2句是将表达式$n+3$的值赋给n，此时n的值为10，$n+3$的值为13，执行后n的值变为13。

赋值运算符可以搭配某个运算符，从而形成"复合赋值运算符"，示例如下。

```
a+=1  # 相当于a=a+1
a-=1  # 相当于a=a-1
```

Python中的复合赋值运算符如表10-3所示（n的初始值为2）。

表10-3　复合赋值运算符

运算符	说明	运算	赋值运算	结果
+=	加	$n=n+1$	$n+=1$	3
-=	减	$n=n-1$	$n-=1$	1
*=	乘	$n=n*2$	$n*=2$	4
/=	除	$n=n/2$	$n/=2$	1.0
**=	次方	$n=n**3$	$n**=3$	8
//=	整除	$n=n//3$	$n//=3$	0
%=	取余数	$n=n\%3$	$n\%=3$	2

10.3.2　关系运算符和逻辑运算符

关系运算符用于比较两个数值的大小关系，并产生布尔型的比较结果，通常用于条件控制语句。如果比较结果成立，则表达式的值为True（真），如果不成立，则表达式的值为False（假）。可以用数值0表示False，其他所有非0的数值，表示True（通常情况下以数值1表示）。

关系运算符共有6种，如表10-4所示。

表 10-4　关系运算符

关系运算符	功能说明	用法	A=10，B=4
>	大于	$A>B$	10>4，结果为 True（1）
<	小于	$A<B$	10<4，结果为 False（0）
>=	大于等于	$A>=B$	10>=4，结果为 True（1）
<=	小于等于	$A<=B$	10<=4，结果为 False（0）
==	等于	$A==B$	10==4，结果为 False（0）
!=	不等于	$A!=B$	10!=4，结果为 True（1）

逻辑运算符用于对两个表示式之间进行逻辑运算，运算结果只有 True（真）与 False（假）两种，经常与关系运算符合用，用于控制程序流程。逻辑运算符如表10-5所示。

表 10-5　逻辑运算符

逻辑运算符	说明	实例
and（与）	左、右两边的值都为 True 时，结果为 True，否则为 False	a and b
or（或）	只要左、右两边有一边的值为 True 时，结果为 True，否则为 False	a or b
not（非）	True 变成 False，False 变成 True	not a

10.3.3　位逻辑运算符和移位运算符

通过位逻辑运算符可以将数值按照其二进制形式进行位与位之间的逻辑运算。Python中有 4种位逻辑运算符，如表10-6所示。

表 10-6　位逻辑运算符

位逻辑运算符	说明	使用语法
&	按位与运算	$A \& B$
|	按位或运算	$A	B$
~	按位取反运算	$\sim A$
^	按位异或运算	$A^\wedge B$

- **按位与运算（&）**：执行按位与运算时，如果两个二进制数对应位的值都为1，则运算结果为1，否则为0。例如，A=10，B=6，则$A\&B$的结果为2。因为10对应的二进制数为1010，6对应的二进制数为0110，二者执行按位与运算，结果为$(0010)_2$，也就是$(2)_{10}$，如图10-16所示。
- **按位或运算（|）**：执行按位或运算时，如果两个二进制数对应位的值有任一个为1，则运算结果为1，也就是只有二者都为0时，结果才为0。例如A=10，B=6，则$A|B$得到的结果为14。因为10对应的二进制数为1010，6对应的二进制数为0110，二者执行$A|B$运算后，结果为$(1110)_2$，也就是$(14)_{10}$，如图10-17所示。

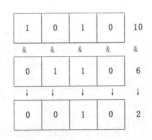

图10-16　按位与运算

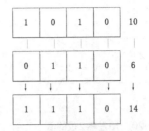

图10-17　按位或运算

- **按位取反运算（～）**：按位取反运算是将二进制数每个位取反，即把1变为0，0变为1。例如，$A=10$，则～A得到的结果为-11。因为10对应的二进制数为00001010，将0与1互换后，运算后的结果为11110101，该结果为-11的补码，所以，运算结果为-11，如图10-18所示。
- **按位异或运算（^）**：执行按位异或运算时，两个二进制数对应的值只有一个为1时，运算结果为1，当二者同时为1或0时，则结果为0。例如，$A=10$，$B=6$，则A^B得到的结果为12。因为10对应的二进制数为1010，6对应的二进制数为0110，二者执行A^B运算后，结果为$(1100)_2$，也就是$(12)_{10}$，如图10-19所示。

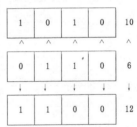

图10-19　按位异或运算

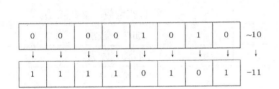

图10-18　按位取反运算

移位运算可将数值的二进制形式的位向左或向右移动指定的位数，Python提供了两种移位运算符，如表10-7所示。

表10-7　移位运算符

移位运算符	说明	使用语法
<<	向左移动指定的位数	$A<<n$
>>	向右移动指定的位数	$A>>n$

- **<<（左移）**：左移运算符可将数值的二进制形式的位向左移动n位，左移后超出储存范围即舍去，右边空出的位则补0。例如10 << 2的值为40。因为数值10的二进制值为1010，向左移动2位后成为101000，也就是十进制的40，如图10-20所示。
- **>>（右移）**：右移运算符可将数值的二进制形式的位向右移动n位，右移后超出储存范围即舍去，左边空出的位则补0。例如，10 >> 2的值为2。因为数值10的二进制值为1010，向右移动2位后成为0010，也就是十进制的2，如图10-21所示。

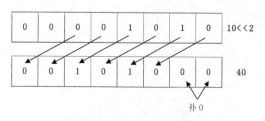

图10-20　10左移2位的值

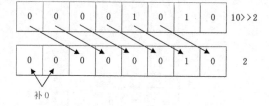

图10-21　10右移2位的值

10.3.4　运算符优先级

一个表达式中往往包含了多种不同的运算符，运算符的优先级会决定程序执行的顺序，这对执行结果有很大的影响。

在一个表达式中会按照优先级从高到低的顺序依次执行，相同优先级的按从左到右的顺序执行，如果要改变默认的执行顺序，可以使用括号"( )"将需要优先执行的部分括起来。Python中各种运算符的优先级如表10-8所示。

表10-8　Python中运算符的优先级

优先级	运算符	描述
1	**	幂运算
2	~、+、-	按位取反、正号、负号
3	*、/、%、//	乘、除、取余数、整数除法
4	+、-	加法、减法
5	>>、<<	右移、左移
6	&	按位与
7	^、|	按位异或、按位或
8	<=、<、>、>=	小于等于、小于、大于、大于等于
9	==、!=	等于、不等于
10	=、%=、/=、//=、-=、+=、*=、**=	赋值运算符
11	not、and、or	逻辑运算符

10.4　控制流程

Python程序主要是依照代码的顺序从上到下执行的，不过有时也会根据需要来改变执行顺序，这时就需要使用流程控制语句来控制程序流程。Python中的流程控制语句主要有条件语句和循环语句两大类。

10.4.1　条件语句

使用条件语句可以通过判断一个条件表达式的真（True）或假（False），来分别执行不同的代码。

1. 单 if 语句

单if语句的语法结构如下。

```
if 条件表达式:
    缩排代码块
```

当条件表达式的值为True时，执行缩排代码块中的语句；当条件表达式的值为False时，跳过缩排代码块，直接执行后面的语句。

> **特别提醒** Python中通过缩进来确定if、for等语句要执行的代码范围，而不像C、Java等语言中使用花括号{}来确定。因此，在Python中有非常严格的缩进规定，在缩进开始符"："后的代码必须缩进，而且同一缩进级别下的代码的缩进距离必须相同。

【**例10-3**】if语句（配套资源：\效果\第10章\10-3.py）。

```
score=float(input("请输入你的分数："))
if score>=60:
    print("及格。")
```

运行结果如下。

```
请输入你的分数：60
及格。
```

当输入的分数大于等于60时，会输出"及格。"文本，否则不会显示任何内容。

2. if…else 语句

使用单if语句，只会在条件为True时，执行相应的代码，而在条件为False时不执行任何语句。但我们有时会希望当条件为True或为False时各自执行不同的代码，这时就需要使用if…else语句，其语法结构如下。

```
if 条件表达式:
    缩排代码块1
else:
    缩排代码块2
```

当条件表达式的值为True时，执行缩排代码块1中的代码；当条件表达式的值为False时，执行缩排代码块2中的代码。

【**例10-4**】if…else语句（配套资源：\效果\第10章\10-4.py）。

```
score=float(input("请输入你的分数："))
if score>=60:
    print("及格。")
else:
    print("不及格。")
```

运行结果如下。

```
请输入你的分数：30
```

不及格。

当输入的分数大于等于60时，会输出"及格。"文本，否则将输出"不及格。"文本。

3. if…elif…else 语句

使用if…else语句只能通过一个条件分两种情况来执行不同的代码，但在实际编程中可能会遇到更多的情况需要处理，这时，就需要使用if…elif…else添加更多的条件，以区分更多的情况。if…elif…else语句的语法结构如下。

```
if 条件表达式1：
    缩进代码块1
elif 条件表达式2：
    缩进代码块2
else：
    缩进代码块3
```

**特别
提醒** 如果还有更多的条件，可以继续使用elif语句添加条件表达式。

【例10-5】if…elif…else语句（配套资源：\效果\第10章\10-5.py）。

```
score=float(input("请输入你的分数："))
if score>=90:
    print("优秀。")
elif score>=80:
    print("良好。")
elif score>=60:
    print("及格。")
else:
    print("不及格。")
```

运行结果如下。

```
请输入你的分数：80
良好。
```

当输入的分数大于等于90时，会输出"优秀。"文本；大于等于80且小于90时，会输出"良好。"文本；大于等于60且小于80时，会输出"及格。"文本；小于60时，会输出"不及格。"文本。

10.4.2　循环语句

在实际编程中，经常会遇到需要重复执行某一操作的情况，如在屏幕上显示100个A，这并不需要写100次print语句，这时只需要利用循环语句重复运行100次print语句即可。Python中提供了for和while两种循环语句。

1. for 循环

for循环是程序设计中较常使用的一种循环语句，其循环次数是固定的。如果程序设计上所需要执行的循环次数固定，那么for循环就是最佳选择。

Python的for循环是通过访问某个序列项目来实现的，其语法结构如下。

```
for 元素变量 in 序列项目:
    循环体
```

序列项目由多个数据类型相同的数据所组成，序列中的数据称为元素或项目。for语句在执行时，首先会依次访问序列项目中的每一个元素，每访问一次，就将该元素的值赋给元素变量并执行一遍循环体中的代码。

【例10-6】利用for循环显示星期（配套资源：\效果\第10章\10-6.py）。

```
week=["星期一","星期二","星期三","星期四","星期五","星期六","星期日"]
for day in week:
    print(day,end=" ")
```

运行结果如下。

```
星期一 星期二 星期三 星期四 星期五 星期六 星期日
```

为了更加方便和灵活地使用for循环，可以使用range()函数搭配for语句来构建循环，range()函数的功能是生成一个整数序列，其语法结构如下。

```
range([起始值,]终止值[,间隔值])
```

- **起始值**：必须为整数，默认值为0，可以省略。
- **终止值**：必须为整数，不可省略。
- **间隔值**：计数器的增减值，必须为整数，默认值为1，不能为0。

range()函数的使用方式如表10-9所示。

表10-9　range()函数的使用方式

参数数量	说明	实例	结果
1个参数	生成0到终止值（不包含）的整数序列，每次增加1	range(4)	[0,1,2,3]
2个参数	生成起始值到终止值（不包含）的整数序列，每次增加1	range(2,5)	[2,3,4]
3个参数	生成起始值到终止值（不包含）的整数序列，每次增加间隔值	range(2,6,2)	[2,4]
		range(6,2,-2)	[6,4]

【例10-7】计算n!（配套资源：\效果\第10章\10-7.py）。

```
print("计算n!")
n=input("请输入n的值: ")
total=1
print(n+"!=",end="")
for x in range(2,int(n)+1):
    total*=x
print(total)
```

运行结果如下。

```
计算n!
请输入n的值：5
5!=120
```

其中，"range(2,int(n)+1)"将生成2~n的整数序列，整个for循环将执行n-1次，变量total的值为1×2×3×⋯×n。

在for语句中还可以嵌套for语句，从而形成多层次的for循环结构。在嵌套for循环结构中，外层循环每执行一次，内层循环就会全部循环一遍。

【例10-8】九九乘法表（配套资源：\效果\第10章\10-8.py）。

```
for x in range(1, 10):
    for y in range(1, x+1):
        print("{0}×{1}={2:^3}".format(y, x, x * y), end=" ")
    print()
```

运行结果如下。

```
1×1= 1
1×2= 2  2×2= 4
1×3= 3  2×3= 6  3×3= 9
1×4= 4  2×4= 8  3×4=12  4×4=16
1×5= 5  2×5=10  3×5=15  4×5=20  5×5=25
1×6= 6  2×6=12  3×6=18  4×6=24  5×6=30  6×6=36
1×7= 7  2×7=14  3×7=21  4×7=28  5×7=35  6×7=42  7×7=49
1×8= 8  2×8=16  3×8=24  4×8=32  5×8=40  6×8=48  7×8=56  8×8=64
1×9= 9  2×9=18  3×9=27  4×9=36  5×9=45  6×9=54  7×9=63  8×9=72  9×9=81
```

其中，外层循环一共执行了9次，内层循环一共执行了45（1+2+3+⋯+8+9=45）次。

2. while 循环

while循环是通过一个条件表达式来判断是否需要进行循环的，其语法结构如下。

```
while 条件表达式：
    循环体
```

当程序遇到while循环时，会先判断条件表达式的值，如果为True，则执行一次循环体中的代码，完成后会再次判断条件表达式的值，如果还为True，就继续执行循环，直到条件表达式的值为False时退出循环。

【例10-9】反向输出整数（配套资源：\效果\第10章\10-9.py）。

```
n=int(input("请输入一个大于0的整数："))
print("反向输出的结果：",end="")
while n!=0:
    print(n%10,end="")
    n//=10
```

运行结果如下。

请输入一个大于0的整数：12345

反向输出的结果：54321

该程序中的while循环每执行一次，将输出n除以10的余数，再将n整除10，当只剩1位数时，再整除10，n的值将变为0，此时将退出循环。

特别提醒 该程序并不是非常完善，当输入0时，不会有任何输出，当输入小于0的整数时，将陷入死循环。其完善方法：利用if语句分3种情况分别处理（配套资源：\效果\第10章\10-9-2.py）。

10.5 函数

Python中的函数有内置函数、库函数和自定义函数3种。

- **内置函数**：内置函数是Python本身所提供的函数，像float()函数、int()函数、range()函数等，这些函数可以直接在程序中调用。
- **库函数**：库函数有Python的标准函数库函数和第三方开发的模块库函数，在使用这类函数之前，必须先使用import语句引入函数模块，如要使用随机函数，就要使用import random引入随机函数库。
- **自定义函数**：自定义函数是由程序员自行编写的函数，首先需定义该函数，然后才能调用它。

在Python中定义函数要使用关键词def，定义函数的语法结构如下。

```
def 函数名称(参数1,参数2,…):
    程序代码块
    return 返回值1,返回值2,…
```

函数名称的命名必须遵守Python标识符名称的规范。自定义函数可以没有参数，也可以有1个或多个参数，程序代码块中的语句必须进行缩排，最后通过return语句将返回值传给调用函数的主程序，返回值也可以有多个，如果没有返回值，则可以省略return语句。

函数定义完成后，需要在程序中进行调用，调用自定义函数的语法结构如下。

函数名称（参数1,参数2,…）

【例10-10】计算总分和平均分（配套资源：\效果\第10章\10-10.py）。

```
score1=float(input("输入语文分数："))
score2=float(input("输入数学分数："))
score3=float(input("输入英语分数："))
def getTotalAndAverage (x,y,z):
    total=x+y+z
    average=total/3
```

```
    return total,average
total,average=getTotalAndAverage (score1, score2, score3)
print("总分为{}，平均分为{}".format(total,average))
```

运行结果如下。

```
输入语文分数: 96
输入数学分数: 93
输入英语分数: 91.5
总分为280.5，平均分为93.5
```

自定义函数getTotalAndAverage()用于计算并返回3个数的和以及平均数。

10.5.1　参数传递

程序中的变量存储在系统内存的某个地址上，当程序修改某个变量的值时，不会改变它存储的地址。而函数在传递参数时，会将主程序中的变量（实参）的值，传递给函数中的变量（形参），然后进行相应的处理。

大部分程序设计语言有传值和传址两种传递方式。

● **传值**：传值是将实参的值复制给函数的形参，这样，在函数内部修改形参的值，不会影响实参的值。

● **传址**：传址是将实参的内存地址传递给形参，这样，在函数内部修改形参的值，同样会影响到原来的实参值。

Python中的函数是根据变量的类型来判断是传值还是传址的，当实参是不可变对象（如数值、字符串）时，Python就使用传值的方式传递参数；当实参是可变对象（如列表、字典）时，Python就使用传址的方式传递参数。

【**例10-11**】Python的参数传递（配套资源：\效果\第10章\10-11.py）。

```
def fun1(name,scores):
    name="张三"
    scores[0]=100
    print("函数内部修改姓名和分数")
    print("姓名:",name)
    print("分数:",scores)
name1="李四"
scores1=[60,70,80]
print("调用函数前默认的姓名和分数")
print("姓名:",name1)
print("分数:",scores1)
fun1(name1,scores1)
print("调用函数后的姓名和分数")
print("姓名:",name1)
```

```
print("分数:",scores1)
```

运行结果如下。

调用函数前默认的姓名和分数

姓名：李四

分数：[60, 70, 80]

函数内部修改姓名和分数

姓名：张三

分数：[100, 70, 80]

调用函数后的姓名和分数

姓名：李四

分数：[100, 70, 80]

从运行结果看，实参name1是字符串，是以传值方式进行传递的，函数内部对形参name的修改，并不会改变它的值；而实参scores1是列表，是以传址方式进行传递的，函数内部对形参scores的修改，会同步改变它的值。

10.5.2　常用的 Python 函数

Python中较为常用且实用的函数如表10-10所示。

表10-10　常用的Python函数

函数	说明
int(x)	转换为整数
bin(x)	转整数为二进制，以字符串返回
hex(x)	转整数为十六进制，以字符串返回
oct(x)	转整数为八进制，以字符串返回
float(x)	转换为浮点数
abs(x)	取绝对值，"x"可以是整数、浮点数或复数
round(x)	将数值四舍五入
chr(x)	取得"x"的字符
ord(x)	返回字符"x"的 Unicode 编码
str(x)	将数值"x"转换为字符串
sorted(list)	将列表"list"由小到大排序
max(参数列)	取最大值
min(参数列)	取最小值
len(x)	返回元素个数
find(sub[, start[, end]])	用来寻找字符串的特定字符
index(sub[, start[, end]])	返回指定字符的索引值
count(sub[, start[, end]])	用来统计字符串中某子字符串出现的次数
replace(old, new[, count])	以"new"子字符串取代"old"子字符串
startswith(s)	判断字符串的开头是否与设定值相符
endswitch(s)	判断字符串的结尾是否与设定值相符
split(s, n)	依据设定字符来分割字符串成 n+1 个子字符串
join(iterable)	将"iterable"的字符串连成一个字符串
strip(s)、lstrip(s)、rstrip(s)	移除字符串左右特定字符
capitalize()	只有第一个单词的首字符大写，其余字符皆小写

函数	说明
lower()	将字符串中的所有大写字母转换为小写字母
upper()	将字符串中的所有小写字母转换为大写字母
title()	采用标题式大小写，每个单词的首字符大写，其余皆小写
islower()	判断字符串是否所有字符皆为小写
isupper()	判断字符串是否所有字符皆为大写
istitle()	检测字符串中所有单词拼写的首字母是否为大写，且其他字母是否为小写

10.5.3 变量作用域

变量作用域（或称变量的有效范围）用来决定在程序中有哪些语句可以合法使用这个变量。在Python中，变量依照在程序中所定义的位置，可以分为全局变量和局部变量两种类型。

全局变量是在主程序中定义的，在其定义语句之后，以及所有函数中，都可以正常使用该变量。全局变量的作用域是从声明开始的，一直到整个程序结束为止。

局部变量是在某个函数内部定义的，只有在这个函数内部，该变量定义语句之后才可以正常使用，主程序和其他函数都无法正常使用该变量。

【例10-12】全局变量和局部变量（配套资源：\效果\第10章\10-12.py）。

```
num1=10
def fun1():
    num2=20
    print("函数内部访问全局变量: ",num1)
    print("函数内部访问局部变量: ",num2)
fun1()
print("函数外部访问全局变量: ",num1)
print("函数外部访问局部变量: ",num2)
```

运行结果如下。

```
函数内部访问全局变量:  10
函数内部访问局部变量:  20
函数外部访问全局变量:  10
Traceback (most recent call last):
  File "E:/…/第10章/10-12.py", line 8, in <module>
    print("函数外部访问局部变量: ",num2)
NameError: name 'num2' is not defined
```

在函数内部全局变量num1和局部变量num2都可以正常访问，在函数外部全局变量num1可以正常访问，但访问局部变量num2时出错。

当全局函数和局部函数重名时，以局部函数优先，此时在函数内部就无法访问该名称的全局函数了。

【例10-13】全局函数和局部函数重名（配套资源：\效果\第10章\10-13.py）。

```
num=10
def fun1():
    num=20
    print("函数内部: ",num)
fun1()
print("函数外部: ",num)
```

运行结果如下。

```
函数内部:  20
函数外部:  10
```

要想使函数内部定义的变量在该函数外部也能正常访问，可以在函数内部使用global语句来定义全局变量。

【例10-14】全局函数和局部函数重名（配套资源：\效果\第10章\10-14.py）。

```
def fun1():
    global num
    num=20
    print("函数内部: ",num)
fun1()
print("函数外部: ",num)
```

运行结果如下。

```
函数内部:  20
函数外部:  20
```

使用global语句将num定义为全局变量，这样在主程序中也可以正常使用num变量。需要注意的是，要先调用函数fun1()，再访问num变量，否则会出错。

10.6　异常处理

程序在运行的过程中难免会出现各种错误，这种错误被称作异常，此时程序会终止运行。为了避免出现这种情况，程序员需要捕捉异常的错误类型，并撰写异常处理代码，这样，当出现异常时，就会执行异常处理代码，程序仍可继续运行。

10.6.1　认识异常

程序在运行时，如果产生了异常，Python解释器会终止运行程序，并显示异常信息。如进行除法运算时，如果除数为0，就会产生一个ZeroDivisionError异常。

【例10-15】除零错误（配套资源：\效果\第10章\10-15.py）。

```
a=int(input("请输入被除数: "))
b=int(input("请输入除数: "))
print(a/b)
```

正常的运行结果如下。

请输入被除数：10

请输入除数：5

2.0

发生异常时的运行结果如下。

请输入被除数：5

请输入除数：0

```
Traceback (most recent call last):
    File "E:/…/第10章/10-15.py", line 3, in <module>
        print(a/b)
ZeroDivisionError: division by zero
```

从上面的例子可以看出，当除数为0时，产生了一个ZeroDivisionError异常。

10.6.2 try…except…finally 语法格式

在Python中要捕捉异常以及对异常进行处理，需要使用try…except…finally语句，其语法结构如下。

```
try:
    可能会产生异常的代码
except 异常类型1:
    针对异常类型1的处理代码
except (异常类型2,异常类型3,…):
    针对所列出的异常类型的处理代码
except 异常类型 as 名称:
    为异常定义一个名称，通过该名称可以访问异常的具体信息
except :
    针对所有异常类型的处理代码
else :
    未发生异常时的处理代码，可以省略
finally :
无论是否发生异常，都会执行的代码，可以省略
```

下面为【例10-15】加入异常处理代码。

【**例10-16**】除零错误程序加入异常处理代码（配套资源：\效果\第10章\10-16.py）。

```
try:
    a=int(input("请输入被除数："))
    b=int(input("请输入除数："))
    print(a/b)
except :
```

```
    print("程序发生异常。")
else:
    print("程序未发生异常。")
finally:
    print("程序运行完毕。")
```

正常的运行结果如下。

请输入被除数：55

请输入除数：5

11.0

程序未发生异常。

程序运行完毕。

发生异常时的运行结果如下。

请输入被除数：55

请输入除数：0

程序发生异常。

程序运行完毕。

从运行结果可以看出，正常运行时执行了esle和finally下的语句，发生异常时执行了except和finally下的语句

10.6.3　try…except 指定异常类型

例10-15除了会产生除零异常，当输入的数据不是整数时，也会产生异常。这时，为了使异常处理更有针对性，就需要为异常处理指定异常类型，针对不同的异常类型采用不同的处理方式。表10-11列举了Python中常见的异常类型。

表 10-11　Python 中常见的异常类型

异常类型	说明
FileNotFoundError	找不到文件的错误
NameError	名称未定义的错误
ZeroDivisionError	除零错误
ValueError	使用内置函数时，参数中的类型正确，但值不正确
TypeError	类型不符的错误
MemoryError	内存不足的错误

下面为【例10-16】的异常处理代码指定异常类型。

【例10-17】指定异常类型（配套资源：\效果\第10章\10-17.py）。

```
try:
    a=int(input("请输入被除数: "))
    b=int(input("请输入除数: "))
    print(a/b)
```

```
except ZeroDivisionError :
    print("除数不能为0")
except ValueError as e1:
    print("必须输入整数",e1.args)
else:
    print("程序未发生异常。")
finally:
    print("程序运行完毕。")
```

输入的数据不是整数时，运行结果如下。

```
请输入被除数: 55.5
必须输入整数 ("invalid literal for int() with base 10: '55.5'",)
程序运行完毕。
```

除数为0时的运行结果如下。

```
请输入被除数: 55
请输入除数: 0
除数不能为0
程序运行完毕。
```

从运行结果可以看出，当出现不同的异常时，程序将根据异常类型分别输出不同的内容。

10.7 综合案例

本案例将使用Python开发一个猜数字游戏（配套资源：\效果\第10章\10-18.py），首先使用随机函数产生一个1～100的随机整数，然后接收用户输入的数据，并与随机整数相比较。如果不相等，则输出相应的信息，并继续接收用户输入的数据；如果相等，则输出"你猜对了！"的信息。此外，如果用户输入的数据不符合要求，要给出相应的提示信息。

代码如下。

```
import random
num1=random.randint(1,100)
num2=0
count=0
while num1!=num2:
    try:
        count+=1
        num2=int(input("请输入一个1到100的整数: "))
    except:
        print("必须输入整数。")
    else:
        if 1<= num2 <=100:
```

```
        if num2>num1:
                print("你输入的数大了。")
        elif num2<num1:
                print("你输入的数小了。")
        else:
                print("你猜对了。")
                print("你一共用了",count,"次")
    else:
            print("必须输入1到100的整数。")
```

运行结果如下。

请输入一个1到100的整数: 55.5

必须输入整数。

请输入一个1到100的整数: -5

必须输入1到100的整数。

请输入一个1到100的整数: 50

你输入的数大了。

请输入一个1到100的整数: 25

你输入的数小了。

请输入一个1到100的整数: 35

你输入的数小了。

请输入一个1到100的整数: 45

你输入的数小了。

请输入一个1到100的整数: 46

你猜对了。

你一共用了 7 次

10.8　扩展阅读——人工智能与Python

　　人工智能是计算机科学的一个重要分支，旨在赋予机器智能，让机器能够和人一样思考，例如，我们在生活中看到的聊天机器人、人脸识别解锁、摄像头识别车牌号、二维码扫一扫等，都是人工智能技术的运用。

　　人工智能的概念是20世纪60年代被提出来的，但是早期的人工智能远远达不到人们的设想水平，直到20世纪80年代有科学家提出了神经网络算法，让计算机模拟大脑神经元的结构，人工智能才慢慢地迎来了发展的高潮。现今，人工智能技术已经在生活、学习、工作等领域被运用。

　　有人预测，在未来10年，人工智能将更加融入我们的生活。如自动驾驶应该已经相当成熟，公路上有很多无人驾驶的汽车，私家车主可以在上班期间把汽车设置为自动驾驶模式，让它自己接单挣外快。

当提到人工智能时，很多人会自然而然地想到Python，因为它是非常适合人工智能开发的编程语言。人工智能所运用的技术都非常复杂，如果要自己实现是非常困难的，但通过Python就可以很好地解决这一问题。Python提供了很多用于人工智能处理的模块，程序员只需要导入这些模块并调用其中已经写好的方法，然后简单地修改参数，就可以直接使用人工智能技术了。这对程序员来说非常方便，所以越来越多的程序员使用Python来编写人工智能程序。随着越来越多功能强大的人工智能模块被实现，Python与人工智能就越来越密不可分。

10.9 习题

一、选择题

1. 常用的流程控制结构不包括（　　　）。

　　A. 选择结构　　　　B. 顺序结构　　　　C. Goto结构　　　　D. 循环结构

2. 以下程序输出的值是（　　　）。

```
i=1
while i <105:
    i += 2
print(i)
```

　　A. 107　　　　　　B. 105　　　　　　C. 103　　　　　　D. 101

3. Python定义函数时使用的关键词是（　　　）。

　　A. main　　　　　B. def　　　　　　C. fun　　　　　　D. function

二、操作题

1. 制作一个小学口算题练习程序，要求随机产生10道加减乘除的口算题，参与计算的数值控制在0～100，并自动判断用户计算的正误，给出评分。运行效果如图10-22所示（配套资源：\效果\第10章\练习1.py）。

2. 制作判断输入的年份是否为闰年的程序，当输入不符合要求时需给出提示信息，并让用户重新输入。运行效果如图10-23所示（配套资源：\效果\第10章\练习2.py）。

图10-22　小学口算题练习程序

图10-23　判断闰年程序

第10章
习题参考答案